嵌入式实时操作系统μC/OS原理与实践（第2版）

卢有亮　编著

電子工業出版社
Publishing House of Electronics Industry
北京·BEIJING

内 容 简 介

本书内容包括：实时操作系统基础、任务管理、中断和时间管理、事件管理、消息管理、内存管理、移植、工程实践及μC/OS-III分析、移植与应用实践等。本书内容翔实，图文并茂，采用逐步深入、反复印证的方法，从数据结构的设计入手，再到代码分析、示例验证的剖析方法，逐层深入讲解，给出在虚拟平台下的移植示例和针对各章内容示例，并给出了基于ARM Cortex M3内核的STM32系统上移植和工程实例。

本书适用于计算机、电子、通信、自动化及相关专业大学本科、研究生，也适用于广大嵌入式开发工程技术人员、电子技术研究人员、操作系统研究人员。

图书在版编目（CIP）数据

嵌入式实时操作系统μC/OS原理与实践 / 卢有亮编著.— 2版.—北京：电子工业出版社，2014.4

ISBN 978-7-121-22517-8

Ⅰ.①嵌… Ⅱ.①卢… Ⅲ.①实时操作系统 Ⅳ.①TP316.2

中国版本图书馆CIP数据核字（2014）第033585号

策划编辑：张月萍

责任编辑：徐津平

特约编辑：赵树刚

印　　刷：北京盛通商印快线网络科技有限公司

装　　订：北京盛通商印快线网络科技有限公司

出版发行：电子工业出版社

北京市海淀区万寿路173信箱　　　　邮编：100036

开　　本：787×1092　　1/16　　印张：18　　字数：461千字

版　　次：2012年2月第1版

2014年4月第2版

印　　次：2023年9月第14次印刷

定　　价：49.00元

凡所购买电子工业出版社图书有缺损问题，请向购买书店调换。若书店售缺，请与本社发行部联系，联系及邮购电话：（010）88254888，88258888。

质量投诉请发邮件至 zlts@phei.com.cn，盗版侵权举报请发邮件至 dbqq@phei.com.cn。

本书咨询联系方式：010-51260888-819，faq@phei.com.cn。

前　言 PREFACE

智能系统的盛行使21世纪前10年成为手指尖在触摸屏上滑动拖曳的时代。不少高级科技人员解决了一个又一个困难，使裸奔的软件在中断和循环的纠缠中走了很远很久。在ARM处理器走出江湖之后，处理器的处理速度和闪存Flash、静态存储器SRAM的容量都飞速提升，高性能处理器的出现也使高端的复杂处理程序采用嵌入式来实现，如物联网、智能手机。存储容量的扩充使嵌入式操作系统有了用武之地。在STM32使用的ARM Cortex处理器中，具有主堆栈MSP和进程堆栈PSP，具有PendSV和Systick中断，这些很明显是配合了μC/OS操作系统。

本书的第1版内容充实，有流程图等辅助手段，笔者在博客提供了PPT、实验教程和代码，受到了读者的好评，并被一些有所作为的老师引为教材，不少工程师也因此尝到了熟读代码的甜头。因此，第2版的创作有了足够的动力。这本书是笔者独自完成的，第2版的改版经过和很多读者的交流及论坛的咨询交流。第1版的缺陷也显而易见，缺少了硬件平台，只是在VC下仿真学习。因此，笔者设计的亮点STM32开发板弥补了这一个缺陷，也是第2版修改和增加的移植、工程实例及μC/OS-III的基础平台。当然，实验平台是选项，如果喜欢在VC下学习仍然是可以的，而在其他嵌入式系统及开发板下对笔者提供的代码的配置信息进行修改，也可以胜任。

第2版中将提供在STM32（ARM Cortex内核系列芯片）下的移植和例程，增加应用性的工程示例。2013年μC/OS-III逐步进入市场，第2版也包含了这方面的内容。为方便读者阅读代码，本书目前配套的亮点嵌入式开发板的资源也在附录中列出，不选择开发板的同样可以下载代码。另外以技术论坛作为交流平台或翻转课堂，论坛地址在序言最后给出。

内容划分

第1章是操作系统和嵌入式实时操作系统的基本原理。第2章是操作系统最核心的任务管理，需要对数据结构和源代码仔细体会。第3章是中断和事件管理。第4章、第5章是事件和消息部分，包含了各种事件和消息机制。第6章是内存管理。第7章是移植的流程分析和在虚拟平台及STM32下的移植。第8章是全新的工程实践部分，给出一个在STM32下的完整的工程示例。第9章是与时俱进的μC/OS-III，并将工程实践的代码在μC/OS-III上实现了一遍。

本书特色

- 采用逐步深入，反复印证的方法。
- 采用从数据结构的设计入手，再到代码分析、示例验证的剖析方法。给出在虚拟平台下的移植示例和针对各章内容的示例。

- 给出在实际嵌入式系统下的工程示例。
- 表格、图形化的风格。
- 适用面广，适合于广大IT类学生及工作者。
- 对于没有学习过操作系统原理的读者无障碍。
- 与时俱进地扩展到μC/OS-III。
- 学习本课程的先导知识是C语言、软件技术基础或数据结构，可以同步学习微机原理或嵌入式系统设计。另外，本人的另一本著作《基于STM32的嵌入式系统原理与设计》可以与本书交相辉映。

作为本科生等教材的建议是：第1、2、3章详细讲解，第4、5、6章的内容每章选择2～3节讲解。第7、8章的内容可作为实践部分。另外如果要上实验，则可以选择在Windows下的虚拟实验，在论坛和博客提供有实验的PPT和代码。另外，也可以选择使用亮点STM32开发板作为实验教学平台。本书在每章后提供了习题，笔者也编写了PPT，适合32～48学时对高年级本科生或低年级研究生讲授。同时欢迎广大技术人员引为学习资料，欢迎进论坛和访问笔者的博客进行交流。

没有资源只有一本书不能成为平台，亮点嵌入式就是这么一个平台，本书就是核心。本书相关资源地址如下：

- 亮点嵌入式技术交流论坛http://www.eeboard.com/bp。
- 笔者新浪博客http://blog.sina.com.cn/u/2630123921。
- 配套μC/OS开发板（教学实验）：http://brightpoint.taobao.com（唯一地址，非免费）。

目前可以提供的资源主要有：

- 教学课件。
- 15个学时的实验教程代码和PPT。
- 亮点STM32开发板及配套μC/OS实例代码。

感谢读者对本书的认可，欢迎读者到论坛和博客获取资料、交流及提出宝贵意见。

笔者

2014年于成都

目　录 CATALOGUE

第1章　实时操作系统基础

嵌入式实时操作系统是当今IT行业的前沿技术，无论是电子专业或计算机专业，还是其他专业的读者，只要有一定的计算机基础，通过本书的学习都可以掌握μC/OS这一流行的嵌入式实时操作系统并使用到具体项目开发中去。本书详细讲解了μC/OS 2.91并分析了最新的μC/OS 3.0，还给出了在嵌入式环境下移植和应用的实例。

在工作中，嵌入式系统的开发者不得不与包含了大量程序代码和调度策略的实时操作系统打交道。因此，本章逐步给出实时操作系统的概念，帮助读者以最快的方式学习这一部分。如果读者对这些概念很熟悉，可以跳过。如果在阅读的过程中感觉这一部分太抽象，也没有问题，可以快速读过。学习是一个循序渐进、反复认证的过程，通过第1章的学习为后面章节打一个基础。在学习完后面章节的内容后，第1章的内容也就融会贯通了。

实时操作系统一般用于嵌入式的开发平台，如STM32、ARM、DSP、基于软核的FPGA，甚至是51单片机。但是本着学习的目的，先在普通PC的Windows XP环境下对操作系统进行代码移植，通过VC++ 对整个操作系统工程进行编译，编译后的可执行代码能在Windows平台下仿真运行，并可编译成可调试的代码以便单步调试和跟踪，这对于研究操作系统的代码、编写和验证例子程序、加深学习效果有极大的帮助。因此本书的前几章所给出的例子都是在这个环境下完成的，并试验通过。通过本书前言提供的网站可以下载到所有的源代码。

另外，嵌入式操作系统最终是要在嵌入式环境下使用的，因此笔者在实践部分给出了STM32下的移植和代码，更多的代码可以在本书前言中提到的论坛获得。

1.1　操作系统概述

本节主要介绍操作系统的一些最基本的概念。

1.1.1　什么是操作系统

操作系统（Operating System，OS）是裸机上的第一层软件。操作系统是计算机系统中最重要的系统软件，是硬件的第一层封装与抽象，在计算机系统中占据着重要的地位，其他所有的系统软件与应用软件都依赖于操作系统的支持与服务。除提供编程接口外，操作系统还承担着任务管理、事件管理和消息通信、CPU管理、内存管理、I/O管理等核心功能。

如图1.1所示，在有操作系统的系统中，应用程序（Application）并不直接和硬件打交道，而是通过操作系统和硬件打交道。操作系统直接运行在硬件平台之上，是裸机上的第一层软件，提供给用户编程接口。应用程序编程接口（API）可以解释为是一些预先定义的函数，开发者通过调用这些函数可以实现比较复杂的功能。例如，在μC/OS操作系统下，要做延时，只需要调用函数OSTimeDly即可，这个函数就是一个API。

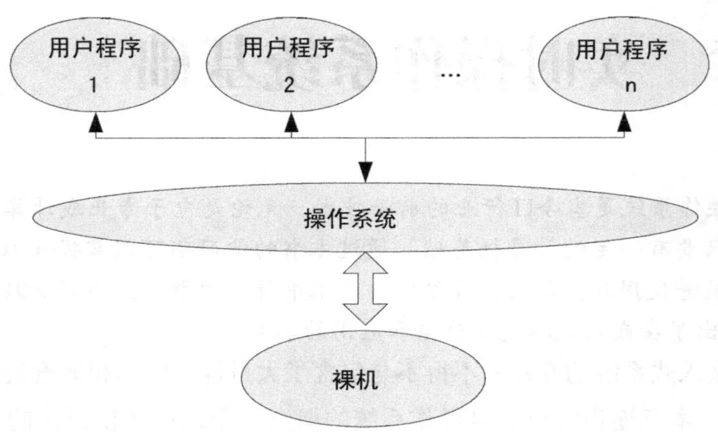

图1.1　操作系统的位置

因此，从开发人员的角度讲，操作系统提供了应用程序的接口API，我们通过调用该API来管理任务，进行消息通信及访问硬件，如打印机、显示器、硬盘等。访问硬件不仅包括写操作，即给硬件发送指令、发送数据等，也包含读操作，例如，读取打印机是否空闲，如空闲才能发送进一步的指令等。

如程序1.1所示为最简单的C语言代码，其含义是通过操作系统访问硬件。

程序1.1　屏幕输出Hello World!的C语言程序

```
int main(int argc, char* argv[])
{
    printf("Hello World!\n");                                    (1)
    return 0;
}
```

代码中（1）调用printf实现屏幕打印，不需要关心打印的细节。但是如果离开了操作系统，完成屏幕打印是比较困难和复杂的事情，首先要掌握硬件，然后编写底层程序驱动硬件。所以，本例说明操作系统提供了应用程序的接口，有了操作系统，就不用为这些底层的编程烦恼了。

换一个角度，从系统的使用人员，即最终用户的角度来看，操作系统是一台虚拟机器，在其上运行和操作用户软件。例如，一个财务人员做Excel财务报表，就是在一台虚拟机器上运行Excel软件。财务人员专注的目标是Excel中的报表，其他的底层细节与他完全无关。

1.1.2　操作系统基本功能

操作系统包含如图1.2所示的基本功能，分为5个主要组成部分。

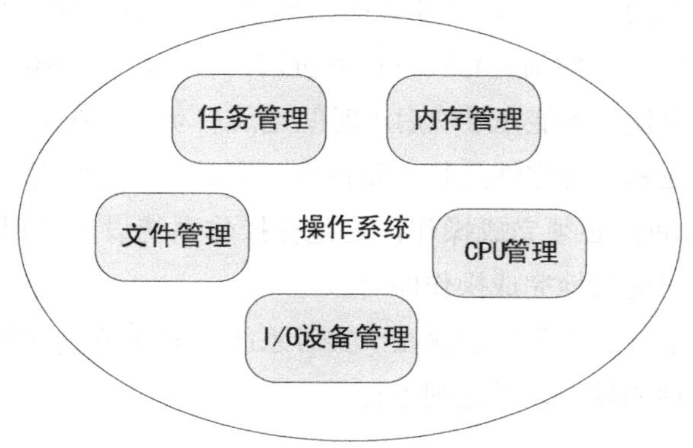

图1.2　操作系统的功能组成

1. 任务管理

任务是程序的一次执行。任务可以分为系统任务和用户任务。系统任务是操作系统本身的任务，如操作系统的主程序、时钟中断服务程序，以及后面要讲到的空闲任务和统计任务等。用户任务是用户应用程序的运行，如用户设计的计算器软件的一次执行或Word软件的运行、本书中给出的一些用户任务。这些任务都需要任务管理部分来管理。

2. CPU管理

CPU管理的含义在于多任务OS对CPU的分配，也就是分配对CPU的所有权，即哪个软件正在运行，占有CPU。可以把CPU管理归入任务管理。

3. 内存管理

内存是任务的生存空间。内存管理用于给任务分配内存空间，相应的，在任务结束后释放内存空间。

4. 文件管理

文件管理实现对文件的统一管理，是对文件存储器的存储空间进行组织、分配和回收，负责文件的存储、检索、共享和保护。从用户角度来看，文件管理主要是实现“按名取存”，用户只要知道文件的文件名，就可存取文件中的信息，而无须知道这些文件究竟存放在什么地方。

5. I/O设备管理

I/O设备即管理系统中的各种硬件设备，如打印机、显示器、硬盘等。很明显，用户应用程序应该调用I/O设备管理模块提供的API来对设备进行操作，而不是直接读/写硬件。

1.2　实时操作系统概述

1.2.1　什么是实时操作系统

实时操作系统（Real Time Operating System，RTOS）是指当外界事件或数据产生时，能够接收并以足够快的速度予以处理，其处理的结果又能在规定的时间内来控制生产过程或对处理系统做出快速响应，并控制所有实时任务协调、一致运行的操作系统。

所谓足够快，就是要使任务能在最晚启动时间之前启动，能在最晚结束时间之前完成。

因而，提供及时响应和高可靠性是其主要特点。实时操作系统有硬实时和软实时之分，硬实时要求在规定的时间内必须完成操作，这是在操作系统设计时保证的；软实时则只要按照任务的优先级，尽可能快地完成操作即可。

实时系统与非实时系统的本质区别就在于实时系统中的任务有时间限制。实时操作系统可以用于不需要实时特性的场合，反之则不行。

1.2.2 实时操作系统的基本特征

实时操作系统具有以下基本特征。

1. 实时操作系统首先是多任务操作系统

实时操作系统是一个多任务的操作系统，即在多任务的基础上，任务的调度时间固定、中断的响应及时、能在规定的时间内完成操作的满足实时性要求的操作系统。所谓多任务，是指允许系统中多个任务同时运行，而CPU只有一个，在某一个时刻，只有一个任务占有CPU。因此，多任务操作系统的核心任务之一就是任务调度，为任务分配CPU时间。任务调度就是微核的实时操作系统μC/OS的最核心的功能。另外，实时两个字完全不像读起来那么简单，要做到实时性，中断服务程序的长度就要务必短，因为长的中断服务程序会使低优先级的中断得不到响应。因此，实时操作系统μC/OS是利用了信号量等事件处理机制让系统迅速离开中断服务程序而巧妙地进入本来已经失去CPU的任务，相应的处理任务会完成处理的。例如，串口中断发生，串口中断服务程序发信号量给串口数据处理任务，然后就迅速离开中断服务程序以保证系统的实时性。而这个发信号量会使等待这个信号量的串口数据处理任务就绪，在离开中断时进行的任务切换过程中，这个处理任务由于优先级高会优先运行，待其处理完串口数据会继续等待信号量，原来被中断打断的任务才会继续运行。

2. 多级中断机制

一个实时系统通常需要处理多种外部信息或事件，如串行通信、网络通信或者事件报警，例如温度超高。但处理的紧迫程度有轻重缓急之分，很明显，温度超高的报警事件是最急切的，必须立即做出响应，而通信可以延后处理，并不会使整个系统出现问题。因此，建立多级中断嵌套处理机制，以确保对紧迫程度较高的实时事件进行及时响应和处理是实时操作系统必须具备的功能。对应来看，如果给串行通信、网络通信或者事件报警都创建一个处理任务，那么无疑报警事件的处理任务应该优先级最高。

3. 优先级调度机制

为做到实时，任务必须分优先级，也就是越急迫的任务优先级越高，一般短的任务也尽量优先级提高。任务管理模块必须能根据优先级调度任务，而又能保证任务在切换的过程中不被破坏。通过该机制，操作系统应能保证优先级高的任务更多地获得CPU，而优先级较低的任务也不至于因为得不到运行而被“饿死”。因此，在编程的时候，当任务无事可做的时候一定要延时阻塞，如果需要等待某些事件的发生一定要等待（PEND）信号量等事件！这些操作都会让任务放弃CPU,低优先级的任务就有运行的机会了！换而言之，如果设计的系统出现低优先级的任务没有机会运行的局面，那不能怪操作系统，是属于自己设计上的问题，对操作系统没有吃透是主要原因。

1.3　任务

1.3.1　任务简介

任务是程序的动态表现，在操作系统中体现为线程，是程序的一次执行过程。程序是静止的，存在于ROM、硬盘等设备中。任务是运动的，存在于内存或闪存中，有睡眠、就绪、运行、阻塞、挂起等多种状态。相同程序的多次执行是允许的，这样就形成了多个优先级不同的任务，每一个都是独立的。

在实时系统中，把应用程序的设计过程分割为多个任务，每个任务都有自己的优先级，在操作系统的调度下协调运行。

典型的任务运行方式是循环。

程序1.2所列出的代码是一个典型的任务代码usertask，该任务就是一个循环结构。

程序1.2　一个典型的任务代码usertask

```
void usertask(void *pParam)
{
int i=*((int *)pParam);
        for(;;){                                                  (1)
          printf("\n\r%d\n",i++);                                 (2)
          OSTimeDly(OS_TICKS_PER_SEC);                            (3)
        }
}
```

在程序1.2中，函数usertask在（1）处进入无限循环，在循环体（2）处在屏幕上打印输出当前的计数值i，在（3）处调用操作系统的延时函数，延时1秒。1秒后又可获得运行，循环继续。这就是一个标准的任务结构。

我们对代码进行一下分析。usertask有一个参数是指针类型的，名为pParam。首先将指针强制转换为指向整数类型的指针，然后取该指针所指的内容，将它赋值给一个局部变量i。在循环体内，首先打印出i的值，然后将i加1，接着调用延时函数OSTimeDly，延时1秒，之后又继续循环。OSTimeDly首先将本任务阻塞掉，这样，即使该任务优先级最高，也可以让低优先级的任务获得运行的机会。实际上，操作系统的时钟滴答服务会在1秒后使这个任务重新就绪，重新得到运行。

在μC/OS中，一般的任务都是以这种循环方式运行的，非循环的任务是不允许返回的，而是采取删除自己的方式结束。

1.3.2　多任务

实时操作系统是多任务的操作系统，系统中必然有多个任务在执行。其中有用户任务，如前面讲到的usertask，也有操作系统的系统任务，如空闲任务和统计任务。多任务的运行相对于其他的系统，其优点是可以大大提高CPU的利用率，又必然使应用程序分成多个程序模块，实现模块化，应用程序更易于设计和维护。在一个ARM采集处理系统中，同时采集16路信号，又同时对多信号进行处理和传输，可以创建16个任务，负责16路信号的采集，创建一个任务对信号进行处理，再创建一个任务负责数据的传输。

为了使读者更好地理解多任务，下面给出简单的示例性代码，如程序1.3所示。

程序1.3　启动两个用户任务，任务代码都为usertask

```
int main(int argc, char **argv)
{
    int p[2];
    p[0]=0;
    p[1]=100;
    OSInit();                                                              (1)
    OSTaskCreate(TaskStart,0,&TaskStk[0][TASK_STK_SIZE-1],TaskStart_Prio);  (2)
    OSTaskCreate(usertask, p, &TaskStk[2][TASK_STK_SIZE-1], 5);            (3)
    OSTaskCreate(usertask, p+1, &TaskStk[3][TASK_STK_SIZE-1], 6);          (4)
    OSStart();                                                             (5)
    return 0;
}
```

代码中其他部分现在暂时不做深入研究，在相关章节还要详细论述，这里仅简单介绍以下几个方面：

（1）对μC/OS-II内核进行初始化。

（2）创建一个设置时钟中断的任务。

（3）创建用户任务，这个任务代码是前面已经提到的程序1.2中的usertask，参数是p，即指向p[0]的指针，优先级是5。

（4）创建用户任务，这个任务代码也是usertask，参数是p+1，即指向p[1]的指针，优先级是6。

（5）开始启动多任务。

因为两个用户任务虽然优先级不同，但是都执行延时操作，也就是说都主动放弃CPU，因此可以轮流运行。如果没有执行延时操作，把自己阻塞起来，在高优先级任务结束前，低优先级的任务是不能得到运行的。

如图1.3所示为程序清单1.3运行的结果。

图1.3　两个任务运行的结果

第一个任务的参数是0，从0开始计数；第二个任务的参数是100，从100开始计数。于是得到如图1.3所示的结果。我们看到，两个任务轮流输出结果到屏幕，多任务被调度运行了。

1.3.3　任务状态

任务是活的，有多种状态，如图1.4所示是任务状态图，说明任务的状态和它们之间的关系。

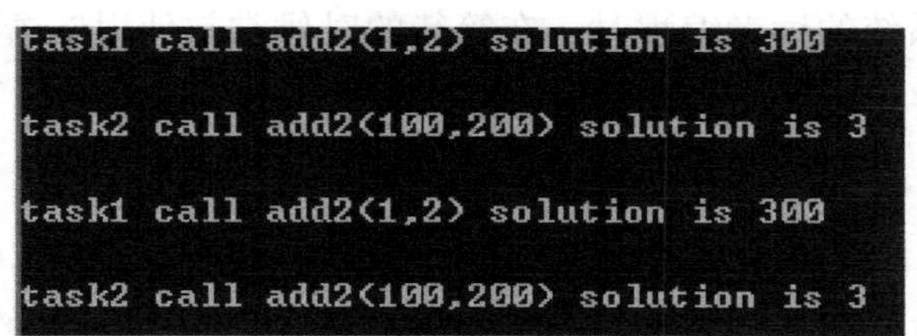

图1.4　任务状态及相互关系

为了管理和调度任务，必须为任务设置多个状态。在μC/OS中，任务具有5种状态。

1．睡眠态

任务已经被装入内存了，可是并没有准备好运行。例如，上面给出的usertask代码，以代码的形式存在于内存中，在调用OSTaskCreate（任务创建函数）创建之前，处于睡眠态。睡眠态的任务是不会得到运行的，操作系统也不会给其设置为运行而准备的数据结构。经过后面的学习我们将知道，没有给其配置任务控制块。

2．就绪态

当操作系统调用OSTaskCreate创建一个任务后，任务就进入就绪态。从图1.4中可以看出，任务也可以从其他状态转到就绪态。处于就绪态的任务，操作系统已经为其运行配置好了任务控制块等数据结构，当没有比其优先级更高的任务，或比其优先级更高的任务处于阻塞态的时候，就能被操作系统调度而进入运行态。从就绪态到运行态，操作系统是调用任务切换函数完成的。

3．运行态

运行态是任务真正占有CPU，得到运行。这时运行的代码就是任务的代码，如usertask。处于运行态的任务如果运行完成，就会转为睡眠态。如果有更高优先级的任务抢占了CPU，就会转到就绪态。如果因为等待某一事件，例如等待1秒的时间，如OSTimeDly

(OS_TICKS_PER_SEC)，需要暂时放弃CPU的使用权而让其他任务得以运行，就进入了阻塞态。当由于中断的到来而使CPU进入中断服务程序（ISR），必然使正在运行的任务放弃CPU而转入中断服务程序，这时被中断的程序就被挂起而进入挂起态。

总之，任务要得到运行就必须进入运行态，CPU只有一个，不能让每个任务同时进入运行态，进入运行态的任务有且只有一个。

4. 阻塞态

阻塞对于操作系统的调度、任务的协调运行是非常重要的。我们之所以能看到图1.3所示的运行结果，而不是只有一个高优先级的任务得到运行，就是因为usertask在没有事情可做，等待1秒的时候，不是强行运行代码，而是把自己阻塞起来，使操作系统可以调度其他的任务。

当任务在等待某些还没有被释放的资源或等待一定的时间的时候，要阻塞起来，等到条件满足的时候再重新回到就绪态，又能被操作系统调度以进入运行态，这是实时操作系统必须要实现的功能之一。

一些不理解操作系统的读者编程时，在等待的时候常常使用for循环，不停地执行代码而使CPU的利用率暴增，使系统的运行环境十分恶劣，甚至造成死机，这是不可取的。

5. 挂起态

当任务在运行时，因为中断的发生，如定时器中断每个时钟滴答（clock tick，指每个时钟周期）中断一次，被剥夺CPU的使用权而进入挂起态。在中断返回的时候，若该任务还是最高优先级的，则恢复运行，如果不是这样，只能回到就绪态。

任务在各种状态之间转换，有一个非常重要的词——Context Switch，即上下文切换或直接翻译为任务切换。

1.3.4 任务切换

从上一节的例子中读者可以看到多任务运行的结果，很明显，任务进行了切换，否则不可能产生如图1.3所示的运行结果。

任务切换的核心是上下文切换（Context Switch），是任务调度的重要部分。任务切换是暂停一个任务的运行，运行另一个处于就绪态的任务。暂停一个任务，以后又能恢复运行，必须考虑将这个任务运行的信息保存，而恢复运行的时候需要将这些信息恢复到运行环境。这种保存上下文的数据结构就是堆栈，是一种后进先出的数据结构。

于是，任务切换必须做环境的保存和恢复的操作。环境的保存和恢复与任务有关，也与任务运行的硬件环境直接相关。PC和ARM就有不同的CPU寄存器，很明显，其保存和恢复的内容就大不相同。所以，要实现内存切换就涉及了汇编语言实现的最底层的代码，需要一定的计算机原理或嵌入式系统的基本知识，即硬件的基本知识和汇编语言编程的基本知识。掌握最基本的知识，对于我们的操作系统学习就足够了。

在操作系统移植的时候，任务切换代码就是必须要实现的部分之一。

多任务的关键在于如何进行调度，μC/OS采用的是可剥夺优先级调度算法。多任务下，各任务还要按一定的次序运行，因此存在同步的问题，所以引入了信号量的概念来进行同步。任务间有互相通信的需求，因此操作系统需要有邮箱、消息等用于通信的数据结构，以便多任务通信。多个任务可能争夺有限的资源，如都要访问串口，因此操作系统还要管理各任务，尽可能使它们和平共处，能充分利用资源而不发生冲突，该排队的就要排队，于是又产生了互斥、死锁等概念。

1.3.5　可重入函数和不可重入函数

同一个代码可以运行为不同的任务，不同的任务又可以调用相同的函数。我们不能为每个任务都写一个程序，却需要每个程序都运行正确，无论系统中有多少个任务在执行。

可重入函数（Reentarut Function）是指一个函数可以被多个任务调用，而不需要担心在任务切换的过程中，代码的执行会产生错误的结果。如果可能产生错误的结果，就是不可重入函数了。在实时多任务操作系统中，任务应该调用可重入函数，可重入函数是任务中的一个重要概念。

如程序1.4所示的例子：启动两个用户任务，任务代码为usertask1和usertask2，两个任务都调用add2函数，该函数将返回两个参数相加的结果。其中使用了全局变量a和b。

程序1.4　使用不可重入函数得到错误结果

```
int a,b;                                                          (1)
int add2(int p1,int p2)                                           (2)
{
   a=p1;
   b=p2;
   OSTimeDly(OS_TICKS_PER_SEC);                                   (3)
return(a+b);                                                      (4)
}
void usertask1(void *pParam)
{
    int sum;
   for(;;){
          printf("\ntask%d call add2(1,2)\n",1);
          sum=add2(1,2);
          printf("\ntask%d call add2(1,2) solution is %d\n",1,sum);
   }
}
void usertask2(void *pParam)
{
    int sum;
   for(;;){
          printf("\n\rtask%d call add2(100,200)\n",2);
          sum=add2(100,200);
          printf("\ntask%d call add2(100,200) solution is %d\n",2,sum);
   }
}
```

程序1.4所示的代码中：

（1）定义全局变量，各个任务都可以访问全局变量。

（2）函数add2实现对两个参数相加，返回结果，因为使用了全局变量，所以在任务切换过程中，其值可能被改变。

（3）延时1秒，任务被阻塞，以保证任务切换。

（4）返回相加的结果。

运行结果如图1.5所示。

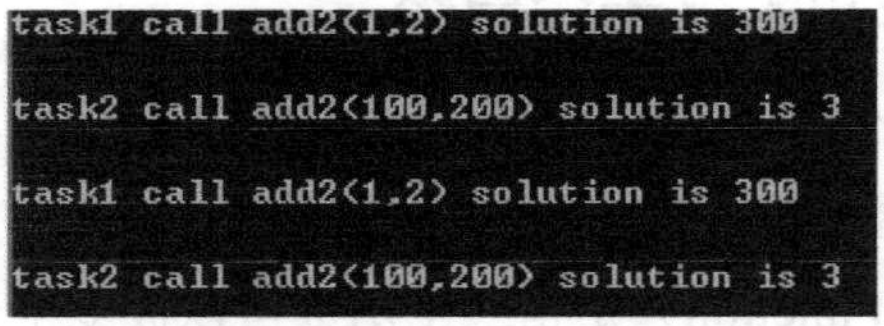

```
task1 call add2(1,2) solution is 300

task2 call add2(100,200) solution is 3

task1 call add2(1,2) solution is 300

task2 call add2(100,200) solution is 3
```

图1.5　运行结果

运行结果是完全错误的。为什么会出现这种情况呢？根本原因是我们调用了不可重入函数add2。

usertask1的优先级为5，usertask2的优先级为6，操作系统首先调度usertask1运行，对变量a、b进行赋值，运行结果为a=1，b=2。然后调用OSTimeDly做延时，usertask1被阻塞，操作系统会进行一次任务的切换。这时usertask2得到运行，对a、b进行赋值，运行结果为a=100，b=200。在经过一段延时后，usertask1被唤醒，重新得到运行，返回a+b的结果，于是就有1+2=300的错误结果。打印出如图1.5所示的第一行后，usertask1仍要进行循环，于是又去调用add2，又给a、b进行赋值，运行结果为a=1，b=2，再延时。之后usertask2延时结束得到运行，打印出了第二行的内容，也即100+200=3。

为了得到正确的结果，对如程序1.4所示的代码进行改进，改为调用可重入函数，修改部分如程序1.5所示。

程序1.5　使用可重入函数得到正确结果

```
int add2(int p1,int p2)
{
    int a,b;                                                    (1)
    a=p1;
    b=p2;
    OSTimeDly(OS_TICKS_PER_SEC);
    return(a+b);
    }
```

程序1.5所示的程序清单中对代码进行了修改，使用局部变量a,b，运行结果如图1.6所示。

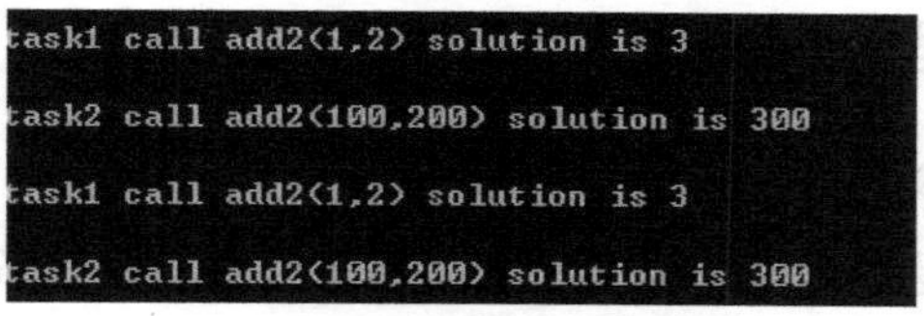

```
task1 call add2(1,2) solution is 3
task2 call add2(100,200) solution is 300
task1 call add2(1,2) solution is 3
task2 call add2(100,200) solution is 300
```

图1.6　修改代码后的运行结果

从如图1.6所示的运行结果来看，结果是正确的，究其原因是函数add2采用了可重入代码，因此在实时多任务操作系统中，公用函数应采用可重入代码。

1.4　基于优先级的可剥夺内核

1.4.1　内核

内核是操作系统最核心的部分，其主要功能就是进行任务调度。所谓调度，就是决定多任务的运行状态，哪个任务应该处于哪种状态。内核最核心的服务就是任务调度，也包含了操作系统的初始化、时钟滴答服务、任务的创建和删除、任务的挂起及恢复、多种事件管理及中断管理。

μC/OS是一个微内核和实时多任务操作系统，在掌握了内核的组成、实现和功能之后，才可以对其进行扩充以实现更为复杂的功能。这就如同树上的果实，最核心的部分就是内核。因为内核也是程序，运行也要占用CPU的时间，因此实时内核应设计得运行效率尽可能高，调度算法尽可能好。一般情况下，设计得比较好的系统内核占用2%～5%的CPU负荷，μC/OS完全可以达到这一点。

除了时间，内核还要占用空间。因为要进行任务调度，就要有大量的数据结构，如任务控制块、就绪表、信号量、邮箱、消息队列等，并且为了进行任务切换，每个任务都有自己的堆栈空间，占用大量RAM空间。因此，没有扩充内存的51单片机因为没有足够的内存空间就不能运行μC/OS或不能够创建较多的任务，而内存较大的STM32则可以。

μC/OS使用的是一种基于优先级的可剥夺型内核。

1.4.2　基于优先级的调度算法

在μC/OS-II的一些版本中，可以同时有64个就绪任务，每个任务都有各自的优先级。优先级用无符号整数来表示，从0～63，数字越大则优先级越低。在较新的μC/OS-II中支持256个任务。在μC/OS-III中，任务的数量不限制，优先级也可以相同，但不同优先级的任务仍采用基于优先级的调度算法，即以基于优先级的调度算法为核心，相同优先级任务的轮转调度算法只是一个有益的补充。

μC/OS总是调度就绪了的、优先级最高的任务获得CPU的控制权，不管这个任务是什么，执行什么样的功能，也不管该任务是否已经等了很久。

1.4.3　不可剥夺型内核和可剥夺型内核

不可剥夺型内核的含义是，任务一旦获得了CPU的使用权得到运行，如果不将自己阻塞，将一直运行，而不管是否有更紧迫的任务（优先级更高的任务）在等待（高优先级的任务已经进入就绪状态）。如果发生了中断，中断服务程序运行完毕后也要返回到原任务运行。

如图1.7所示描述了不可剥夺型内核的调度示例。

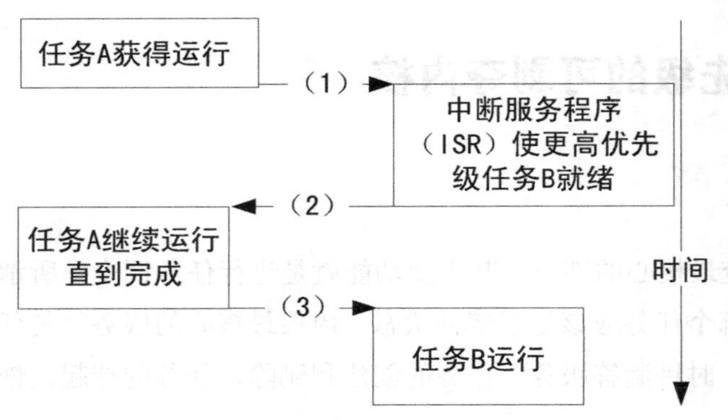

图1.7　不可剥夺型内核调度示例

在图1.7中：

（1）在任务A运行时发生中断，进入中断服务程序。

（2）从中断返回，继续运行任务A。

（3）任务A结束，任务B获得运行。

任务A由于优先级较低，在运行中发生中断时，CPU将控制权交给中断服务程序，任务A被挂起。中断服务程序将更高优先级的任务B从睡眠态或阻塞态恢复到就绪态。中断服务程序返回，由于采用不可剥夺型内核，将CPU仍交给任务A运行，直到任务A运行完成或阻塞，才将CPU交给任务B，任务B才得以运行。

由此可见，采用不可剥夺型内核，缺点在于其响应时间太长。高优先级的任务就算是进入就绪状态，也必须等待低优先级的任务运行完成或阻塞后才能得到运行，响应时间不能确定，因此不适合实时操作系统。

可剥夺型内核采用不同的调度策略，最高优先级的任务一旦就绪，就能获得CPU的控制权而得以运行，而不管当前运行的任务运行到什么状态。

如图1.8所示描述了可剥夺型内核的调度示例。

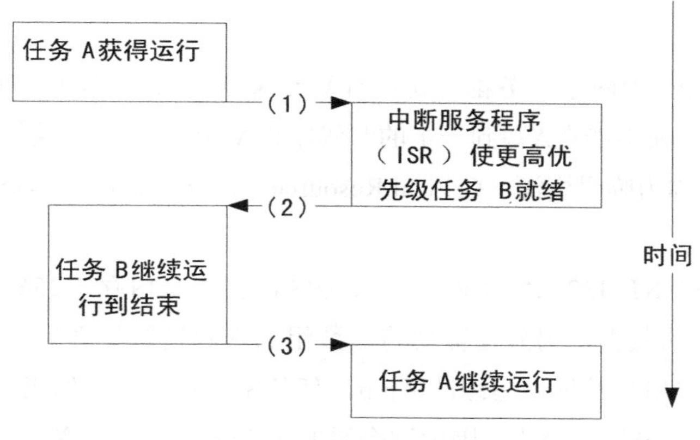

图1.8 可剥夺型内核调度示例

图1.8中的流程如下：

（1）任务A运行时发生中断，进入中断服务程序。

（2）从中断返回，任务B优先级较高获得运行。

（3）任务B结束，任务A恢复运行。

在可剥夺型内核调度下，在中断服务程序中因为提交信号量等多种原因可以将高优先级的任务B就绪，因此在中断返回后，由于任务B变成在中断返回后优先级最高的任务，所以获得了CPU控制权得到运行。任务B运行结束后，任务A才得到运行。因此，可剥夺型内核采用的抢占式的调度策略，总是让优先级最高的任务运行，直到其阻塞或完成，因此任务的响应时间是优化的。因为操作系统总是以时钟中断服务程序作为调度的手段，而时钟中断时间是可知的，高优先级任务的运行时间也是可知的，因此适合于实时操作系统。

1.5 同步与通信

1.5.1 同步

任务是独立的，但是任务之间又有着各种各样的关系，以成为一个整体，来完成某一项工作。有时候，一个任务完成的前提是需要另一个任务给出一个结果，任务之间的这种制约性的合作运行机制称为任务间的同步。

例如，A任务实现计算功能，B任务输出A任务计算的结果，然后循环运行。A任务和B任务就必须同步，否则B任务输出的可能不是A任务刚完成的结果，或者B任务访问结果时，A任务正在修改，因而输出错误的结果。A和B就是必须进行同步的任务。

前面的例子还引出一个共享资源的概念，A任务和B任务都需要访问的计算结果就是一个共享资源，对于共享资源的访问，就要有排他性，为解决这个问题，又引出操作系统的很多基本概念，如互斥、信号量、临界区、消息等概念。而在多个任务没有很好地同步的情况下，操作系统还可能产生死锁。

1.5.2　互斥

前面的例子中，A和B两个任务都要访问计算结果这个共享资源，但是在A写这个资源的同时，B必须等待，而不能在A写到一半的时候结束A而让B来读，这样会产生灾难性的后果。这样的共享资源称为临界资源（Critical Resource），这种访问共享资源的排他性就是互斥。

具体来说，比如在STM32系统下的一个缓冲区，例如是内存中256字节的数组buf，该数组存储从串口发来的数据，另外还需要将该数组的内容进行处理后显示在液晶屏上。于是，可以让任务A读取串口数据，写缓冲区buf，任务B读buf并显示结果。当任务A读串口写缓冲区buf的时候，任务B只能等待，因此这个缓冲区就是一个临界资源。因此，当任务A正在写缓冲区这个临界资源时，应避免任务切换，让任务B不能在A写完前得到运行的机会而去读未写完的缓冲区。

临界资源可以是全局变量，也可以是指针、缓冲区或链表等其他数据结构，还可以是如串口、网络、SPI Flash、打印机、硬盘等硬件。C任务打印时，不能刚设置了字体，然后输出了10页中的1页就换上D程序来输出D要打印的20页到打印机。这里的打印机就是共享资源，也必须互斥访问。

要做到互斥访问临界资源，操作系统可以有多种方法，μC/OS采用的方法有关中断、给调度器上锁和使用信号量等，这些方法都避免了任务的切换。无论采用什么方法，操作共享资源的时候都要进入临界区。

1.5.3　临界区

每个任务中访问共享资源的那段程序称为临界区（Critical Section），因为共享资源的访问是要互斥的。在临界区不允许任务切换，这是最根本的原则。因为如果在访问共享资源的时候进行任务切换，就可能产生错误的结果。在进入临界区访问共享资源之前，采用关中断、给调度器上锁等方法避免任务切换。

因为临界区代码在执行过程中不能进行任务切换，为保证系统的实时性，临界区代码必须尽量短，能够在限定的时间之内完成。

如程序1.6所示的示例代码说明了如何访问临界资源。

程序1.6　访问临界资源的示例代码

```
int function1(int p1)
{
    OS_ENTER_CRITICAL();                                        (1)
    //此处为一段访问临界资源代码                                 (2)
    OS_EXIT_CRITICAL();                                         (3)
    //此处为其他代码                                             (4)
}
```

在程序1.6中，（1）和（3）之间是临界区。

（1）进入临界区，不允许任务切换。

（2）临界区代码，访问临界资源。

（3）离开临界区，允许任务切换。

（4）其他代码，可以在这些代码执行期间进行任务切换。

1.5.4　事件

操作系统中，事件（Event）是在操作系统运行过程中发生的重要事情，这样的事件是用于任务间同步的。μC/OS操作系统在处理任务的同步和通信等环节，大量使用了事件这一概念，类似于进行任务管理时使用了任务控制块一样，创建了任务控制块这样的数据结构以进行事件的管理。

例如，前面的例子中A任务写缓冲区，B任务读该缓冲区。任务B在访问缓冲区之前，应调用OSSemPend()来等待缓冲区，但是当缓冲区无有效数据的时候，会被阻塞而失去CPU，那么什么时候B任务继续运行呢？就是在发生了A任务写完缓冲区这个事件之后。操作系统的设计者就是这样做的，A任务在写完缓冲区后需调用如OSSemPost()这样的函数，把缓冲区有有效的可用数据这个事件通知给了B任务。在函数OSSemPost()中，发现有任务B在排队等待缓冲区资源，于是调用任务切换函数将CPU给B，任务B就可以去处理缓冲区了，于是达到了任务间的无缝同步。关于OSSemPend()、OSSemPost()这些函数（API）在信号量管理部分有详细的代码讲解和实例。

事件处理的对象主要有信号量、互斥信号量、事件标志组、邮箱、消息队列。例如，OSSemPost()函数的功能就是执行发信号量操作。换而言之，信号量、邮箱、消息队列是消息的来源，来消息了是一个事件，等待消息也是在等待事件的发生。总之，事件处理是操作系统处理这些信息的手段。

1.5.5　信号量

在某一个时刻，有些共享资源只可以被一个任务所占有，而有些可以被N个任务所共享。前一种共享资源就好比有一把钥匙，钥匙发出去了，得到钥匙的任务可以访问共享资源，其他请求该资源的任务必须等得到钥匙的任务把钥匙归还。后者则可以有N把钥匙，如果N把钥匙都发完了，第N+1个请求访问共享资源的任务就必须等待。这些钥匙就可以用信号量（Semaphore）来表示。

信号量标识了共享资源的有效可被访问数量，要获得共享资源的访问权，首先必须得到信号量这把钥匙。使用信号量管理共享资源，请求访问资源就演变为请求信号量了。资源是具体的现实的东西，把它数字化后，操作系统就便于管理这些资源，这就是信号量的理论意义。

在μC/OS-II中，信号量的取值范围是16位的二进制整数，范围是十进制的0～65535。或是其他长度，如8位、32位。具体大小只要在读懂代码的基础上，就可以很容易修改。

信号量有如下3种操作。

1. 建立（Create）

建立并初始化信号量，在一个事件块中标识该信号，记录该信号的量值，执行的是给资源配钥匙的操作。该操作的条件是系统中还有空余的事件块。操作系统能处理的事件是有限的，任何数据结构都不能无限，尤其是在实时操作系统中。

2. 请求（Pend）

请求信号，如果还有钥匙（信号量大于0），就去领一把（信号量--），执行下去；如果没有，就要把自己阻塞掉，因为不能执行下去就不需要再占用宝贵的CPU。

3. 释放（Post）

访问资源的操作完成后就把钥匙交回（信号量++）。这时，如果有等待该钥匙的任务就绪，并比当前任务有更高的优先级，就执行任务调度。否则，原任务在释放信号量之后继续执行。

如图1.9所示，A、B两个任务通过信号量同步，具体过程如下：

首先创建信号量S，因为该缓冲区本质上是全局的一个数组，属于临界资源，因此设置信号量的初值为1。另外，该信号量使用一个事件控制块。

任务A请求信号量S，做Pend操作。因为信号量S=1，所以请求得到满足，Pend操作中将S减1，S的值变为0。任务A继续执行，访问缓冲区。

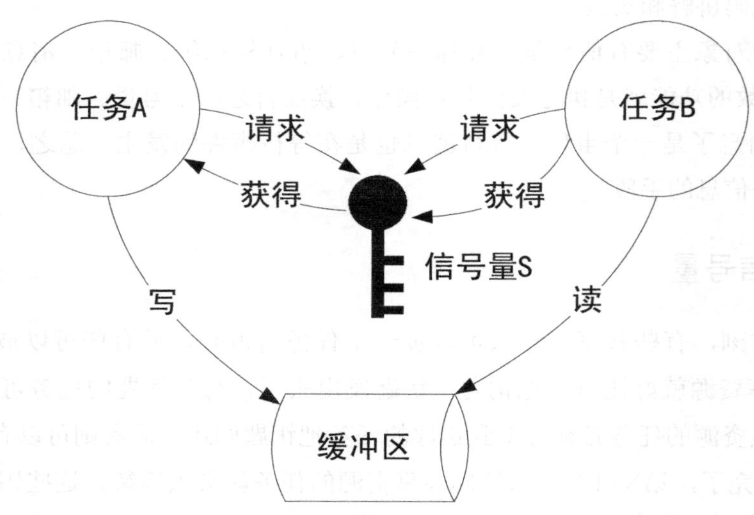

图1.9　A、B两个任务通过信号量同步访问缓冲区

任务A在执行过程中因为其他的事件而阻塞，任务B得到运行，要访问缓冲区。任务B请求信号量S，做Pend操作。因为信号量S=0，所以请求不能得到满足，任务B只能被阻塞，S的值保持为0。但在信号量S所使用的事件控制块中，标记了事件B在等待信号量S的信息。

任务A在条件满足时继续执行，访问缓冲区完成后，做Post操作，释放缓冲区。Post操作中将S加1，S的值变为1。在Post操作中，由于事件控制块中标记了事件B在等待信号量S的信息，且我们设置任务B有更高的优先级，操作系统调用任务切换函数，切换到任务B运行，使任务B获得信号量，访问任务A写好的缓冲区。

任务B访问完成，再释放该信号量，任务A又可以访问该缓冲区了。

1.5.6　互斥信号量

互斥信号量是一种特殊的信号量，这不仅在于该信号量只有用于互斥资源的访问，还在于使用互斥信号量管理需要解决的优先级反转问题。

假如系统中有3个任务，分别是高优先级、中优先级和低优先级，当低优先级的任务在运行的时候访问互斥资源，而中优先级的任务运行时将使低优先级的任务得不到运行而死抱着资源不放。这时，高优先级的任务开始运行的时候，必须等待中优先级的任务运行完成，然后等低优先级的任务访问资源完成才行。如果在低优先级的任务访问资源过程中又有中优先级任务运行，那么高优先级的任务只有继续等待。这种情况就是优先级反转。

在μC/OS-II对互斥信号量的管理中，针对这个问题采用了优先级继承机制。优先级继承机制是一种对占用资源的任务的优先级进行升级的机制，用以优化系统的调度。例如，在系统中，当前正在执行的且占有互斥资源的任务的优先级是比较低的。高优先级的任务请求互斥信号量时因为信号量已被占有，所以只有阻塞。这时有中优先级的任务就绪，如果不采用优先级继承，那么高优先级的任务是竞争不过中优先级的任务的。采用优先级继承机制，将占有资源的低优先级的任务临时设置为一个很高的优先级，允许其在占有资源的时候临时获得特权，先于中优先级任务完成，在访问互斥资源结束后又回到原来的优先级，这样高优先级的任务就会先于中优先级的任务运行，解决了这个问题。本书在第4章的“4.4　互斥信号量管理”一节还将详细论述该问题并给出例程。

1.5.7　事件标志组

在信号量和互斥信号量的管理中，任务请求资源，如果资源未被占用就可继续运行，否则只能阻塞，等待资源释放的事件发生，这种事件是单一的事件。如果任务要等待多个事件的发生，或多个事件中的某一个事件的发生就可以继续运行，那么就应该采用事件标志组管理。

事件标志组管理的条件组合可以是多个事件都发生，也可以是多个事件中有任何一个事件发生。尤其特别的是，还可以是多个事件都没有发生或多个事件中有任何一个事件没有发生。

事件标志组管理将在第4章的“4.5　事件标志组管理”一节给出详细解释和例程。

1.5.8　消息邮箱和消息队列

邮箱（MailBox）是用于通信的，邮箱中的内容一般是信件。操作系统也通过邮箱来管理任务间的通信与同步，邮箱中的内容却不是信件本身，而是指向消息内容的地址（指南针），这个指针是void类型的，可以指向任何数据结构。这样的设计更经济，所发送的信息范围也更宽，邮箱中可以容纳下任何长度的数据。

所以，邮箱的内容不是消息本身而是地址（指针），指针所指向的内容才是任务想得到的东西。就好比我们打开自己的邮箱，发现里面有一封信，信的内容是“×国×省×市×区×街123号”，那么在这个×××的123号，我们可以找到自己想要的东西。如果邮箱里没有内容，那么我们看到的就是个空地址。

操作系统同样把邮箱看做发生事件的场所，也用事件控制块作为承载邮箱的载体，因此邮箱在事件控制块中。一个事件控制块可以作为信号量的容器，也可以作为邮箱的容器，但是不能同时作为两者的容器。在取得事件控制块后就要设置它的类型，是信号量型还是邮箱型。

邮箱和信号量都保存在事件控制块中，对于它们的操作和处理也是类似的。如图1.10所示描述了A、B两个任务通过发消息来同步访问缓冲区。

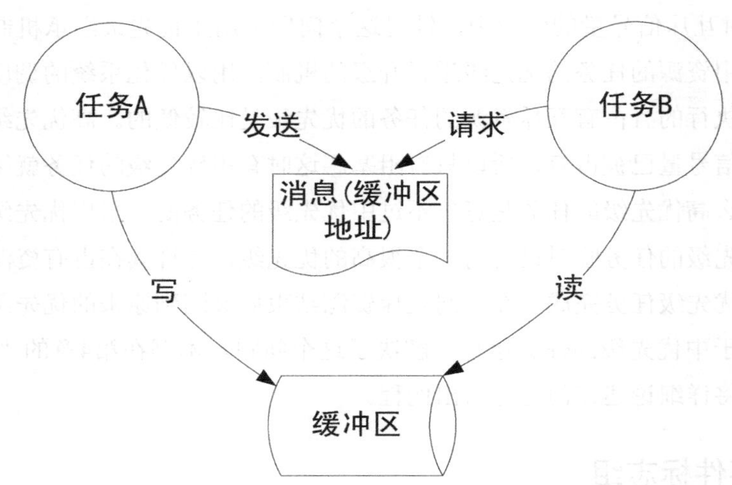

图1.10　A发消息给B，同步访问缓冲区

假设A写缓冲区，B读缓冲区，缓冲区是A创建的，B并不知道它在哪里，但是B知道缓冲区的类型是10个字节长的数组。现在就应采用消息而不是信号量来完成这次同步和通信。可以简单描述如下：

任务A创建缓冲区，写缓冲区，发消息。

任务B请求消息，如果邮箱里没有消息，就把自己阻塞，如果有，就读取消息。

任务B最终读取消息后，根据邮箱中的地址读取缓冲区。

消息队列（Message Queue）也用于给任务发消息，但它是由多个消息邮箱组合形成的，是消息邮箱的集合，实质上是消息邮箱的队列。一个消息邮箱只能容纳一条消息，采用消息队列，一是可以容纳多条消息，二是消息是有序的。

消息队列由于存储多条消息，因此其设计比信号量和消息略为复杂，但也同样是采用事件控制块来指示消息的位置和标记等待消息的任务。不同的是，消息队列自身有消息控制块这样的数据结构，事件控制块中指示的不再是消息的地址，而是消息控制块的地址，使用消息控制块可以先进先出的方式管理多条消息。

1.6　时钟和中断

中断是微机原理的重要概念，也是嵌入式系统的重要概念。例如，当嵌入式系统中设置了定时器中断为每毫秒发生一次，那么每毫秒就打断用户程序的运行，自动进入定时器中断服务程序，等中断服务程序（ISR）执行完成后才继续运行用户程序。时钟中断是嵌入式系统中重要的中断，例如，在STM32嵌入式系统中，就有Systick系统定时器和多个定时器，而操作系统的系统服务不是凭空产生的，依赖于时钟中断，在STM32下一般是由Systick系统定时器中断触发操作系统时钟滴答服务。离开了操作系统时钟滴答服务，操作系统就不能完成任何延时（OSTimeDly）功能。

时钟是一种特定的周期性中断，在μC/OS中起到“心脏”的作用。操作系统的多任务能够同步，最根本的硬件条件是系统在统一的时钟下工作。在STM32中，例如STM32F103VET6，系统的主频是72MHz，最小的时间单位就是1/72μs。在μC/OS中，通过对硬件的设置，通常在1～200ms的时间间隔内产生一次时钟中断，在该时钟中断服务程序中执行内核中的操作系统时钟滴答服务（OSTimeTick），对延时的任务进行延时计数，当有任务延时结束的时候将该任务就绪，判断该任务是否是优先级最高，如果是则进行一次任务调度。我们把这种周期性中断称为时钟节拍或时钟滴答，对应的中断服务程序称为操作系统时钟滴答服务。

嵌入式实时操作系统的中断是指在任务的执行过程中，当出现异常情况或特殊请求时，停止任务的执行，转而对这些异常情况或特殊请求进行处理，处理结束后再返回当前任务的间断处。或由于中断服务程序使更高优先级的程序就绪，转而执行优先级更高的任务。中断是实时地处理内部或外部事件的一种内部机制。这里，异常情况或特殊请求是中断源，称为异步事件，处理异步事件所用的程序是中断服务程序。

现实生活中中断无处不在。例如，在工作的过程中，手机响了，于是先接电话，接完电话再接着工作。在这一过程中，手机是中断源，接电话是中断服务程序。又如，在上课的过程中，手机响了，不接手机继续上课。这是对中断不理会，或称中断被屏蔽了。更正确的做法是上课前关掉手机，直接禁止了中断。

在嵌入式系统中，对于异步事件也多采用中断管理。例如，如图1.11所示的系统。

图1.11　一种嵌入式测控系统的输入和输出

图1.11所示的嵌入式测控系统A只有3个输入：电压、电流和过压，输出一个开关机信号和调压信号。该系统连接到一台可调电源，开/关机信号用于打开电源或关闭电源，调压信

号调节电源的电压。电源输出的电压值和电流值采样后送到嵌入式测控系统A。另外就是一个过压信号，当电源输出电压超过了最大值时，该信号有效，这时应关闭电源。

嵌入式测控系统A若采用具有STM32作为主要硬件，则采用μC/OS作为操作系统。对于过压这种异步信号，因为需要立即处理，所以应设置为外中断。这样，当过压信号有效时，不管当前运行的是什么任务，如显示、读取电压值等，都自动切换到中断服务程序，并在中断服务程序中关闭电源。如果不这么做，那么要等到查询过压信号的任务运行，然后再处理，就可能由于过压时间太长，从而造成损害。另外，若不采用中断机制，查询过压信号的任务周期性运行，因为实时性差，当查询到再去处理时损害已经产生了。而不停地查询也使系统负荷大大提高，很多CPU时间都用在了查询上。

在μC/OS中，中断处理过程如图1.12所示。

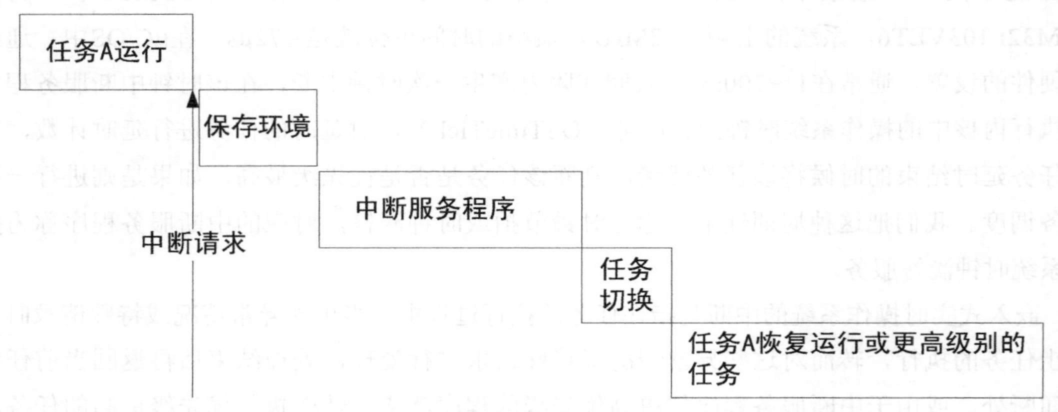

图1.12　中断服务的示例

当任务A在运行的时候，由于中断的到来，操作系统先保存任务A当前的运行环境，接着进入中断服务程序，在中断服务程序后，由于采用可剥夺型内核，如果A仍是优先级最高的任务，就恢复A运行的环境，继续运行A，否则将运行一个更高优先级的任务。

需要说明的是，因为系统实时性的要求，一般要求系统的中断服务程序是十分短的，因为高优先级的中断服务程序的运行使低优先级的中断得不到响应。而使用了μC/OS之后，便完美地解决了这一问题，方法就是在中断服务程序中提交（POST）信号量或消息，使处理任务就绪。假设任务B是处理过压的任务，任务B的优先级比任务A要高。任务B在得到运行的时候要等待（PEND）信号量，而当没有发生过压的时候，信号量值为0，任务B就阻塞了，失去CPU，让出了CPU给任务A。当中断发生的时候，中断服务程序只提交（POST）一个信号量，任务B就绪了，然后离开中断服务程序的时候会进行一次任务切换，因为B的优先级高，会获得CPU进行处理，这样系统能够离开中断服务程序进行信息处理，不会影响系统的实时性，而这个延迟是微秒级的。有经验的嵌入式系统工程师都知道，这在不使用操作系统的时候是很难做到的。

1.7　内存管理

嵌入式系统中，内存资源是十分宝贵的，如何解决内存分配过程中产生的碎块问题是内存管理的关键。在μC/OS中，采用分区的方式管理内存，即将连续的大块内存按分区来管理，每个系统中有数个这样的分区，每个分区又包含数个内存块，每个内存块大小相同。这样，在分配内存的时候，根据需要从不同的分区中得到数个内存块，而在释放时，这些内存块重新释放回它们原来所在的分区。这样就不会产生内存越分越凌乱，没有整块的连续分区的问题了。

为方便内存管理，μC/OS采用内存控制块来管理内存。内存控制块记录了内存分区的地址、分区中内存块的大小和数量，以及空闲块的数量等信息。内存管理包含了内存分区的创建、分配、释放、使用和等待等系统调用，将在相关章节详细论述。

1.8　嵌入式实时操作系统μC/OS学习开发指引

在学习了操作系统的基本概念之后，将进入操作系统各个环节的学习，学习本书的目标有以下几个：

- 在理解代码的基础上，掌握μC/OS这个操作系统，深入理解操作系统的概念。
- 将μC/OS这个操作系统移植到嵌入式环境。
- 将μC/OS这个操作系统应用于具体项目开发中。
- 在学习μC/OS经典代码过程中，迅速提升C开发能力。

学习的过程应结合本书带流程图的代码解析，进行代码的阅读理解。在阅读理解的过程中，首先要熟悉任务控制块等核心的数据结构，弄清楚堆栈的存储结构。然后在阅读代码中体会代码的思想方法。μC/OS是一个微核的操作系统，代码量并不大，如果掌握了μC/OS的代码，就算是不使用μC/OS而使用其他的操作系统，也是大有好处的，因为从根本上理解了操作系统。

实践是将知识应用和进一步掌握知识的手段，使用本书提供下载的VC下的例程是一个快速的方法，可以在Windows和VC环境下虚拟学习μC/OS。嵌入式操作系统最终要运行到嵌入式的平台，亮点STM32开发板专为学习μC/OS打造，读者可以选择为学习的硬件环境，在KEIL MDK开发环境下学习μC/OS，掌握μC/OS在嵌入式系统下的移植和应用，包括μC/OS-II和μC/OS-III。

21世纪是互联网的时代，笔者也提供了论坛供大家交流，将自己的困惑提出和解决别人的困惑对提高能力都相当重要。在帮助他人的同时自己的水平也在逐步提高，是更高级的境界。在提出问题前要谨慎考虑，整理好资料，使别人方便解答是良好的IT业精英的素质。

不少读者对如何将μC/OS应用到自己的嵌入式系统中存在一些困惑，尤其是在移植部分可能由于移植不完善而使工程出现一些问题，在开发方面的建议如下：

- 掌握自己所使用的嵌入式系统核心原理，尤其是寄存器的详细功能。例如，在STM23

系统开发的时候，有一些读者只知道R14寄存器是连接寄存器，而不知道在中断中含义已经不同，这样就无法看懂移植代码。虽然笔者在本书中做了解析，但对于其他的嵌入式环境，读者需要仔细研究。

- 在读过代码的基础上，困惑和错误会少很多。如果只是看书上写的函数怎么用，就考虑不到各种细节问题，也不知其所以然。当然，也可以先实践再来看代码，可能会豁然开朗。
- 避免闭门造车，多参考网络上的资料和进行交流，也许遇到的问题是别人提出过的，百度一下好处很大。
- 注意存储空间的分配，注意配置好μC/OS系统。μC/OS是一个可配置的系统，不用的部分可以通过配置文件裁剪掉，而嵌入式系统宝贵的存储资源不能浪费掉。任务堆栈的大小也需要读者自己设定，可以反复摸索和通过一些调试手段获得堆栈的使用情况而制定相应的策略。
- 任务分配的原则。一般将与某一个硬件打交道的代码划分为一个任务，功能独立的代码划分为一个任务，执行时间短的任务尽量提高优先级。可以参考本书工程实践部分的任务划分。
- 注意任务和中断的协调。实时操作系统最核心的代码是中断服务程序，使用实时操作系统，将不在中断中处理大量的事务，而是通过事件、消息等方式，让中断服务程序发送信号给任务来处理，尽快离开中断。不理解这些就没有掌握μC/OS的精髓，也无法使用好μC/OS。

习题

1. 什么是操作系统？什么是实时操作系统？实时操作系统应该具有哪些特性？
2. 什么是任务？任务和程序有什么区别？任务都有哪些状态？
3. 编写一个可重入函数，实现将整数转换为字符串。说明为什么该函数是可重入的。
4. 什么是不可剥夺型内核和可剥夺型内核？μC/OS为什么采用可剥夺型内核？
5. 操作系统中的事件管理都包括哪些？并一一加以论述。

6. STM32的中断服务程序运行在系统模式，用户程序运行了线程模式。通过本书第1.6节的内容，简述当串口接收到数据时，如何实现编写中断服务程序实现微秒级延时的串口数据处理而又保证系统实时性的要求。

第2章 任务管理

从本章起，开始讲解μC/OS-II操作系统的核心内容。操作系统内核启动时，首先调用操作系统初始化函数OSInit进行一次初始化操作，对操作系统的重要数据结构如任务控制块、事件控制块、就绪表等进行初始化，并创建两个系统任务（统计任务和空闲任务）。然后创建一个启动任务TaskStart，该任务为系统滴答服务设置时钟中断，接着调用OSStart启动多任务，开始真正多任务地执行。

在操作系统初始化函数OSInit执行之后，用户可以调用OSTaskCreate或OSTaskCreateExt来创建用户任务。因为这两个函数是内核用于创建任务的，不允许用户进行修改，因此被称为系统服务。用户任务的程序以函数的形式由用户编写，称为用户函数，和操作系统的服务划分了界限。很明显，必须将用户函数的地址传递给创建任务的系统服务。在用户任务中，同样可以调用OSTaskCreate或OSTaskCreateExt创建其他的任务，也可以调用OSTaskDel来删除其他任务或调用请求删除任务的函数提交删除任务的请求，还可以调用OSTaskSuspend来暂时取消任务自己或其他任务的执行。还有一些其他的与任务有关的系统服务，在本书中会一一给出。

因为μC/OS-II采用的是抢占式多任务调度算法，因此任务的优先级是至关重要的，是任务的唯一标志，因此各个任务的优先级必须不同。任务的优先级和任务的其他信息，如任务堆栈地址、任务状态、任务等待实践指针、任务延时时间等信息都保存在一个名为任务控制块（Task Control Block，TCB）的数据结构中。不掌握任务控制块（TCB）就无法研究和掌握任务管理。

除任务控制块，μC/OS-II中还设计了就绪组和就绪表来标志就绪的任务。就绪的任务可能不止1个，但有一个上限——不能超过63个。任务调度程序（时钟中断服务程序）每隔一段时间会执行一次，具体的时间取决于用户对时钟中断时的设置。如果设置为20ms，则每20ms就要执行一次任务调度。这就要从就绪表和就绪组中查找优先级最高的就绪任务了。因为是实时性很高的操作系统，不允许查找最高优先级就绪任务时间太长，不能因为任务多查找起来就慢，任务少查找起来就快。实际上μC/OS-II的任务调度的时间在一个指定的嵌入式环境下是确定的。为了达到这一点，我们设计了巧妙的数据结构和算法来实现这一过程。

为了根据优先级这一任务的唯一标志来找到任务的各种属性，从而执行不同的处理，设计了任务优先级指针表OSTCBPrioTbl来快速找到任务的控制块。为迅速得到当前任务的控制块，又定义了任务块指针OSTCBCur来指示当前的任务块。

这一部分先从任务管理的数据结构开始，对这些数据的学习可能是比较枯燥的，这是因为没有发现设计的精妙。不过，越往后就越能体会到μC/OS-II设计的精妙。

2.1　任务管理数据结构

任务管理的数据结构包括任务控制块、任务空闲链表和任务就绪链表、任务优先级指针表、任务堆栈等，是μC/OS-II内核的核心部分之一。离开这些数据结构，内核什么功能也完成不了。这些数据的内容完全反映了任务的运行情况。

2.1.1　任务控制块

1. 任务控制块的定义

任务控制块是任务管理的核心数据结构，操作系统在启动的时候，首先要在内存中创建一定数量的任务控制块。任务控制块的数量等于操作系统能同时管理的最多任务数。

μC/OS将任务控制块划分为两个链表：就绪链表和空闲链表。创建一个任务，就从空闲链表中取出一个空闲的任务控制块，将任务的各种属性添入该控制块，并将该任务控制块移到就绪链表，更改就绪表和就绪组，任务就从睡眠态转换到就绪态，当没有更高优先级的任务在运行时，任务就可以得到运行。相反，要结束一个任务的运行，就要将该任务的任务控制块从就绪链表移到空闲链表，然后修改就绪表和就绪组，取消任务的就绪标志，任务就从就绪态转换到其他状态，而只有再回到就绪态才有可能得到运行。

在给出就绪链表和空闲链表的结构及就绪表之前，首先需要掌握任务控制块的基本结构。该结构体定义在ucos_ii.H文件中。

任务控制块的结构很简单，但是在本章开始的时候读者只能对它有一个初步的认识，只有在具体使用它的时候，才能更好地认识它。但是不对它有一个初步的认识，就不能深入学习下去。因此，学习应该是一个反复的过程。程序2.1中给出了任务控制块结构体定义的源代码。

程序2.1　任务控制块结构体定义

```
Typedef struct os_tcb {
    OS_STK    *OSTCBStkPtr;                     /*任务堆栈的指针*/                  (1)
#if OS_TASK_CREATE_EXT_EN > 0u                                                   (2)
/*说明：如果宏OS_TASK_CREATE_EXT_EN的值大于0，表示配置了任务创建扩展功能，以下属性才会被包含，本结构体中多次包含这种条件编译指令*/
    void             *OSTCBExtPtr;              /*扩展块的指针*/
    OS_STK           *OSTCBStkBottom;           /*任务堆栈的栈底地址*/
    INT32U            OSTCBStkSize;             /*任务堆栈的大小*/
    INT16U            OSTCBOpt;                 /*扩展的选项*/
/*任务ID，因为当前以任务的优先级为任务的唯一标志，所以该ID目前没有实际意义*/
    INT16U           OSTCBId;
#endif
struct os_tcb *OSTCBNext;              struct os_tcb *OSTCBPrev;
/*指向下一个任务控制块的指针OSTCBNext，指向上一个任务控制块的指针OSTCBPrev。μC/OS将任务控制块分成两个链表，即空闲链表和就绪链表，*OSTCBNext指向下一个任务控制块*/
#if ((OS_Q_EN > 0) && (OS_MAX_QS > 0)) || (OS_MBOX_EN > 0) || (OS_SEM_EN > 0) ||
(OS_MUTEX_EN > 0)
/*事件块指针，当操作系统用到信号量、消息和队列等机制的时候，需要事件块这种数据结构*/
OS_EVENT  *OSTCBEventPtr;                                                  (3)
#endif
```

```
#if (OS_EVENT_EN) && (OS_EVENT_MULTI_EN > 0u)
    OS_EVENT **OSTCBEventMultiPtr;                   /*多事件控制块指针*/
#endif
#if ((OS_Q_EN > 0u) && (OS_MAX_QS > 0u)) || (OS_MBOX_EN > 0u)
    void *OSTCBMsg;                                  /*消息地址*/
#endif
#if (OS_FLAG_EN > 0u) && (OS_MAX_FLAGS > 0u)
#if OS_TASK_DEL_EN > 0u
    OS_FLAG_NODE *OSTCBFlagNode;                     /*事件标志节点*/
#endif
    OS_FLAGS OSTCBFlagsRdy;                          /*事件标志*/
#endif
    INT32U          OSTCBDly;                        /*任务延时时间*/
    INT8U           OSTCBStat;                       /*任务状态*/          (4)
    INT8U           OSTCBStatPend;                   /*事件等待标志*/
    INT8U           OSTCBPrio;                       /*任务优先级*/        (5)
    INT8U           OSTCBX;                                                (6)
    INT8U           OSTCBY;
    INT8U           OSTCBBitX;
    INT8U           OSTCBBitY;
#if OS_TASK_DEL_EN > 0
    BOOLEAN         OSTCBDelReq;                     /*任务删除请求标志*/
#endif
#if OS_TASK_PROFILE_EN > 0u
    INT32U            OSTCBCtxSwCtr;                 /*切换到该任务的次数*/
    INT32U            OSTCBCyclesTot;                /*任务运行的总的时间周期*/
    INT32U            OSTCBCyclesStart;
    OS_STK           *OSTCBStkBase;                  /*任务堆栈的起始地址*/
    INT32U            OSTCBStkUsed;                  /*任务堆栈中使用过的空间数*/
#endif
#if OS_TASK_NAME_EN > 0u
    INT8U *OSTCBTaskName;                            /*任务名称*/
#endif
#if OS_TASK_REG_TBL_SIZE > 0u
    INT32U OSTCBRegTbl[OS_TASK_REG_TBL_SIZE];        /*任务注册表*/
#endif
} OS_TCB;
```

对程序2.1中任务控制块结构OS_TCB特别说明如下：

（1）*OSTCBStkPtr是指向OS_STK数据类型的指针。OS_STK在OS_CPU.H文件中定义：

```
typedef unsigned int OS_STK;
```

因此，OS_STK就是无符号整型。OS_STK是任务堆栈的每个数据项的类型，对于不同的硬件系统是不同的，在做移植的时候就需要进行修改。OS_CPU.H中定义了和CPU有关的数据结构和全局变量。

任务堆栈的操作是底层的，要用汇编语言来写代码，因此该指针在整个结构体的第一句开始定义。那么在定义结构体的实体后，控制块的0地址就存储了任务堆栈的栈顶地址，方便了汇编语言操作。

换句话说，OSTCBStkPtr是指向任务堆栈栈顶的指针。每个任务都有自己的任务堆栈，任务堆栈是进行任务切换的关键数据结构，任务运行的CPU环境，包括任务的代码的地址都保存在任务堆栈中。关于任务堆栈，将在本章后续部分详细论述。

（2）结构体OS_TCB中，使用了条件编译语句（#if和#endif）。条件编译的含义是只有在OS_TASK_CREATE_EXT_EN>0的情况下，#if和#endif之间的代码才会被编译，任务控制块才会包含这些字段。OS_TASK_CREATE_EXT_EN是在头文件中定义的宏，当它为1时，表示使用任务创建扩展功能，该段代码就会被编译，OS_TCB中就包含了#if和#endif之间的5种结构体字段。相反，如果OS_TASK_CREATE_EXT_EN=0，那么该5种字段不会被包含。这样的设计能最小化程序的代码和使用最小的内存空间。

在操作系统的设计过程中，空间和效率是至关重要的，条件编译语句使用得非常多。

（3）此处又是一个条件编译，含义为如果使用消息队列或消息邮箱或信号量（包括普通信号量和互斥型信号量），那么任务要用到事件控制块，OSTCBEventPtr即指向事件控制块的指针，否则不定义该字段。在默认情况下，是要用到事件控制块的。从这个条件编译指令，读者可以想到，消息、队列、信号量等都要用到事件控制块。

（4）任务状态OSTCBStat。任务状态的取值范围和对应的宏如表2.1所示。当任务状态取值为宏OS_STAT_RDY，即0x00，处于就绪态，可以被调度运行。

表2.1　任务状态的取值范围和对应的宏

宏	取　值	含　义
OS_STAT_RDY	0x00	任务未等待事件且未挂起
OS_STAT_SEM	0x01	任务等待信号量
OS_STAT_MBOX	0x02	任务等待邮箱
OS_STAT_Q	0x04	任务等待消息队列
OS_STAT_SUSPEND	0x08	任务挂起
OS_STAT_MUTEX	0x10	任务等待互斥信号量
OS_STAT_FLAG	0x20	任务等待事件标志

（5）任务优先级OSTCBPrio。每个任务有唯一的优先级，因此μC/OS-II以优先级作为事件的标志，作为任务管理的主键。任务的优先级可以是0～63，但优先级62和63被统计任务和空闲任务占用，用户任务的优先级可以选择0～61，数字越低，优先级越高。

（6）该处4项都与设置就绪表有关，而就绪表中的内容对应着任务的优先级，因此，这4项都是关于优先级的运算。其目的在于提前进行运算，即在任务创建时运算一次，而在任务调度的时候不需要反复进行运算，以节省时间，含义如表2.2所示。

表2.2　与就绪表设置有关的4项含义

参　数	含　义
OSTCBY	任务优先级右移3位，相当于优先级除以8
OSTCBBitY	任务在优先级组表中的位置
OSTCBX	任务优先级低3位
OSTCBBitX	任务优先级在对应的任务就绪表中的位置

2．任务控制块实体

前面我们简单学习了任务控制块的结构和定义，其中有些内容还需要在后面的章节学习之后才能够体会。现在的问题是，μC/OS-II是如何生成任务控制块的实体或实例的呢？

答案很简单，μC/OS-II是以结构体数组的形式生成任务控制块的实体。

任务控制块实体的声明如下：

OS_TCB OSTCBTbl[OS_MAX_TASKS + OS_N_SYS_TASKS]

该代码在ucos_ii.H中，OS_MAX_TASKS为最多的用户任务数，OS_N_SYS_TASKS为系统任务数，一般情况下为2。因此，在内存中分配了OS_MAX_TASKS + OS_N_SYS_TASKS个任务控制块，这些任务控制块占用了(OS_MAX_TASKS + OS_N_SYS_TASKS)*SizeOf(OS_ TCB)个内存空间。

宏OS_MAX_TASKS在OS_CFG.H中定义，OS_CFG.H是整个操作系统的配置文件。宏OS_N_SYS_TASKS在ucos_ii.h中定义，它的值与另一个宏OS_TASK_STAT_EN有关，代码如程序2.2所示。

程序2.2　OS_N_SYS_TASKS的定义

```
#if OS_TASK_STAT_EN > 0
#define  OS_N_SYS_TASKS 2
#else
#define  OS_N_SYS_TASKS 1
#endif
```

OS_TASK_STAT_EN > 0即表示系统具有统计任务的时候，OS_N_SYS_TASKS的值应为2，否则应为1。

OS_TASK_STAT_EN在OS_CFG.H中定义，意义为系统是否具有统计任务，OS_TASK_STAT_EN的默认值是1，表示有统计任务，如果确实不需要统计任务，可以把OS_TASK_STAT_EN的值设置为0，这时系统任务只有空闲任务，因此OS_N_SYS_TASKS的值就是1。反之，系统如果有统计任务，再加上空闲任务，那么系统任务的数量就是2，OS_N_SYS_TASKS的值就是2。

于是，系统任务总数=OS_MAX_TASKS + OS_N_SYS_TASKS，那么程序2.2中的代码定义的任务控制块的数量就等于系统的任务总数。

μC/OS-II最多可以管理64个任务，因此，在有统计任务的情况下，OS_MAX_TASKS不能超过62。通常，为节省内存，提高运行效率，在实际情况下，如果用户只有5个任务，完全可以把OS_MAX_TASKS的值设置为5，这样既节省了大量的内存资源，又提高了运行效率。

任务控制块实体的声明的程序代码定义了系统任务总数个任务控制块数组，于是这些任务控制块序号分别是0,1,2,⋯,OS_MAX_TASKS + OS_N_SYS_TASKS-1，对应的数组元素为OSTCBTbl[0]~ OSTCBTbl[OS_MAX_TASKS + OS_N_SYS_TASKS-1]，它们占用连续的内存空间。

如图2.1所示列出了系统初始化后实际的任务控制块，其中第一个任务控制块的内容被展示出来。

Name	Value
⊟ OSTCBTbl	0x0044b000 _OSTCBTbl
⊟ [0x0]	{...} ← 控制块0
⊞ OSTCBStkPtr	0x0044072c
OSTCBExtPtr	0x00000000
⊞ OSTCBStkBottom	0x00440560 _OSTaskIdleStk
OSTCBStkSize	0x00000080
OSTCBOpt	0x00000003
OSTCBId	0x0000ffff
⊞ OSTCBNext	0x00000000
⊞ OSTCBPrev	0x0044b05c
⊞ OSTCBEventPtr	0x00000000
⊞ OSTCBEventMultiPtr	0x00000000
OSTCBMsg	0x00000000
⊞ OSTCBFlagNode	0x00000000
OSTCBFlagsRdy	0x00000000
OSTCBDly	0x00000000
OSTCBStat	0x00 ''
OSTCBStatPend	0x00 ''
OSTCBPrio	0x3f '?'
OSTCBX	0x07 '■'
OSTCBY	0x07 '■'
OSTCBBitX	0x80 '■'
OSTCBBitY	0x80 '■'
OSTCBDelReq	0x00 ''
OSTCBCtxSwCtr	0x00000000
OSTCBCyclesTot	0x00000000
OSTCBCyclesStart	0x00000000
⊞ OSTCBStkBase	0x00000000
OSTCBStkUsed	0x00000000
⊞ OSTCBTaskName	0x00433154 "uC/OS-II Idle"
⊞ OSTCBRegTbl	0x0044b058
⊞ [0x1]	{...} ← 控制块1
⊞ [0x2]	{...}

图2.1　系统初始化后的任务控制块

可见，第一个任务控制块即OSTCBTbl[0]是从地址0x0044b000开始的，包含了前面讲到的所有任务控制块成员。该任务控制块的优先级是0x3f，对应十进制的63，所以是优先级最低的空闲任务，任务名称OSTCBTaskName的内容是“μC/OS-II Idle”。

2.1.2　空闲链表和就绪链表

μC/OS-II将任务控制块分成两个链表来管理，这就是空闲任务链表和就绪任务链表。其中，空闲任务链表包含所有空闲的任务控制块。所谓空闲任务控制块，是指未分配给某个任务的任务控制块。创建一个新任务，前提条件就是系统中还有这样的空闲任务块。就绪链表则是将所有的就绪任务拴在一起，如果有新的任务就绪，就要将其任务控制块从空闲链表中取出，加入到就绪链表中。

操作系统刚启动的时候，在没有执行主程序（main）任何代码之前，只有前一节的任务控制块数组，还没有空闲任务链表和就绪任务链表，或者说这两个链表都空着。这两个链表是在操作系统的初始化程序OSInit中创建的。关于OSInit将在本章稍后详细说明。如图2.2所示为系统初始化程序OSInit执行后的空闲任务控制块链表。

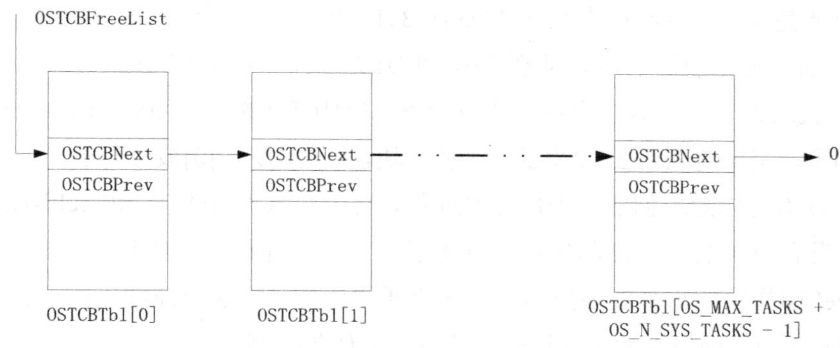

图2.2　在没有创建任何任务时的空闲链表

由图2.2可见，全局变量OSTCBFreeList指向的是空闲链表的表头，表尾的任务控制块的OSTCBNext指向的是空地址，也就是说，如果OSTCBFreeList指向的是空地址，就没有空闲的任务控制块，不能创建新的任务。

OSTCBFreeList是指向任务控制块的地址，定义如下：

```
OS_TCB *OSTCBFreeList;
```

因为它与硬件无关，所以在ucos_ii.h中定义。

如果OS_MAX_TASKS的值是14，也就是最多可以同时运行14个用户任务，系统任务数是2，那么内存中就有16个任务控制块，从OSTCBTbl[0]到OSTCBTbl[15]。在操作系统没有建立任何任务的时候，OSTCBFreeList指向OSTCBTbl[0]，OSTCBTbl[0]的OSTCBNext指向OSTCBTbl[1]，以此类推。最后，OSTCBTbl[15]的OSTCBNext指向空地址。如果要创建一个新的任务，就根据OSTCBFreeList找到一个任务控制块。

当我们创建第一个任务即空闲任务的时候，就从空闲控制块链表中摘下一个任务控制块给这个任务。当然，这个控制块随即被插入就绪链表。很明显，在没有任务被创建的时候，就绪链表是空的。就绪链表的指针是OS_TCBList，它和OSTCBFreeList的定义方法是完全相同的，代码如下：

```
OS_TCB *OSTCBFreeList;
```

第一个任务应该是空闲任务，如图2.3所示就是完成了这一操作后的空闲链表和就绪链表。

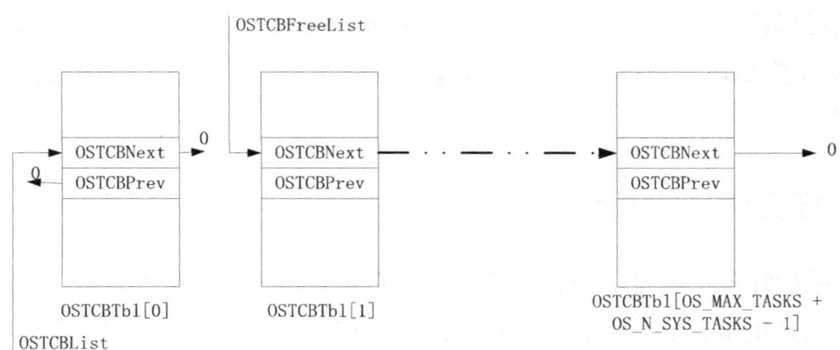

图2.3　创建了一个任务后的空闲链表和就绪链表

这时可以清楚地看到就绪链表包含了OSTCBTbl[0]一个控制块，OS_TCBList就指向这个任务控制块，而该控制块的前后指针都为0，即OSTCBNext=0,OSTCBPrev=0，表示前面和后面都没有，就绪链表只有这一个块。比较一下，空闲链表的指针OSTCBFreeList现在指向OSTCBTbl[1]了，空闲链表比图2.2少了一个控制块，OSTCBTbl[0]被分配了。

到这里，读者可以想象创建一个任务的过程。首先应该查看OSTCBFreeList是否为0，如果为0，说明没有空闲的任务控制块可以分配了，于是不能创建新的任务。如果不是0，就将OSTCBFreeList指向的那个任务控制块分配给新的任务，将这个控制块移动到就绪链表，并将OSTCBFreeList指向原来的空闲链表中的下一个任务控制块。

那么，如何将任务控制块移动到就绪链表呢？是插入到表头还是表尾呢？

在图2.3的基础上，我们再创建一个任务——统计任务。需要再从空闲链表中移出一个任务控制块到就绪链表中，结果如图2.4所示。

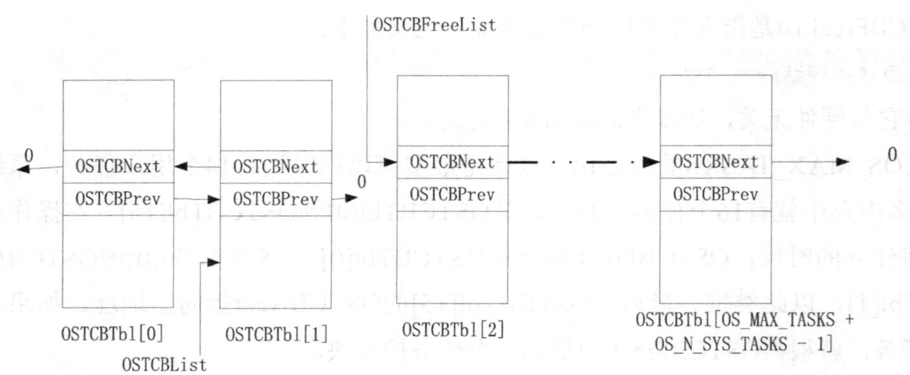

图2.4　创建了两个任务后的空闲链表和就绪链表

当再创建一个任务即统计任务后，OSTCBFreeList所指向的任务控制块OSTCBTbl[1]就被分配给这个任务，OSTCBFreeList就指向了OSTCBTbl[2]。形成如图2.4所示的右半部分新的空闲链表。μC/OS将OSTCBTbl[1]插入就绪链表，方法是把它放在表头而不是表尾，于是形成了如图2.4所示的左半部分新的就绪链表，原来在这个链表中OSTCBTbl[0]就到了表尾。这时候，OS_TCBList不再指向OSTCBTbl[0]，而是指向OSTCBTbl[1]。需要注意的是，就绪链表是双向链表，而空闲链表只是一个单向链表，从图中很容易分辨这一点。

从图中也可以清楚地看出，OSTCBFreeList永远指向空闲链表的表头，如果它为0，说明没有空闲任务控制块了；OSTCBList永远指向就绪链表的表头，如果它为0，说明没有就绪的任务了。

2.1.3　任务优先级指针表

任务优先级指针表也就是任务优先级指针数组，在μC/OS-II任务管理中频繁使用，代码中随处可见。它是用来获取某优先级的任务的任务控制块地址，它的定义如程序2.3所示。

程序2.3 任务优先级指针表的定义

```
OS_TCB *OSTCBPrioTbl[OS_LOWEST_PRIO + 1]
```

OS_LOWEST_PRIO为最低优先级的任务的优先级，因为低优先级的任务数值最大，而任务优先级是从0开始的，所以OS_LOWEST_PRIO + 1就是任务的数量。

数组OSTCBPrioTbl就具有最多任务数个元素，它的类型是指向任务控制块的指针。

假设我们创建一个任务，这个任务的优先级为5，那么在取得任务控制块的地址之后，需要简单地把该地址赋值给OSTCBPrioTbl[5]。以后在根据优先级查找任务控制块的时候，不需要遍历就绪链表，因为OSTCBPrioTbl[5]中就是这个任务控制块的地址了。这样就做到了采用随机存取的方式通过优先级找到控制块地址。在对时间要求严格的实时操作系统中，采用这样的方式节约时间，是必要的，也是必需的。

2.1.4 任务堆栈

堆栈，是在存储器中按数据“后进先出（Last In First Out，LIFO）”的原则组织的连续存储空间。因此，堆栈这种数据结构最大的特点就是最后进去的最先出来。这就像我们向箱子中放书，箱子的底面积刚好和书相同，那么先放进箱子中的书很明显只能最后出来。为了满足任务切换或响应中断时保存CPU寄存器中的内容，以及存储任务私有数据的需要，每个任务都有自己的堆栈。当任务进行切换的时候，将CPU寄存器的内容压入堆栈，恢复的时候再弹出来给CPU寄存器。任务堆栈是任务的重要组成部分，关于任务堆栈在操作系统代码中的定义如程序2.4所示。

程序2.4　任务堆栈的定义

```
#define  TASK_STK_SIZE 512
typedef unsigned int   OS_STK;
OS_STK  TaskStk[OS_MAX_TASKS][TASK_STK_SIZE];
```

TASK_STK_SIZE是每个任务堆栈的大小，这里设置为512， OS_MAX_TASKS是用户任务的数量。OS_STK是堆栈的数据类型，使用typedef来定义，等同于无符号的整数，在32位的PC系统中，为32位的无符号整数。如果需要移植到其他系统，就要根据需要进行更改。很明显，这里定义了最多用户任务数个堆栈，而统计任务和空闲任务的堆栈是单独定义的，分别是OSTaskStatStk和OSTaskIdleStk，这里不再赘述。

OS_STK是32位的，所以执行一次压栈操作，就要压进去4字节；执行一次退栈操作，就弹出4字节。而堆栈的大小就是TASK_STK_SIZE个OS_STK，而非TASK_STK_SIZE。这里TASK_STK_SIZE是512，那么就是512*sizeof(OS_STK)，为2048字节。

TaskStk就是我们定义的堆栈，这里是以数组的形式定义的，每个堆栈的尺寸是512字节，一共定义了OS_MAX_TASKS个这样的堆栈。需要注意的是，用户堆栈可以由用户自己定义，并非一定要采用二维数组的形式。

堆栈有满栈和空栈，满栈在压栈的时候先修改栈顶，再在栈顶处写入数据，空栈先在栈顶处写数据再修改栈顶，本节以空栈为例学习。任务堆栈的增长方向即执行压栈操作的时候栈顶的增长方向有两种，如图2.5所示一种是地址向下增长（向低地址方向）的，另一种是地址向上增长（向高地址方向）的。作为一个嵌入式操作系统应该可以移植到不同的平台，因此必须兼容这两种模式。

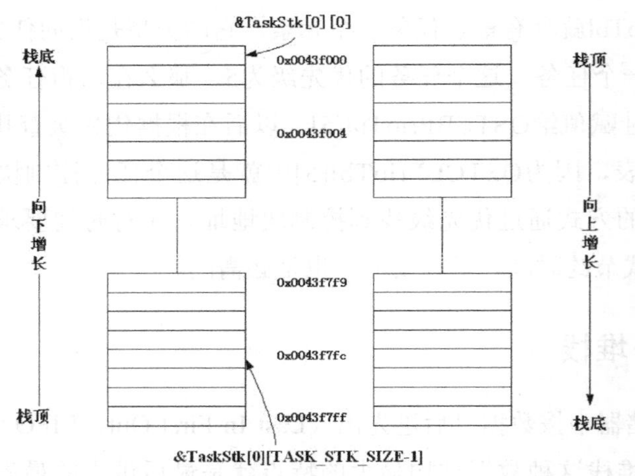

图2.5　堆栈的结构（左为向下增长型，右为向上增长型）

由图2.5可知，程序2.3的代码运行时，第一个用户堆栈TaskStk[0][0]的实际位置就在0x0043f000。因为我们定义的堆栈的长度是512个无符号整型，即2048字节，转换为十六进制后为0x800字节，所以，TaskStk[0][511]的地址在0x43f7fc，是最高位的堆栈的存储位置。

如果堆栈是向下增长的，也就是从高地址向低地址增长，那么在任务刚开始创建后，堆栈是空的。如图2.5所示，栈顶为0x0043f7fc指向TaskStk[0][511]，栈底为0x0043f000指向TaskStk[0][0]。相反，如果堆栈是向上增长的，栈顶为0x0043f000指向 TaskStk[0][0]，栈底为0x0043f7fc指向TaskStk[0][511]。

那么，如果向堆栈中压入数据，如压入0x0012ff78后，堆栈变化如图2.6所示。

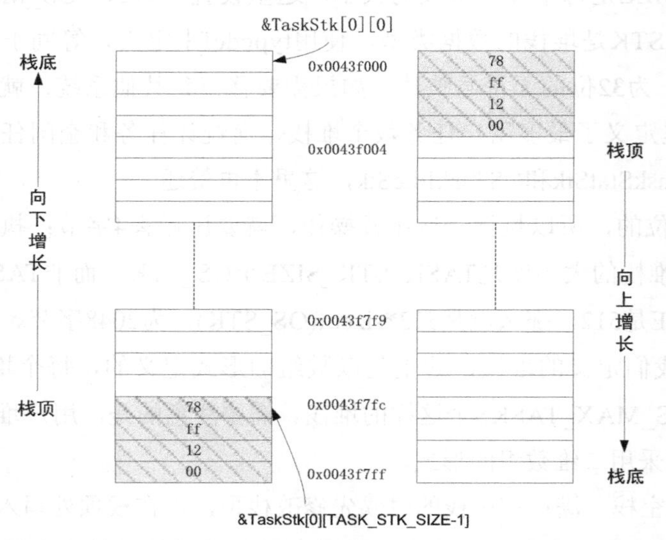

图2.6　空堆栈中压入0x0012ff78

压栈后，若堆栈向下增长，在原来栈顶位置插入数据0x0012ff78，然后栈顶位置向低地址方向移4个字节，指向TaskStk[0][510]。若堆栈向上增长，在原来栈顶位置压入0x0012ff78，栈顶变为TaskStk[0][1]。

到这里，读者可以想一下，如果再压入数据到堆栈，堆栈的变化情况。如果退栈一次，弹出0x0012ff78，就从图2.6变化回图2.5了。

现在可以回到第2.1.1节，OSTCBStkPtr就是指向堆栈栈顶的指针，OSTCBStkBottom是指向堆栈栈底的指针，OSTCBStkSize是堆栈的大小。如果OSTCBStkPtr与OSTCBStkBottom相等了，那么说明堆栈已经满了。OSTCBStkSize是用于做堆栈检查的。

到这里我们对任务堆栈有了初步的认识，在任务创建、切换等过程中都涉及堆栈的操作，不掌握它就不能学懂μC/OS-II。

2.1.5　任务就绪表和就绪组

内核在进行任务调度时，必须知道哪个任务在运行、哪个任务是就绪的最高优先级的任务。实时任务调度的关键在于速度，要求无论系统的运行情况如何，调度的时间是确定的，不能把时间都用在调度上。因此就需要设计高效的多任务调度方法。查找高优先级的任务，与正在运行的任务的优先级进行比较以确定是否进行任务切换是内核在每个时钟中断都需要做的事情。为满足这样的需要，μC/OS-II的开发者采用了就绪表和就绪组这样的数据结构，围绕它们又定义了两张查找表。

就绪组和就绪表的相关定义如程序2.5所示。

程序2.5　就绪组和就绪表定义的相关代码

```
typedef unsigned char  INT8U;
#define  OS_RDY_TBL_SIZE   ((OS_LOWEST_PRIO) / 8 + 1)
INT8U  OSRdyGrp;
INT8U  OSRdyTbl[OS_RDY_TBL_SIZE];
```

已经知道，OS_LOWEST_PRIO是最低优先级任务的优先级，因为μC/OS-II最多可以同时有64个就绪任务，而优先级是从0开始的，因此最大可以设置为63。如果设置为63，则OS_RDY_TBL_SIZE就为8，那么OSRdyTbl最多有8个元素。

OSRdyGrp是就绪组，类型是INT8U，INT8U 等同于无符号的字符型，也就是8位无符号数。OSRdyTbl就是每个元素都为8位无符号数的数组，数组中元素的个数是OS_RDY_TBL_SIZE。

如果把OSRdyTbl直接定义为INT8U OSRdyTbl[8]是不是也可以呢？答案是肯定的，但是如果任务数没有那么多，没有必要把OS_LOWEST_PRIO设置为63，假设是3，那么只要定义为INT8U OSRdyTbl[1]就可以了，这样做可以节约内存空间。读者从这里可以体会到编程的细节处理。

μC/OS-II规定，每个就绪的任务在就绪表中的对应位置为1，反之为0。只要就绪表OSRdyTbl[n]中有一位不为0，那么就绪组OSRdyGrp对应位置就为1，即第n位为1；只有当

OSRdyTbl[n]所有的位都为0，OSRdyGrp的第n位才为0。

在操作系统还没有创建任务的时候，就绪表和就绪组如图2.7所示。

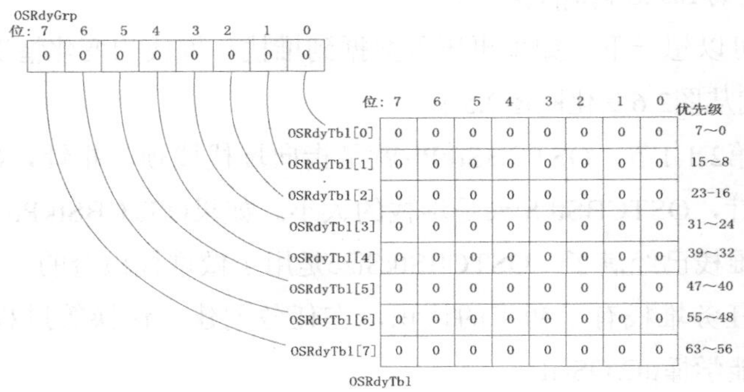

图2.7　没有创建任务时的就绪表和就绪组

在图2.7中，因为没有就绪任务，所以就绪表中所有位都是0，即从OSRdyTbl[0]到OSRdyTbl[7]都是0，所以OSRdyGrp也是0。当创建了空闲任务和统计任务后，就绪表和就绪组如图2.8所示。

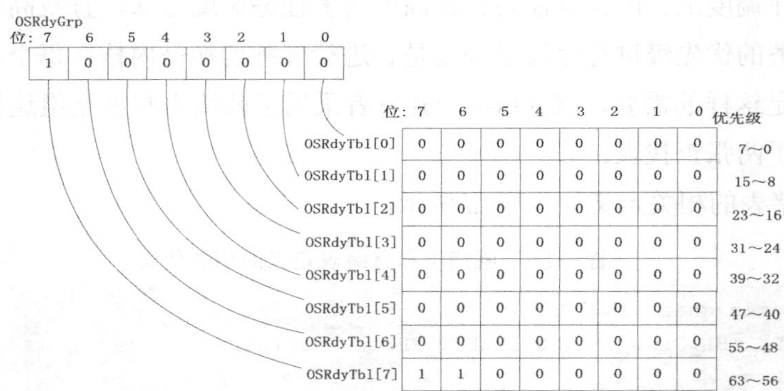

图2.8　创建了空闲任务和统计任务后的就绪表和就绪组

在图2.8中，创建了优先级最小的两个任务——空闲任务和统计任务。空闲任务的优先级是63，空闲任务就绪，那么OSRdyTbl[7]的最高位为1。统计任务的优先级是62，统计任务也就绪，那么OSRdyTbl[7]的次高位为1。OSRdyTbl[7]不是0，所以OSRdyGrp的第7位为1。

若我们再创建一个优先级是11的任务，创建后就绪表和就绪组就应该如图2.9所示。

通过图2.7至图2.9可以看出，如果有新的就绪任务，就需要将就绪表中与该任务优先级对应的项置1。如果该就绪任务在第*n*行，就将OSRdyGrp的第*n*位置1。

于是，如果有一个优先级为prio的任务就绪，应执行如程序2.6所示的代码。

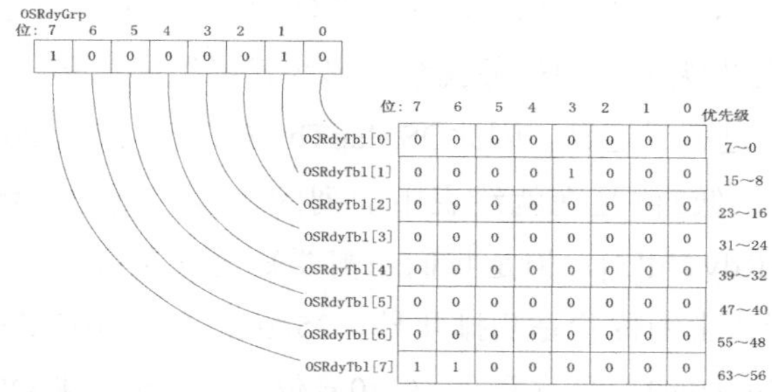

图2.9　创建了优先级为11的第三个任务后的就绪表和就绪组

程序2.6 优先级为prio的任务就绪，设置就绪表和就绪组

```
OSRdyGrp |= OSMapTbl[prio>>3];
OSRdyTbl[prio>>3] |= OSMapTbl[prio&0x07]
```

在讲解如程序2.6所示的代码之前，需了解OSMapTbl这张表。表OSMapTbl实际上是一个常量数组，该数组的定义在程序2.7中给出。

程序2.7　查找表OSMapTbl[]

```
INT8U  const  OSMapTbl[] = {0x01, 0x02, 0x04, 0x08, 0x10, 0x20, 0x40, 0x80};
```

这是一个常量数组，它的每个元素都是8位的。之所以是一个常量数组，是因为有一个const的定义。常量数组在赋值后不能被代码更改。

我们可以把数组想象为一张表格，这就是查找表了。实际上可以把它形象地表示为如表2.3所示的这样一张表。

表2.3　优先级映射表OSMapTbl的另一种描述

序　　号	值（二进制表示）
0	00000001
1	00000010
2	00000100
3	00001000
4	00010000
5	00100000
6	01000000
7	10000000

OSMapTbl这张表是为根据就绪任务的优先级设置就绪组和就绪表而设置的。程序2.8所示的代码中，prio>>3相当于将prio除以8得到的结果，例如，某任务优先级为25，因为25>>3=11001B>>3=00011B=3，所以对应的就绪表的OSRdyTbl[3]，对应于就绪组的第3位（最低位为0位）。也就是说，如果prio为25的任务就绪，应设置OSRdyGrp的第3位为1，其他位保持不变。于是，让OSRdyGrp与00001000 B即0x08按位进行或运算，结果保存到OSRdyGrp，这个0x08就是通过查OSMapTbl得到的。

因此，prio>>3就是优先级为prio的任务在就绪表中的行数。prio为25的任务在就绪表中的3号行，因为从0行开始，因此为第4行，对应于OSRdyTbl[3]。就绪表中的3号行也对应就绪组中的3号行，因为优先级为25的任务就绪，那么就绪组中的3号行应该置1，方法就是和OSMapTbl[prio>>3]按位进行或运算。因此OSMapTbl[3]的值应该是00001000B，即0x08。

同理，优先级prio的低3位是在就绪表中的列的位置，例如，优先级为25的任务对应优先级表3号行，即OSRdyTbl[3]，但是我们还需要知道它在这行的具体位置。就好像我们去看电影，要知道电影票上的位置是几排几号。25&0x07=11001B&0x00000111=001B=1，因此就对应于OSRdyTbl[3]的1号位（最低位为0号位），因此应将OSRdyTbl[3]与0x02按位进行或运算，结果再保存到OSRdyTbl[3]中，这个0x02也是通过查OSMapTbl得到的，即OSMapTbl[prio&0x07]。

由以上分析，可以看到μC/OS-II是如何通过OSMapTbl常量数组来设置优先级表和优先级组的。这样做的好处在于查表的方式是随机存取方式，设置的时间是最短的，是一个常量，能满足系统对实时性的要求。

在任务调度的时候，要查找优先级最高的任务。采用分组管理的方法就是为了使查找的时候时间是确定的，速度是最快的。如果不采用分组管理的方法，那么就要从OSRdyTbl[0]开始查找，如果一直找不到，就要查找到OSRdyTbl[7]，所以时间比较长，且不能确定。

采用就绪组后，查找程序代码如程序2.8所示。

程序2.8　获取就绪任务中的最高优先级

```
y= OSUnMapTbl[OSRdyGrp];
OSPrioHighRdy = (INT8U)((y << 3) + OSUnMapTbl[OSRdyTbl[y]]);
```

可见，获取就绪任务中的最高优先级的方法是以OSRdyGrp的值为依据查优先级判定表OSUnMapTbl获得最高优先级任务的高5位，将其赋值给y。然后，以OSRdyTbl[y]的值再一次查表，得到低3位，再将高5位左移3位与低3位相或，得到优先级。这样的查找方法是迅速的，查找时间也是恒定的。但是这样做的依据是什么呢？

如果我们要找到优先级最高的任务，是不是应该先分析OSRdyGrp呢？是的，假设OSRdyGrp中最低的为1的位为*y*号位，决定了我们在就绪表中的哪一行来查找优先级最高的任务。也就是说，先找到就绪表中的行号。有了行号，接下来再找是哪一列，这样就知道最低优先级的任务是多少了。

OSUnMapTbl这张表就是为了达到这样的目的而设计的。

将OSUnMapTbl的定义列在程序2.9中，读者自己先分析一下这张表的特点和规律。

程序2.9　优先级判定表的定义

```
INT8U  const  OSUnMapTbl[] = {
    0, 0, 1, 0, 2, 0, 1, 0, 3, 0, 1, 0, 2, 0, 1, 0,
    4, 0, 1, 0, 2, 0, 1, 0, 3, 0, 1, 0, 2, 0, 1, 0,
    5, 0, 1, 0, 2, 0, 1, 0, 3, 0, 1, 0, 2, 0, 1, 0,
    4, 0, 1, 0, 2, 0, 1, 0, 3, 0, 1, 0, 2, 0, 1, 0,
    6, 0, 1, 0, 2, 0, 1, 0, 3, 0, 1, 0, 2, 0, 1, 0,
    4, 0, 1, 0, 2, 0, 1, 0, 3, 0, 1, 0, 2, 0, 1, 0,
    5, 0, 1, 0, 2, 0, 1, 0, 3, 0, 1, 0, 2, 0, 1, 0,
```

```
    4, 0, 1, 0, 2, 0, 1, 0, 3, 0, 1, 0, 2, 0, 1, 0,
    7, 0, 1, 0, 2, 0, 1, 0, 3, 0, 1, 0, 2, 0, 1, 0,
    4, 0, 1, 0, 2, 0, 1, 0, 3, 0, 1, 0, 2, 0, 1, 0,
    5, 0, 1, 0, 2, 0, 1, 0, 3, 0, 1, 0, 2, 0, 1, 0,
    4, 0, 1, 0, 2, 0, 1, 0, 3, 0, 1, 0, 2, 0, 1, 0,
    6, 0, 1, 0, 2, 0, 1, 0, 3, 0, 1, 0, 2, 0, 1, 0,
    4, 0, 1, 0, 2, 0, 1, 0, 3, 0, 1, 0, 2, 0, 1, 0,
    5, 0, 1, 0, 2, 0, 1, 0, 3, 0, 1, 0, 2, 0, 1, 0,
    4, 0, 1, 0, 2, 0, 1, 0, 3, 0, 1, 0, 2, 0, 1, 0
};
```

结合程序2.9所示的程序代码，首先根据OSRdyGrp查优先级判定表，原理是根据优先级立即查找到OSRdyTbl[]中对应元素，即OSRdyGrp中从低位到高位第一个为1的位的位置（从0到7）。例如，如果OSRdyGrp为11001000B，那么最低的为1的位是3号位，于是查表得到3，就是说最高优先级在OSRdyTbl[3]中。如果是01001000B，同样查到3，这就是程序2.9中为什么有那么多列是相同的原因。

假设OSRdyGrp为0，那么没有任务就绪，但是在多任务启动后没有任务就绪是不可能的，因为至少空闲任务是就绪的，所以我们添一个0占一个位置。假设OSRdyGrp的最低位为1，那么0号位置为1，就绪表中的0行有任务就绪，也就是优先级为0～7的任务有就绪的，我们就应该去查看OSRdyTbl[0]中是哪一位置为1了。OSRdyGrp的最低位为1的情况有很多，但是所有这些情况下查表得到的值都是0。

这样，读者应该了解到，优先级判定表OSUnMapTbl就是根据一个8位的无符号数的数值来确定最低的为1的位的位置的，OSUnMapTbl[n]就是n的最低位的位号。

回过头来看程序2.8中的代码就很清楚了。y=OSUnMapTbl[OSRdyGrp]是将就绪组中最低为1位的位号取出来放在y中，是就绪表中的行号。OSRdyTbl[y]是取得就绪表中对应行的值，OSUnMapTbl[OSRdyTbl[y]]是该行中最低的为1的位的号数，也就是就绪表中的列号。然后（y << 3）是将y左移3位，再加上行号，正好就是最高优先级的任务的优先级。

虽然优先级判定表比优先级映射表更大，但是查找最高优先级的任务也是用了两条语句，时间快且确定。

最后举例验证一下，就绪表和就绪组如图2.10所示。

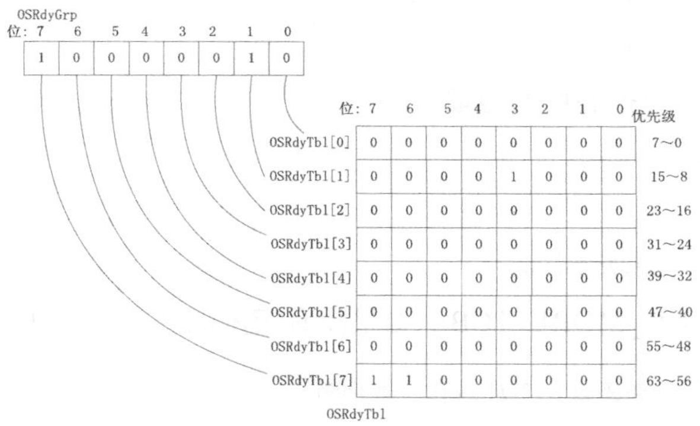

图2.10　就绪表和就绪组

由图2.10可知，OSRdyGrp为10000010B（十进制为130），应对应OSRdyTbl[1]，而OSRdyTbl[1]为00001000，故最高优先级任务为8+3=11。用程序代码计算，OSUnMapTbl[130]为1，y值为1，表示对应1号行，OSRdyTbl[1]的值为00001000B，OSUnMapTbl[OSRdyTbl[y]]的值为3，于是OSPrioHighRdy 1<<3+3=11，验证成功。

2.2 任务控制块初始化

任务控制块的初始化是在创建任务的时候必须要执行的操作，对任务控制块和一些相关的数据结果进行了处理。

2.2.1 代码解析

内核在进行任务调度的时候，必须知道哪个任务在运行、哪个任务是就绪的最高优先级的任务。任务控制块初始化函数OS_TCBInit声明如程序2.10所示。

程序2.10 任务控制块初始化函数OS_TCBInit声明

```
INT8U  OS_TCBInit (INT8U  prio,
                   OS_STK *ptos,
                   OS_STK *pbos,
                   INT16U id,
                   INT32U stk_size,
                   Void   *pext,
                   INT16U opt)
```

这个函数是μC/OS-II的内部函数，当任务被创建的时候用来初始化任务控制块。参数解析如下。

- prio：被创建的任务的优先级。
- ptos：任务堆栈栈顶的地址。
- pbos：任务堆栈栈底的地址，如果是使用OSTaskCreate()创建的任务，那么是没有扩展功能的，不能进行堆栈检查，就不适合用pbos这个参数，这个参数可以传递为NULL。
- id：任务的ID，为16位，取值范围是0～65535。
- stk_size：堆栈的大小。
- pext：任务控制块的扩展块的地址。
- opt：其他的选项。

返回值如下。

- OS_ERR_NONE：成功调用。
- OS_ERR_TASK_NO_MORE_TCB：如果没有空闲的任务控制块。

注意： 该函数属于操作系统内部函数，不应该在外部调用。

任务控制块初始化函数OS_TCBInit主要代码解析如程序2.11所示。

程序2.11 任务控制块初始化函数OS_TCBInit主要代码解析

```
OS_TCB    *ptcb;
OS_ENTER_CRITICAL();
ptcb = OSTCBFreeList;                          /*取得空闲任务控制块，若为空则没有了*/
if (ptcb != (OS_TCB *)0) {
        OSTCBFreeList = ptcb->OSTCBNext;        /*将空闲块指针移到下一个TCB*/
        OS_EXIT_CRITICAL();                     /*全局变量使用完，可以离开临界区了*/
        ptcb->OSTCBStkPtr =ptos;                /*开始设置TCB中的各个域*/
        ptcb->OSTCBPrio = prio;
        ptcb->OSTCBStat=OS_STAT_RDY;            /*任务在创建后应处于就绪态*/
        ptcb->OSTCBStatPend=OS_STAT_PEND_OK;    /*没有等待任务事件*/
        ptcb->OSTCBDly= 0u;                     /*没有设置延时*/

#if OS_TASK_CREATE_EXT_EN > 0u                 /*如果使用了扩展功能*/
        ptcb->OSTCBExtPtr= pext;                /*扩展块地址*/
        ptcb->OSTCBStkSize=stk_size;            /*堆栈大小*/
        ptcb->OSTCBStkBottom=pbos;              /*栈底 */
        ptcb->OSTCBOpt = opt;                   /*扩展选项*/
        ptcb->OSTCBId= id;                      /*任务ID*/
#endif

#if OS_TASK_DEL_EN > 0u                        /*如果允许删除任务*/
        ptcb->OSTCBDelReq = OS_ERR_NONE;        /*没有删除请求*/
#endif
        /*以下预先取得任务优先级的高位给OSTCBY，表示在就绪组中的位置，低位给OSTCBX，表示在就绪表
        中的位置*/
        ptcb->OSTCBY= (INT8U)(prio >> 3u);
        ptcb->OSTCBX= (INT8U)(prio & 0x07u);
        /*OSTCBBitY用8中选1码的形式表示OSTCBY，OSTCBBitX同理 */
        ptcb->OSTCBBitY= (OS_PRIO)(1uL << ptcb->OSTCBY);
        ptcb->OSTCBBitX= (OS_PRIO)(1uL << ptcb->OSTCBX);
        /*OSTCBInitHook目前是一个空函数，如果需要读者可以填写内容！和Windows的钩子函数性质相同*/
        OSTCBInitHook(ptcb);
        /*又一个钩子，是用户创建任务钩子*/
        OSTaskCreateHook(ptcb);
        /*又进入临界区，因为要对全局变量进行处理*/
        OS_ENTER_CRITICAL();
        OSTCBPrioTbl[prio] = ptcb;              /*设置任务优先级指针表*/
        /*将当前的任务控制块添加到就绪链表最前面，请注意这里的操作*/
        ptcb->OSTCBNext= OSTCBList;
        ptcb->OSTCBPrev= (OS_TCB *)0;
        if (OSTCBList != (OS_TCB *)0) {
            OSTCBList->OSTCBPrev = ptcb;
        }
        OSTCBList= ptcb;
 /*对就绪组和就绪表进行设置*/
OSRdyGrp|= ptcb->OSTCBBitY;
        OSRdyTbl[ptcb->OSTCBY] |= ptcb->OSTCBBitX;
        /*任务数应该加1*/
        OSTaskCtr++;
        OS_EXIT_CRITICAL();
        return (OS_ERR_NONE);
```

```
    }
    /*如果没有空闲的任务控制块，就会直接运行到这里，应返回OS_ERR_TASK_NO_MORE_TCB*/
    OS_EXIT_CRITICAL();
    return (OS_ERR_TASK_NO_MORE_TCB);
```

为方便读者的学习，代码中去掉了关于事件等操作的代码，在掌握了基本代码后，读者如果有需要可以自己阅读源代码。

2.2.2　流程分析

在操作系统要创建一个任务时，如果空闲任务控制块链表中有任务控制块，说明可以创建任务，这时将取下一个任务块，并给任务控制块的各个域进行赋值，随后调用两个钩子函数，这两个钩子函数允许用户自己填写代码，默认为空。随后对任务优先级指针表和就绪组及就绪表进行相关操作，如图2.11所示。

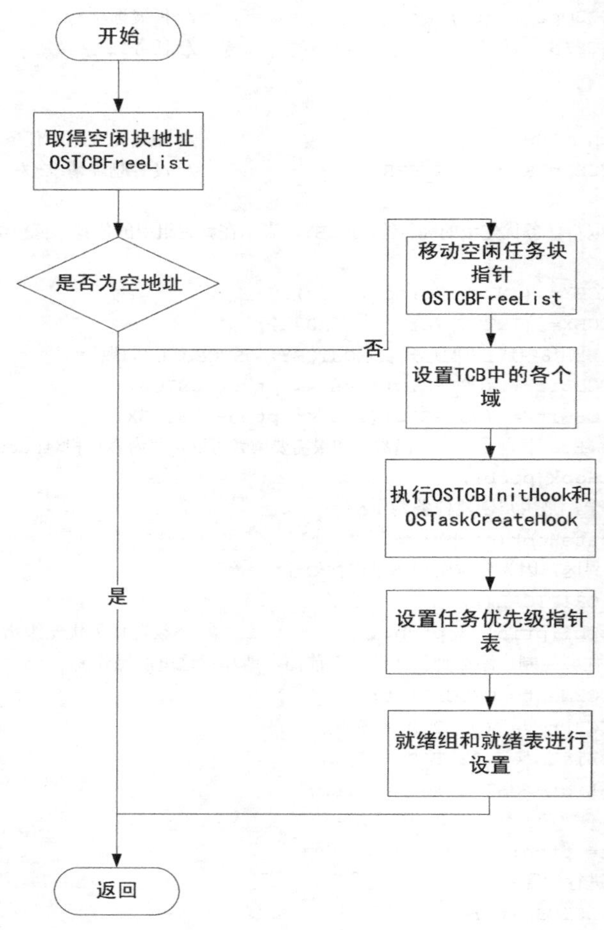

图2.11　任务控制块初始化流程

2.3 操作系统初始化

操作系统初始化函数OSInit是操作系统在开始运行时，对全局变量、任务控制块、就绪表、事件及消息队列等重要数据结构进行的初始化操作，并创建空闲任务、统计任务等系统任务。该函数必须在创建用户对象及调用OSStart()启动实时任务调度之前运行。

2.3.1　代码解析

内核初始化函数采用模块化编程，该函数又分为若干子块，每个子块实现一定的功能。操作系统初始化函数OS_Init声明代码如程序2.12所示。

程序2.12　操作系统初始化函数OS_Init声明

```
void  OSInit (void)
{
    OSInitHookBegin();                          /*用户可编写该函数实现端口说明*/
    OS_InitMisc();                              /*初始化各种全局变量*/
    OS_InitRdyList();                           /*初始化就绪列表*/
    OS_InitTCBList();                           /*初始化任务控制块空闲队列*/
    OS_InitEventList();                         /*初始化空闲事件列表*/
#if (OS_FLAG_EN > 0u) && (OS_MAX_FLAGS > 0u)
    OS_FlagInit();                              /*如果使用事件标志，对事件标志进行初始化*/
#endif
#if (OS_MEM_EN > 0u) && (OS_MAX_MEM_PART > 0u)
    OS_MemInit();                               /*如果配置内存管理，对内存初始化*/
#endif
#if (OS_Q_EN > 0u) && (OS_MAX_QS > 0u)
    OS_QInit();                                 /*如果使用消息队列，初始化消息队列*/
#endif
    OS_InitTaskIdle();                          /*创建空闲任务*/
#if OS_TASK_STAT_EN > 0u
    OS_InitTaskStat();                          /*如果有统计任务，创建统计任务*/
#endif
#if OS_TMR_EN > 0u
    OSTmr_Init();                               /*如果定时器使能，初始化定时管理模块*/
#endif
OSInitHookEnd();                                /*用户在这里可继续编写该函数实现端口说明*/

#if OS_DEBUG_EN > 0u
    OSDebugInit();                              /*如果支持调试，用户可在这里加入调试代码*/
#endif
}
```

如程序2.13所示，OS_InitMisc实现对操作系统一些混杂的全局变量的初始化（Misc是单词miscellaneous的前4个字母，是杂项的意思），这些混杂的全局变量是初始化过程或运行过程中需要使用的，因此在第一步完成，非常重要。

程序2.13　操作系统初始化函数OS_InitMisc实现对全部变量初始化

```
static  void  OS_InitMisc (void)
{
#if OS_TIME_GET_SET_EN > 0u
    OSTime= 0uL;                                /*设置和取得时钟，清32位系统时钟*/
#endif
```

```
    OSIntNesting= 0u;                       /*清中断嵌套计数*/
    OSLockNesting= 0u;                      /*清调度锁计数*/
    OSTaskCtr = 0u;                         /*当前任务数是0*/
    OSRunning = OS_FALSE;                   /*当前没有任务运行，未启动多任务*/
    OSCtxSwCtr = 0u;                        /*任务切换次数是0*/
    OSIdleCtr = 0uL;                        /*空闲计数器为0*/
#if OS_TASK_STAT_EN > 0u                    /*如果统计运行状态，即需执行统计函数*/
    OSIdleCtrRun=0;                         /*1秒内的空闲计数值是0*/
    OSIdleCtrMax=0uL;                       /*最大空闲计数值是0*/
    OSStatRdy=OS_FALSE;                     /*统计任务还没有准备好*/
#endif
     }
```

这些全局变量在ucos_ii.h中声明，在这里进行了初始化。通过程序代码的跟踪注释说明，读者可以粗略了解这些变量的类型和用途，在后续的章节中随着各个系统的深入解析，将能完全掌握它们。

接下来的OS_InitRdyList对就绪表进行初始化的工作，程序代码如程序2.14所示。

程序2.14　就绪表初始化OS_InitRdyList

```
static  void  OS_InitRdyList (void)
{
    INT8U  i;
    OSRdyGrp = 0u;                                  /*当前没有就绪任务，就绪组为0x00*/
    for (i = 0u; i < OS_RDY_TBL_SIZE; i++) {
        OSRdyTbl[i] = 0u;
    }                                               /*将就绪组表清0*/
    OSPrioCur = 0u;                         /*因没有任务运行，当前任务的优先级初始化为0*/
    OSPrioHighRdy = 0u;                             /*同理，运行任务的最高优先级初始化为0*/
    OSTCBHighRdy = (OS_TCB *)0;                     /*最高优先级的任务的控制块的指针初始化*/
    OSTCBCur = (OS_TCB *)0;                         /*当前运行的任务的控制块的指针初始化*/
}
```

可见，该函数首先对就绪表和就绪组全部清零，然后对4个重要的任务相关的全局变量进行了初始化。前两个是当前任务的优先级和最高任务的优先级，后两个是对应的两个任务控制块的指针。读者在后面的阅读中，应关注这几个全局变量的变化情况。在使用VC运行该操作系统进行测试的时候，完全可以使用调试环境，在监视窗口中监视这些内容，达到事半功倍的效果。

下面该轮到任务控制块了，由于没有任务，任务控制块的两个列表应该初始化为什么样子呢？

在有用户任务运行之前，因为没有用户任务就绪，就绪链表该是个空链表。而空闲链表这个时候应该是最长的，它的长度是操作系统能容纳的任务数。代码如程序2.15所示。通过阅读这段代码，读者应能对前面描述的两个链表有更深入的理解。

程序2.15　控制块链表初始化OS_InitTCBList

```
static  void  OS_InitTCBList (void)
{
    INT8U    ix;
```

```
    INT8U    ix_next;
    OS_TCB   *ptcb1;
    OS_TCB   *ptcb2;
    /*以上定义了4个局部变量、2个整型、2个任务控制块指针*/
    OS_MemClr((INT8U *)&OSTCBTbl[0],sizeof(OSTCBTbl));
    /*对所有的任务控制块清零*/
    OS_MemClr((INT8U *)&OSTCBPrioTbl[0], sizeof(OSTCBPrioTbl));
    /*对任务优先级指针表清零*/
    /*这里需要对OS_MemClr内核函数有所了解，该函数为：*/
    /*注意下面的代码不属于OS_InitTCBList
    //void  OS_MemClr (INT8U  *pdest,
    //                 INT16U  size)
    //{
    //    while (size > 0u) {
    //        *pdest++ = (INT8U)0;
    //        size--;
    //    }
    //}
    */
    /*将从地址pdest开始的连续size个块的内容清零*/

    for (ix = 0u; ix < (OS_MAX_TASKS + OS_N_SYS_TASKS - 1u); ix++) {
    /*开始对空闲块进行初始化，从0开始到最多任务数也就是任务块数-1*/
        ix_next = ix + 1u;
        ptcb1 = &OSTCBTbl[ix];
        ptcb2 = &OSTCBTbl[ix_next];
        ptcb1->OSTCBNext = ptcb2;
        /*第ix个TCB的OSTCBNext指向第ix+1个*/
    }
    /*目前构建了一个单向链表*/
    ptcb1= &OSTCBTbl[ix];                       /* ptcb1指向最后一个*/
    ptcb1->OSTCBNext=(OS_TCB *)0;               /*最后一个TCBOSTCBNext 指向空地址*/
    OSTCBList= (OS_TCB *)0;                     /*就绪链表为空*/
    /*空闲链表就是刚构建的单向链表，表头是OSTCBTbl[0]，OSTCBFreeList指向空闲链表的表头*/
    OSTCBFreeList = &OSTCBTbl[0];
}
```

到这里，全局变量、就绪表、就绪组、任务优先级指针表、空闲链表、就绪链表等重要数据结构都已经完成了初始化的操作。

接下来OS_InitEventList对事件所用数据结构进行初始化，OS_FlagInit对事件标志数据结构进行初始化，OS_MemInit对内存进行初始化，OS_QInit对消息队列进行初始化。

OS_InitTaskIdle将创建和初始化操作系统的第一个任务——空闲任务，该部分内容如程序2.16所示。

程序2.16　创建操作系统空闲任务OS_InitTaskIdle

```
static  void  OS_InitTaskIdle (void)
{
#if OS_TASK_NAME_EN > 0u
    INT8U   err;
#endif
/*在任务使用任务名的配置下，定义整型局部变量err*/
```

```
/*下面将创建该任务，需调用创建任务的函数*/
/*创建任务的函数的具体功能将在相关章节描述，读者需要知道这里是调用创建任务的函数创建任务。如果使用扩展的创建任务功能，应该调用OSTaskCreateExt，否则应该调用OSTaskCreate。堆栈的栈顶是第三个参数，如果堆栈是从高地址向低地址增长的，那么栈顶应该在高地址，否则在低地址*/
/*因此使用条件编译语句完成*/
#if OS_TASK_CREATE_EXT_EN > 0u
/*如果使用扩展的创建任务功能，默认是使用*/
/*如果堆栈是从高地址向低地址增长的，栈顶位置在&OSTaskIdleStk[OS_TASK_IDLE_STK_SIZE-1u]*/
#if OS_STK_GROWTH == 1u
    (void)OSTaskCreateExt(OS_TaskIdle,
                          (void *)0,
                          &OSTaskIdleStk[OS_TASK_IDLE_STK_SIZE-1u],
                                OS_TASK_IDLE_PRIO,
                                OS_TASK_IDLE_ID,
                           &OSTaskIdleStk[0],
                          OS_TASK_IDLE_STK_SIZE,
                          (void *)0,
                          OS_TASK_OPT_STK_CHK|OS_TASK_OPT_STK_CLR);
    #else/*如果堆栈是从低地址向高地址增长的，&OSTaskIdleStk[0]是栈顶位置*/
    (void)OSTaskCreateExt(OS_TaskIdle,
                          (void *)0,
                          &OSTaskIdleStk[0],
                          OS_TASK_IDLE_PRIO,
                          OS_TASK_IDLE_ID,
                          &OSTaskIdleStk[OS_TASK_IDLE_STK_SIZE - 1u],
                          OS_TASK_IDLE_STK_SIZE,
                          (void *)0,
                          OS_TASK_OPT_STK_CHK|OS_TASK_OPT_STK_CLR);#endif
#else
    /*如果不使用扩展的创建函数功能*/
    #if OS_STK_GROWTH == 1u
    (void)OSTaskCreate(OS_TaskIdle,
                       (void *)0,
                       &OSTaskIdleStk[OS_TASK_IDLE_STK_SIZE - 1u],
                       OS_TASK_IDLE_PRIO);
    #else
    (void)OSTaskCreate(OS_TaskIdle,
                       (void *)0,
                       &OSTaskIdleStk[0],
                       OS_TASK_IDLE_PRIO);
    #endif
#endif
#if OS_TASK_NAME_EN > 0u /*如果使用任务名称*/
    OSTaskNameSet(OS_TASK_IDLE_PRIO, (INT8U *)(void *)"μC/OS-II Idle", &err);
#endif
}
```

这部分代码主要是根据配置信息调用创建任务的函数创建空闲任务，其中，无论是OSTaskCreateExt还是OSTaskCreate的第一个参数，都是OS_TaskIdle，OS_TaskIdle是空闲任务函数的地址。该任务的优先级是OS_TASK_IDLE_PRIO，这是一个供用户配置的宏，默认值是63，是最低优先级的任务。

接着，用类似的方法调用OS_InitTaskStat创建统计任务。

那么，在创建了这两个系统任务后，哪个任务运行了呢？没有任务运行，因为还没有真正启动多任务。只是为任务分配和设置了它们生存的数据结构。

如果系统配置有定时器模块，执行OSTmr_Init初始化定时器，这一部分内容在相关部分描述。

后面的两个空函数，可以编写合适的内容及显示一些自己需要的调试信息。

因为读者还没有学到任务创建等函数功能，因此不可能对这段初始化代码完全掌握，当学完基本内容再回过头来，就能完全掌握了。

2.3.2　流程分析

操作系统初始化是操作系统开始运行时首先执行的函数，对操作系统使用的各种全局变量和重要的数据结构如任务控制块及其链表、就绪表等进行初始化。接着创建两个系统任务——空闲任务和统计任务。如图2.12所示是对这个流程的总结。

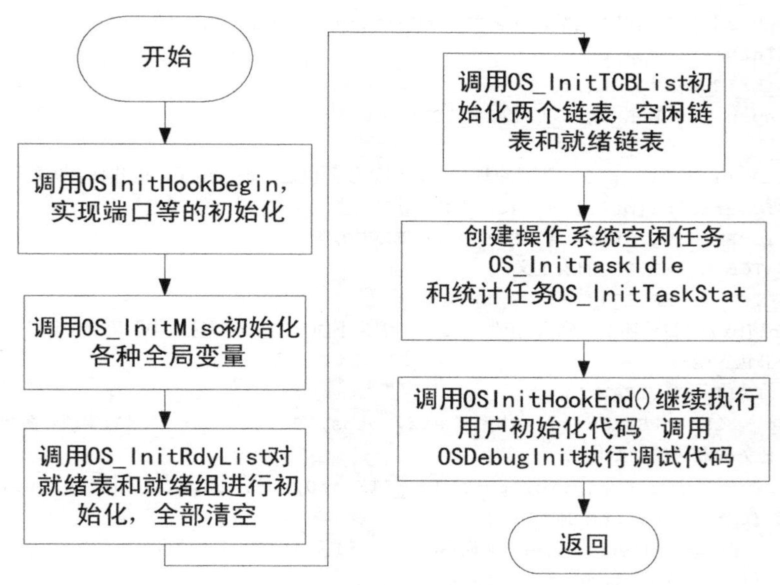

图2.12　操作系统初始化流程

2.4　任务的创建

任务是操作系统处理的首要对象，在多任务运行环境，任务的管理需要考虑多方面的因素。最基本的任务管理功能是任务的创建。任务创建函数有两种，一种是基本的创建函数OSTaskCreate，另一种是扩展的任务创建函数OSTaskCreateExt。两个函数都实现了任务的创建，但是OSTaskCreateExt功能更强，带有很多附加的功能。如果不需要使用附加的功能，OSTaskCreate也是可以胜任的，没有哪一个更好，完全根据需要选择。

2.4.1 OSTaskCreate代码解析

OSTaskCreate实现了创建任务最基本的功能，任务在创建之后，就准备好了运行需要的各种数据结构。OSTaskCreate的代码如程序2.17所示。

程序2.17 创建任务OSTaskCreate

```
INT8U  OSTaskCreate (void   (*task)(void *p_arg),        /*任务代码地址*/
                     void    *p_arg,                     /*任务参数*/
                     OS_STK  *ptos,                      /*任务堆栈栈顶*/
                     INT8U    prio)                      /*任务的优先级*/
{
    OS_STK    *psp;                                      /*定义一个指向任务堆栈的指针*/
    INT8U      err;                                      /*错误号*/

#if OS_ARG_CHK_EN > 0u                                   /*是否进行参数检查*/
    if (prio > OS_LOWEST_PRIO)                           /*无效的优先级*/
        return (OS_ERR_PRIO_INVALID);                    /*因优先级无效而返回*/
    }
#endif
    OS_ENTER_CRITICAL();
    /*如果在中断程序中调用本函数，那么OSIntNesting>0，这是不允许的*/
    if (OSIntNesting > 0u) {
        OS_EXIT_CRITICAL();
        return (OS_ERR_TASK_CREATE_ISR);
    }
    /*如果OSTCBPrioTbl[prio]不是空地址，说明该任务块已经被占用了，创建任务失败 */
    if (OSTCBPrioTbl[prio] == (OS_TCB *)0) {
        OSTCBPrioTbl[prio] = OS_TCB_RESERVED;
/* 看一下OS_TCB_RESERVED 的宏定义：
#define  OS_TCB_RESERVED((OS_TCB *)1)
OSTCBPrioTbl[prio]目前还不明确指向哪一个TCB，因为不能长期在临界区之中，因此应该先给一个值占领它，
    如同用书包占座*/
        OS_EXIT_CRITICAL();
        psp = OSTaskStkInit(task, p_arg, ptos, 0u);      /*该函数实现任务堆栈的初始化*/
        /*任务控制块的初始化*/
        err = OS_TCBInit(prio, psp, (OS_STK *)0, 0u, 0u, (void *)0, 0u);
        if (err == OS_ERR_NONE) {
            /*如果多任务已经启用，就调用OS_Sched 进行一次任务调度*/
            if (OSRunning == OS_TRUE) {
                OS_Sched();
            }
        } else {
            OS_ENTER_CRITICAL();
            /*如果因错误不能创建任务，重新将优先级指针表的对应项清零*/
            OSTCBPrioTbl[prio] = (OS_TCB *)0;
            OS_EXIT_CRITICAL();
        }
        return (err);                                    /*返回err的值*/
    }
    OS_EXIT_CRITICAL();
    return (OS_ERR_PRIO_EXIST);    /*返回优先级已经被占用的信息*/
}
```

在创建一个任务的时候，需要给任务分配堆栈空间。堆栈是在操作系统的变量声明中已经分配了空间的，因此要将该空间分配给任务，那么堆栈的地址应该保存在什么地方呢？任务创建后堆栈又应该初始化为什么样子呢？如程序2.18所示的代码为操作系统移植到Windows平台的一个版本的堆栈初始化。

程序2.18　堆栈初始化函数OSTaskStkInit的一个版本

```
OS_STK *OSTaskStkInit (void (*task)(void *pd), void *pdata, OS_STK *ptos, INT16U opt)
{
/*参数说明：task：任务代码的地址*/
/*pdata：任务参数*/
/*ptos：任务堆栈栈顶指针*/
/*opt：堆栈初始化选项*/
/*返回值：如果初始化成功，总是返回堆栈栈顶的地址*/
 INT32U *stk;                          /*定义指向32位宽的数据类型的地址stk，局部变量*/
    /*因为opt目前没有使用，此代码用来禁止编译器报警告，因为参数如果不使用，编译器会警告*/
    opt = opt;
    stk = (INT32U *)ptos;           /*stk现在指向栈顶*/
    /*先将栈顶向上（向低地址方向）移动4字节，将任务参数pdata入栈*/
   *--stk = (INT32U)pdata;
   *--stk = (INT32U)0x00000000;   /*将栈顶再向上移动4字节，将0x00000000入栈*/
   *--stk = (INT32U)task;              /*栈顶再向上移4字节，将任务地址入栈*/
   *--stk= (INT32U)0x00000202;    /*压入0x00000202 EFL寄存器的假想值*/
   *--stk=(INT32U)0xAAAAAAAA;     /*压入0xAAAAAAAA EAX 寄存器的假想值*/
          *--stk=(INT32U)0xCCCCCCCC;     /*ECX=0xCCCCCCCC */
          *--stk=(INT32U)0xDDDDDDDD;     /*EDX=0xDDDDDDDD */
          *--stk=(INT32U)0xBBBBBBBB;     /*EBX = 0xBBBBBBBB*/
          *--stk=(INT32U)0x00000000;          /*ESP = 0x00000000*/
          *--stk=(INT32U)0x11111111;       /*EBP = 0x11111111*/
          *--stk=(INT32U)0x22222222;          /*ESI = 0x22222222*/
          *--stk=(INT32U)0x33333333;          /*EDI = 0x33333333*/
          return ((OS_STK *)stk);
}
```

可以看到，堆栈的初始化不是很好理解。因为opt在这里根本没有使用，因此不需要过多地考虑。这段程序代码出现在os_cpu.h中，说明它是和CPU密切相关的，当使用其他的硬件环境时，需要修改该代码。实际上，该代码就是按顺序向堆栈中压入数据，最后返回最新的堆栈栈顶指针。在后续的学习中，还要经常涉及堆栈的操作，就能明白堆栈是怎么用的，还必须会自己写堆栈初始化代码。

以空闲任务的创建为例，在堆栈初始化之后，堆栈高地址部分如图2.13所示，由上向下地址变高。

[0x6d]	0x00000000
[0x6e]	0x00000000
[0x6f]	0x00000000
[0x70]	0x00000000
[0x71]	0x00000000
[0x72]	0x00000000
[0x73]	0x33333333
[0x74]	0x22222222
[0x75]	0x11111111
[0x76]	0x00000000
[0x77]	0xbbbbbbbb
[0x78]	0xdddddddd
[0x79]	0xcccccccc
[0x7a]	0xaaaaaaaa
[0x7b]	0x00000202
[0x7c]	0x004010aa
[0x7d]	0x00000000
[0x7e]	0x00000000
[0x7f]	0x00000000

图2.13　堆栈高地址部分初始化后的内容

空闲任务的堆栈定义如下：

```
OS_STK  OSTaskIdleStk[OS_TASK_IDLE_STK_SIZE];
```

设置OS_TASK_IDLE_STK_SIZE这个宏的值是128，即：

```
#define OS_TASK_IDLE_STK_SIZE128u
```

PC的堆栈是向低地址增长的，所以最开始栈顶的位置在高地址OSTaskIdleStk[127]，即OSTaskIdleStk[0x7f]。所以将&OSTaskIdleStk[0x7f]作为栈顶地址传递给堆栈初始化函数OSTaskStkInit。第一对stk赋值后，stk的值就是&OSTaskIdleStk[0x7f]，然后做--stk，stk指向OSTaskIdleStk[0x7e]，对0x7e填入参数地址，因为参数地址为空，所以填入0x00000000，然后再做--stk，再填入0x00000000，再做--stk，stk指向OSTaskIdleStk[0x7c]，填入任务地址0x004010aa，继续运行，直到得到如图2.13所示的结果，堆栈的栈顶也变为OSTaskIdleStk[0x72]。

任务调度函数OS_Sched将进行任务的调度，即选择优先级最高的任务来运行。任务的地址、运行环境等内容都保存于堆栈，OS_Sched将根据堆栈的内容进行相关的操作，这些将在后面讲解。在操作系统初始化的时候，由于还没有启动多任务，因此还不会调用OS_Sched。

2.4.2　OSTaskCreate流程分析

从前面的基本代码描述，可以清晰了解任务初始化的过程。首先，如果配置了对任务参数进行检查， 则检查任务参数的有效性，尤其是对任务的优先级进行判断。当任务的优先级在合适的范围内时，还需判断指定优先级的任务是否有已经被创建的，因为优先级必须是唯一的。然后进行任务堆栈的初始化、任务控制块的初始化，根据系统是否已经启动多任务，决定是否此时进行一次任务调度。OSTaskCreate的流程如图2.14所示，读者应结合前面的代码分析该流程。

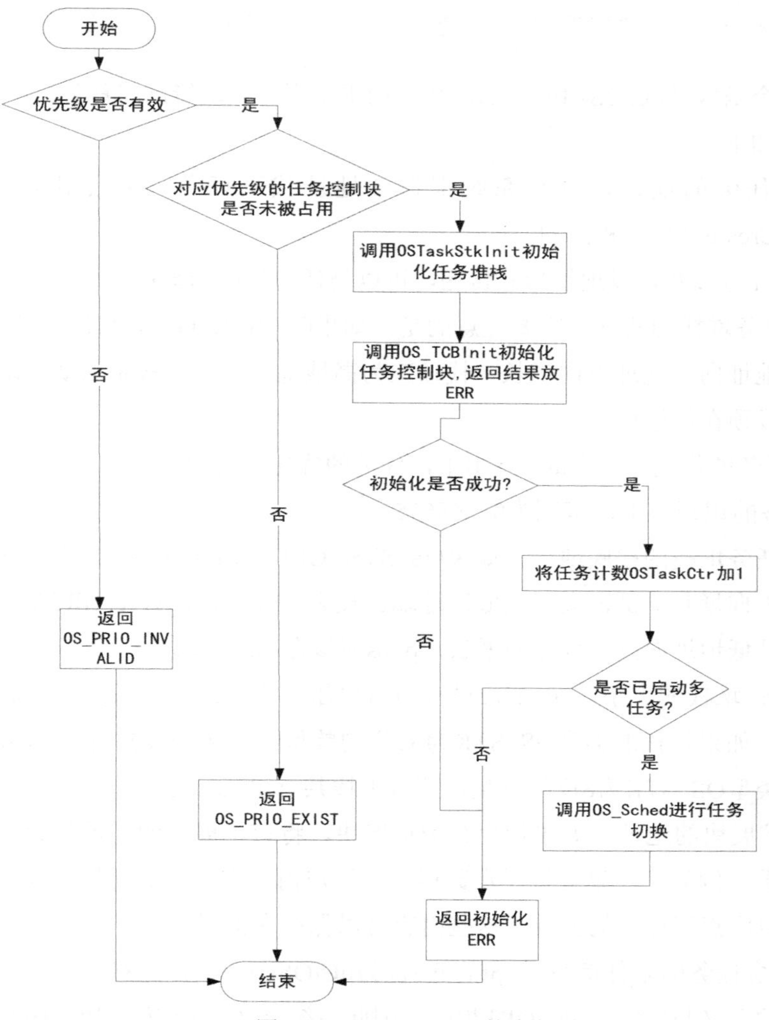

图2.14　OSTaskCreate的流程

2.4.3　OSTaskCreateExt代码解析

前面提到OSTaskCreate实现了创建任务的最基本功能，但是操作系统默认使用的任务创建函数却是OSTaskCreateExt，那么OSTaskCreateExt比OSTaskCreate多了哪些功能呢？

OSTaskCreateExt的函数参数就有9个，但是并非想象中的那么复杂。相对OSTaskCreate来说，最主要的是增加了堆栈检查的功能，该函数的声明如程序2.19所示。

程序2.19　任务OSTaskCreateExt声明

```
INT8U  OSTaskCreateExt (void   (*task)(void *p_arg),
                        void    *p_arg,
                        OS_STK  *ptos,
                        INT8U    prio,
                        INT16U   id,
                        OS_STK  *pbos,
                        INT32U   stk_size,
```

```
                        void    *pext,
                        INT16U   opt)
```

描述：这个函数是μC/OS-II的内部函数，用于采用扩展功能创建任务。

参数解析如下。

- task：任务的地址，操作系统根据该地址找到任务，才能让任务运行。这与OSTaskCreate是完全相同的。
- p_arg：任务参数，以地址形式传递，可以是任何类型的地址。
- ptos：任务堆栈的栈顶。需要注意的是，如果OS_STK_GROWTH 的值设置为1，堆栈是从高地址向低地址方向增长，栈顶应为高地址，否则堆栈是从低地址向高地址方向增长，栈顶在低地址。
- prio：任务的优先级。在μC/OS-II中，任务的优先级必须唯一。
- id：任务的识别号ID，范围为0～65535。
- pbos：任务堆栈的栈底地址。如果OS_STK_GROWTH设置为1，则堆栈是从高地址向低地址方向增长，pbos应该在低地址端。反之，如果OS_STK_GROWTH设置为0，则堆栈是从低地址向高地址方向增长，pbos应该在高地址端。
- stk_size：堆栈的大小。stk_size设置为可以压入堆栈的最大数据量，和堆栈的数据类型无关。如果堆栈的类型OS_STK为32位的整型，那么堆栈共有stk_size*4字节。如果堆栈的类型OS_STK为8位的整型，那么堆栈共有stk_size字节。
- pext：扩展块的地址。如果使用TCB扩展块，将该扩展块的地址作为参数传递给任务创建函数。例如，如果支持浮点数运算，用户内存在上下文切换（任务切换）时需保存和恢复浮点寄存器的内容，这些内容可以保存在扩展块中。
- opt：包含任务的附件信息。opt的低8位为μC/OS-II保留，高8位用户可设置。低8位的每一位的含义与OS_TASK_OPT相同，因此系统定义了4个宏，如程序2.20所示。

程序2.20　为OS_TASK_OPT定义的4个宏

```
#define  OS_TASK_OPT_NONE           0u        /*没有选项被选择*/
#define  OS_TASK_OPT_STK_CHK       0x0001u   /*进行堆栈检查*/
#define  OS_TASK_OPT_STK_CLR       0x0002u   /*在任务创建时清空堆栈*/
#define  OS_TASK_OPT_SAVE_FP       0x0004u   /*保存浮点寄存器内容*/
```

返回值如下。

- OS_ERR_NONE：本函数成功运行。
- OS_PRIO_EXIT：如果任务优先级已经存在了，再创建相同优先级的任务明显是非法的。
- OS_ERR_PRIO_INVALID：如果优先级参数非法，如大于最高值OS_LOWEST_PRIO。
- OS_ERR_TASK_CREATE_ISR：如果在中断服务程序ISR中创建任务。

在掌握了OSTaskCreateExt的参数之后，我们对其代码进行分析，如程序2.21所示，因为前面已经详细解释了OSTaskCreate，因此这里的解释不需要太详细。

程序2.21　任务OSTaskCreateExt代码解析

```
    OS_STK    *psp;
    INT8U      err;

#if OS_ARG_CHK_EN > 0u
    if (prio > OS_LOWEST_PRIO) {
        return (OS_ERR_PRIO_INVALID);
    }
#endif
    OS_ENTER_CRITICAL();
    if (OSIntNesting > 0u) {
        OS_EXIT_CRITICAL();
        return (OS_ERR_TASK_CREATE_ISR);
    }
    if (OSTCBPrioTbl[prio] == (OS_TCB *)0) {
        OSTCBPrioTbl[prio] = OS_TCB_RESERVED;
        OS_EXIT_CRITICAL();
#if (OS_TASK_STAT_STK_CHK_EN > 0u)
        OS_TaskStkClr(pbos, stk_size, opt);                     /* 清空堆栈*/
#endif
        psp = OSTaskStkInit(task, p_arg, ptos, opt);     /*堆栈初始化函数中的opt*/
err = OS_TCBInit(prio, psp, pbos, id, stk_size, pext, opt);
        if (err == OS_ERR_NONE) {
            if (OSRunning == OS_TRUE) {
                OS_Sched();
            }
        } else {
            OS_ENTER_CRITICAL();
            OSTCBPrioTbl[prio] = (OS_TCB *)0;
            OS_EXIT_CRITICAL();
        }
        return (err);
    }
    OS_EXIT_CRITICAL();
    return (OS_ERR_PRIO_EXIST);
```

OSTaskCreateExt与OSTaskCreate的主要区别在于是用堆栈清除函数OS_TaskStkClr来清空堆栈。

我们需要知道OS_TaskStkClr是如何进行堆栈的清空的。如程序2.22所示的代码为堆栈清空函数OS_TaskStkClr。它的3个参数分别为堆栈的栈底、堆栈的大小及选项opt，这3个参数都是传递给OSTaskCreateExt后直接传递给OS_TaskStkClr的。

程序2.22　堆栈清空函数OS_TaskStkClr

```
void  OS_TaskStkClr (OS_STK  *pbos,
                     INT32U   size,
                     INT16U   opt)
{
    /* 如果配置了堆栈检查，才可能进行清除操作 */
    if ((opt & OS_TASK_OPT_STK_CHK) != 0x0000u) {
        /*如果选项中配置了堆栈清除才能进行清除操作*/
        if ((opt & OS_TASK_OPT_STK_CLR) != 0x0000u) {
```

```
/*仍然是堆栈的方向问题，1表示从高到低，那么栈底应该在低地址*/
#if OS_STK_GROWTH == 1u
            while (size > 0u) {
            size--;                          /*倒计数，直到为0*/
            *pbos++ = (OS_STK)0;  /*设置为0，然后pbos 向上移动，准备清下一个数据单元*/
            }
#else    /*不同的堆栈增长方向*/
            while (size > 0u) {
                size--;
                *pbos-- = (OS_STK)0;
  }
#endif
        }
    }
}
```

可见，堆栈清除函数实现的功能就是将整个任务对应的堆栈空间全部清0，这样做是为了符合以后进行堆栈检查的需要。如果不需要进行堆栈检查，当然也不需要进行堆栈的清除操作，这是程序代码第一行条件判断语句存在的原因。另外，如果在堆栈清除函数中，发现opt未设置有OS_TASK_OPT_STK_CLR，就不应执行堆栈清除操作。

2.4.4 OSTaskCreateExt流程分析

任务创建函数是非常重要的函数，在操作系统的初始化中就调用了这个函数来创建了空闲任务和统计任务。前面给出了OSTaskCreate的流程，这里总结性地给出OSTaskCreateExt的流程，如图2.15所示。

与图2.14比较，OSTaskCreateExt比OSTaskCreate增加了堆栈清除的功能，其他并无很大的区别。重复以下两点：堆栈清除函数只是为堆栈检查做准备的；操作系统采用的默认的任务创建函数是OSTaskCreateExt。

任务创建函数执行后，在正常情况下，对应的任务就处于就绪态，因为在任务创建的过程中，调用了TCB初始化函数，对就绪表和就绪组进行了操作和处理，标记了任务的就绪状态，而且也在就绪队列插入了一个TCB。如果读者对该部分内容仍不清楚，说明对“2.2任务控制块初始化”的部分还没有完全掌握，请返回重新学习一下。

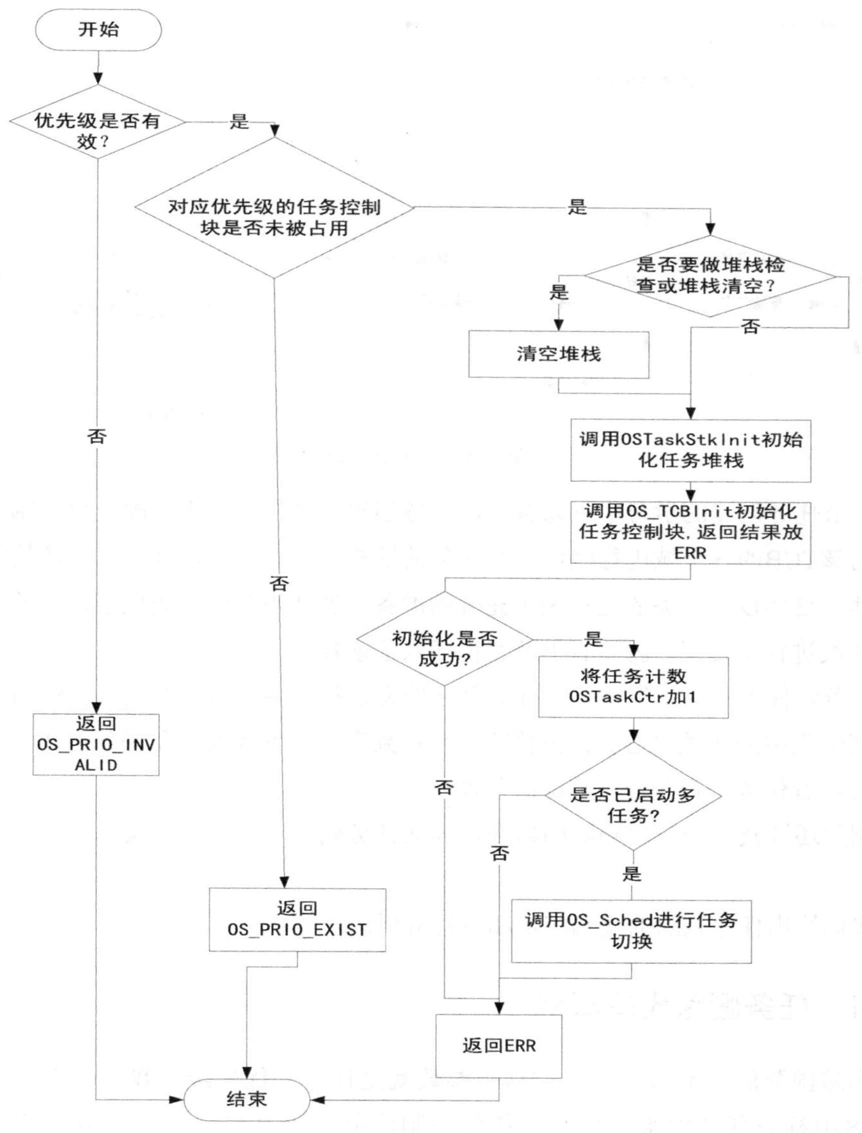

图2.15　OSTaskCreateExt的流程

2.5　任务的删除

现在回顾一下任务的各种状态，在第1章中曾经给出这个任务状态转换图，这里我们需要重新给出，如图2.16所示。

一开始，任务在操作系统中是以函数代码的形式存在的，在操作系统启动的时候被加载到内存中，并未运行。并且，最开始的时候就绪表和就绪组是空的，或者说里面的内容都是0。很明显，这时任务在内存中睡眠，处于睡眠态。如果不调用任务创建函数对任务进行操作，该任务将永远处于睡眠态，直到操作系统结束运行，被清除出内存。

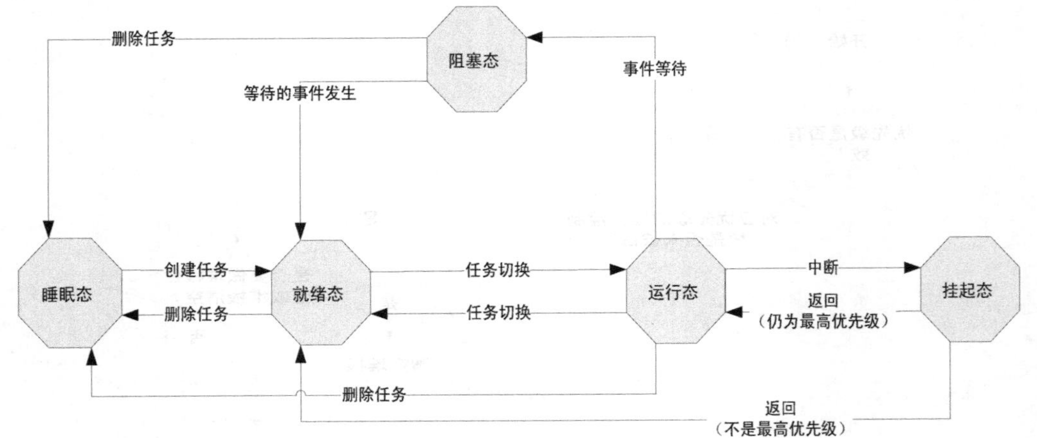

图2.16 任务状态转换图

从前一节任务创建的学习中可以看到，任务创建的过程，首先分配一个空闲的TCB给任务，然后对该TCB的各个域进行赋值，对任务的堆栈进行初始化，其中，任务的代码的地址被压入堆栈。这为以后任务的运行做了充分的准备。就绪表和就绪组做了适当的处理，根据任务的优先级进行了设置。就绪TCB链表也插入了该TCB。

那么，若将任务删除，很明显是任务创建的逆过程，应该将就绪表、就绪组进行逆向的操作，就绪链表中的相关TCB应该被移除，转移到空闲TCB链表。和任务创建一样，也要进行一些检查，看任务是否符合被删除的条件。

任务删除还涉及一个请求删除的问题，因此任务删除看似简单，实际上是比较复杂的一个过程。

下面我们给出任务删除的代码解析和流程分析。

2.5.1 任务删除代码解析

任务删除函数的参数只有一个，这个参数就是任务的优先级。我们知道，任务的优先级是μC/OS-II标志任务的唯一标志，任务控制块中虽然也有一个ID，但只是为了扩展使用。因此，任务删除函数也可以理解为删除指定优先级的任务。为使读者可以尽快掌握函数的主要功能，和前面的例子一样，代码中略去了辅助的部分。下面进入如程序2.23所示的代码解析。

程序2.23 任务删除函数OSTaskDel解析

```
INT8U  OSTaskDel (INT8U prio)
{
    OS_TCB       *ptcb;              /*首先定义一个任务控制块指针*/
    if (OSIntNesting > 0u) {         /*不允许在ISR中删除任务*/
        return (OS_ERR_TASK_DEL_ISR);
    }
    if (prio == OS_TASK_IDLE_PRIO) {         /*不允许删除空闲任务*/
        return (OS_ERR_TASK_DEL_IDLE);
    }
```

```
#if OS_ARG_CHK_EN > 0u                          /*如果配置了参数检查，检查优先级是否有效*/
    if (prio >= OS_LOWEST_PRIO) {
     if (prio != OS_PRIO_SELF) {  /*注意，OS_PRIO_SELF特指本任务，当任务自己删除自己的时候
  可使用OSTaskDel (OS_PRIO_SELF)，宏OS_PRIO_SELF的定义为：#define  OS_PRIO_SELF  0xFFu */
            return (OS_ERR_PRIO_INVALID);
        }
    }
#endif
    /*进入临界区，因为要访问全局变量了，它们是当前任务OSTCBCur，任务优先级指针表OSTCBPrioTbl*/
    OS_ENTER_CRITICAL();
    if (prio == OS_PRIO_SELF) {                 /*如果是删除自己，取得自己的优先级*/
        prio = OSTCBCur->OSTCBPrio;
    }
    ptcb = OSTCBPrioTbl[prio];     /*取得要删除的任务的TCB*/
    if (ptcb == (OS_TCB *)0) {                  /*该任务是否存在？如果ptcb 是空地址，则不存在*/
        OS_EXIT_CRITICAL();
        return (OS_ERR_TASK_NOT_EXIST);
    }
    if (ptcb == OS_TCB_RESERVED) {              /*如果该任务块被保留*/
        OS_EXIT_CRITICAL();
        return (OS_ERR_TASK_DEL);
    }

    /*现在参数检查完成了，任务可以被删除了，首先要对就绪表和就绪组进行删除*/
/*下面的一段代码清除掉该任务的就绪标志，在前面的就绪组和就绪表的章节中有分析*/
OSRdyTbl[ptcb->OSTCBY] &= (OS_PRIO)~ptcb->OSTCBBitX;
    If (OSRdyTbl[ptcb->OSTCBY]==0u){
        OSRdyGrp             &= (OS_PRIO)~ptcb->OSTCBBitY;
    }
/*上面的代码执行后，任务已经被取消了就绪状态了，不管原来是什么状态，现在都已经是睡眠状态了*/
/*如果任务在等待某事件的发生，如在等待某资源，就会在等待队列中排队。如果要删除这个任务，很明显，不需
    要再进行排队了，应该删除掉排队的标志*/
#if (OS_EVENT_EN) /*如果操作系统使用了事件操作*/
/*被删除的任务是否还在等待事件的发生，如果是，将它从事件等待队列中删除掉，任务已经被删除不需要等待事件了*/
    if (ptcb->OSTCBEventPtr != (OS_EVENT *)0) {
    OS_EventTaskRemove(ptcb, ptcb->OSTCBEventPtr);   /*该代码在第4章“事件管理”中描述 */
    }
#if (OS_EVENT_MULTI_EN > 0u) /*如果操作系统允许任务等待多个事件*/
    if (ptcb->OSTCBEventMultiPtr != (OS_EVENT **)0) {
        /*该代码在第4章“事件管理”描述 */
        OS_EventTaskRemoveMulti(ptcb, ptcb->OSTCBEventMultiPtr);
    }
#endif
#endif

#if (OS_FLAG_EN > 0u) && (OS_MAX_FLAGS > 0u)      /*如果操作系统允许使用事件标志组管理*/
    pnode = ptcb->OSTCBFlagNode;
    if (pnode != (OS_FLAG_NODE *)0) {                        /* 如果事件在等待事件标志*/
        OS_FlagUnlink(pnode);      /*删除等待队列中的这个任务的标志，该代码在事件部分描述*/
    }
#endif
    ptcb->OSTCBDly = 0u;                        /* 如果任务在等待延时时间到，也不需要等待*/
/*设置任务的状态OS_STAT_RDY，并非表示该任务就绪了，而是去掉了诸如等待等标志，实际上任务被删除了，将睡眠*/
```

```
    ptcb->OSTCBStat=OS_STAT_RDY;
    ptcb->OSTCBStatPend = OS_STAT_PEND_OK;                /*所有的等待都取消了*/
    if (OSLockNesting < 255u) {                /*强行将调度器加上一次锁*/
        OSLockNesting++;              /*需注意为什么上锁；在哪里将该值再减1*/
    }
    /*离开临界区，允许中断，但前面已设保证了OSLockNesting不为0，因此不会进行任务调度，保证该段代
        码的连续性，又允许了中断服务*/
    OS_EXIT_CRITICAL();
    OS_Dummy();                                /*Dummy!什么也没有做，空函数，给中断一定的时间*/
    OS_ENTER_CRITICAL();              /*禁止中断*/
    if (OSLockNesting > 0u) {         /*刚才给调度器加1，现在减回来*/
        OSLockNesting--;
    }
    OSTaskDelHook(ptcb);   /*删除任务的钩子函数，目前是空函数，需要的话可以在这里加代码*/
    OSTaskCtr--;                               /*任务减少了一个，任务计数器减1*/
    /*对任务优先级指针表进行操作，该优先级已不对应任务控制块了*/
    OSTCBPrioTbl[prio] = (OS_TCB *)0;
    /*对就绪链表和空闲链表进行操作，从就绪链表中把TCB摘下来，插进空闲链表*/
    if (ptcb->OSTCBPrev == (OS_TCB *)0) {
        ptcb->OSTCBNext->OSTCBPrev = (OS_TCB *)0;
        OSTCBList = ptcb->OSTCBNext;
    } else {
        ptcb->OSTCBPrev->OSTCBNext = ptcb->OSTCBNext;
        ptcb->OSTCBNext->OSTCBPrev = ptcb->OSTCBPrev;
    }
    ptcb->OSTCBNext = OSTCBFreeList;
    OSTCBFreeList = ptcb;
    OS_EXIT_CRITICAL();                        /*操作完成，可以离开临界区，开中断*/
    if (OSRunning == OS_TRUE) {                /*如果在运行多任务，当然要进行一次任务调度*/
        OS_Sched();
    }
    return (OS_ERR_NONE);
}
```

从任务删除的代码中可以看到，任务删除远远不像想象中的那么简单。删除一个任务，就要照顾到该任务已经影响到的方方面面，否则系统就可能崩溃。由于任务删除的代码很长，而在执行的过程中一直在访问全局变量，因此使系统不能响应中断，破坏系统实时性。因此，在代码的中间，使用巧妙的手段来开一次中断，过程如下：

（1）将任务调度锁加1。

（2）开中断。

（3）执行一条空语句保证中断有时间执行。

（4）关中断。

（5）将调度锁减1，恢复原来的值。

最后，这一段代码几乎是μC/OS-II中最复杂的一段代码，理解它一定要有足够的耐心。下一节将给出图形化的流程。

2.5.2　任务删除流程分析

删除任务的代码尽管复杂，但无外乎先进行参数的检查，然后如果该任务在等待某些事件，就删除等待的标志，之后对TCB中的值进行修改，对就绪表、就绪组、任务优先级指针表、就绪任务链表、空闲任务链表等重要的数据结构进行与创建任务相反的操作，只不过中间因为代码执行时间过长，增加了临时允许中断的操作。因此，从图形化的流程来看将更加清晰。

任务删除的流程如图2.17所示。

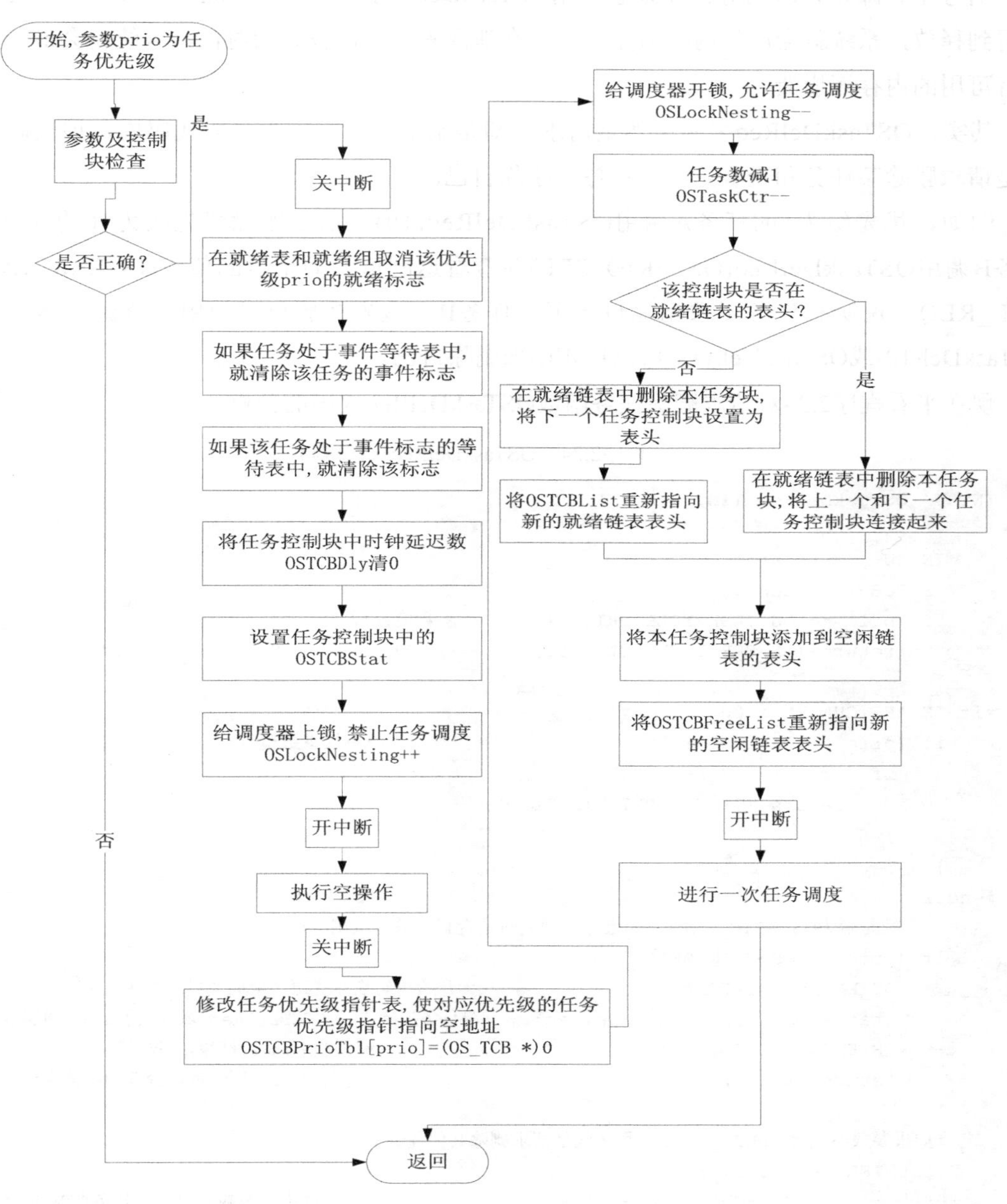

图2.17　任务删除的流程

关于任务的删除，除了这个直接删除任务的函数之外，还有一个非常重要的请求删除任务的函数——OSTaskDelReq。

2.5.3　请求删除任务代码解析

当以其他任务的优先级作为参数的时候，OSTaskDel粗暴地删除了任务，这在某些情况下是有效的，但不是必须这么做。通知对方任务，告诉它要删除你了，请任务自己删除自己是一种更好的做法。因为这么做，任务可以在删除自己之前先放弃自己使用的资源，如缓冲区、信号量、邮箱、队列等。如果总是用OSTaskDel删除一个任务，这个任务占用的资源不能得到释放，系统就会产生内存泄露，在内存泄露累积到比较大的时候，系统就会最后因为没有可用的内存而崩溃。

其实，OSTaskDelReq名称虽然是请求，却是集请求与响应于一段代码内，该代码的功能是请求删除某任务和查看是否有任务要删除自己。

例如，优先级为5的任务A调用OSTaskDelReq(10)，请求删除优先级为10的任务B。任务B调用OSTaskDelReq(OS_PRIO_SEL)并查看返回值，如果返回值为OS_ERR_TASK_DEL_REQ，说明有任务要求删除自己了。任务B应该先释放自己使用的资源，然后调用OSTaskDel(10)或OSTaskDel(OS_PRIO_SEL)来删除自己。

现在来看程序2.24对请求删除任务函数OSTaskDelReq代码的分析。

程序2.24　OSTaskDelReq代码解析

```
INT8U  OSTaskDelReq (INT8U prio)
{
    INT8U       stat;
    OS_TCB    *ptcb;
    if (prio == OS_TASK_IDLE_PRIO) {          /*参数检查*/
        return (OS_ERR_TASK_DEL_IDLE);
    }
#if OS_ARG_CHK_EN > 0u
    if (prio >= OS_LOWEST_PRIO) {                        /*继续参数检查*/
        if (prio != OS_PRIO_SELF) {
            return (OS_ERR_PRIO_INVALID);
        }
    }
#endif
    /*参数是否为OS_PRIO_SELF，如果是，则判断是否有任务请求删除自己 */
    if (prio == OS_PRIO_SELF) {
        OS_ENTER_CRITICAL();                  /*开始访问临界资源（全局变量OSTCBCur）*/
        stat = OSTCBCur->OSTCBDelReq;         /*任务控制块的OSTCBDelReq 域存放了是否有删除请求*/
        OS_EXIT_CRITICAL();                              /*访问临界资源结束，开中断*/
        return (stat);                                   /*返回stat，也就是是否有删除请求*/
    }
   /*如果参数不是OS_PRIO_SELF，那么就是请求删除其他任务*/
    OS_ENTER_CRITICAL();
    ptcb = OSTCBPrioTbl[prio];                           /*先通过优先级找到对方的任务控制块*/
```

```
    if (ptcb == (OS_TCB *)0) {              /*这个任务控制块是否存在*/
        OS_EXIT_CRITICAL();
        return (OS_ERR_TASK_NOT_EXIST);     /*不存在就只能返回错误信息*/
    }
    if (ptcb == OS_TCB_RESERVED) {                  /*如果任务块被保留*/
        OS_EXIT_CRITICAL();
        return (OS_ERR_TASK_DEL);                   /*返回不同的出错信息*/
    }
    /* 在对方TCB的OSTCBDelReq 上打上标志！请求删除成功！ */
    ptcb->OSTCBDelReq = OS_ERR_TASK_DEL_REQ;
    OS_EXIT_CRITICAL();
    return (OS_ERR_NONE);                                   /*返回无错信息*/
}
```

可见，请求删除任务的代码是比较少的，且前面一段是参数的检查。通过前面的学习，读者已经很熟悉如何进行参数检查了。后半部分的代码根据参数的不同，分别执行判断是否有请求参数标志和给对方任务打上请求删除标志。

下一小节将给出该函数的流程，帮助读者理解。

2.5.4　请求删除任务流程

从上一节可见，请求删除任务函数OSTaskDelReq有函数名称中不包含的一层含义，那就是如果以OS_PRIO_SEL作为参数，并不是请求删除自己的意思，而是判定是否有任务已经请求删除自己了。

读者也许会问，如果请求删除自己怎么办？没问题，直接释放任务占有的空间，然后调用OSTaskDel(OS_PRIO_SEL)就可以了。

通过对前面代码的学习，对该流程应该已经比较清晰了。该流程的最大分支就是对参数是否为OS_PRIO_SEL进行判断，因为判断结果的不同，该函数所执行的是完全不同的两种操作。

另外，当查询是否有任务请求删除自己时，需要取出任务控制块的OSTCBDelReq，在请求删除一个任务时，相应地也是对目标任务的任务控制块的OSTCBDelReq进行赋值。

对比一下，自己构思的和这里给出的图2.18是否一致？

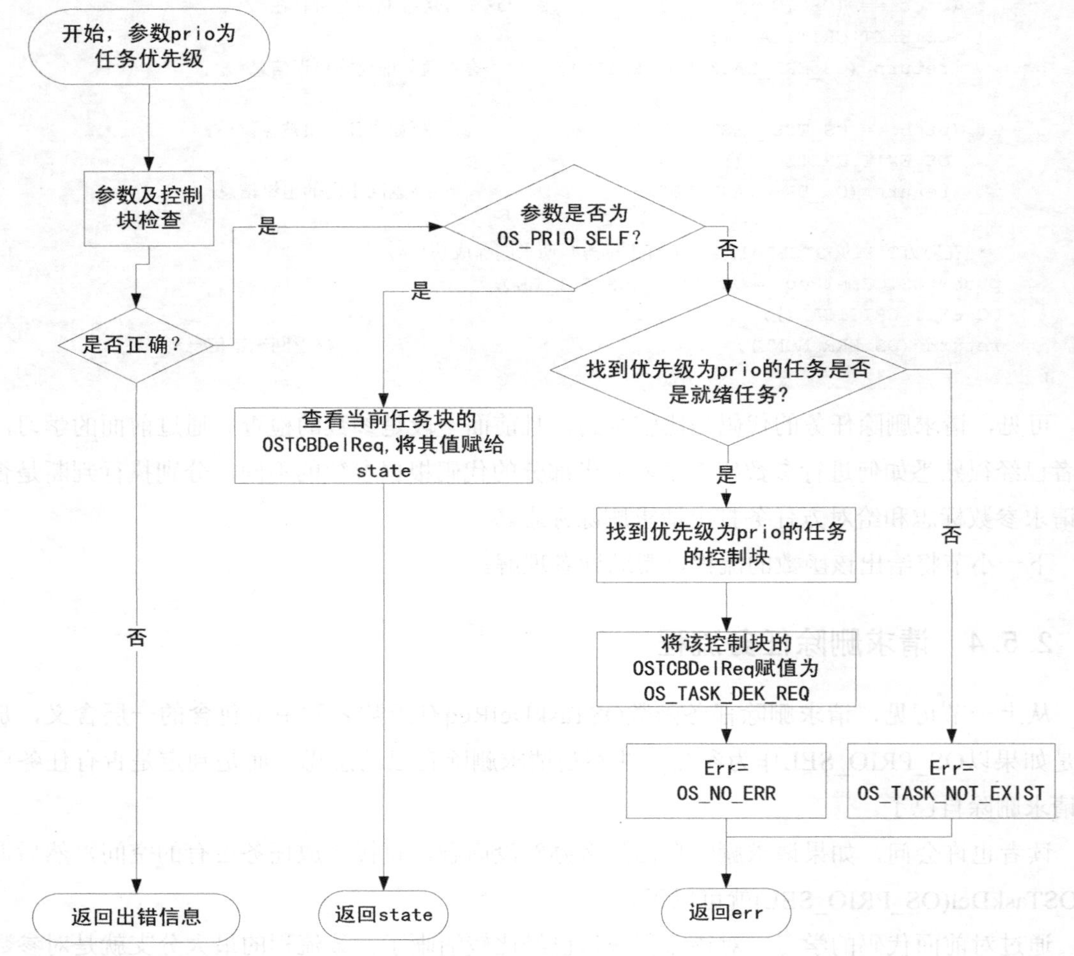

图2.18 OSTaskDelReq流程

2.6 任务挂起和恢复

任务在创建后将从睡眠态转换到就绪态，就绪的任务如果调用OSTaskSuspend将被阻塞，也就是被剥夺CPU的使用权而暂时中止运行，转到阻塞状态。通过OSTaskSuspend将任务转到阻塞态被称为挂起任务。

被挂起的任务不能运行，直到其他任务以该任务的优先级作为参数调用OSTaskResume来恢复它，才能将该任务的状态重新设置为就绪状态。当该任务是就绪的最高优先级的任务时，又可以得到调度而重新占领CPU，回到运行态。

一个任务如果无事可做，且优先级又较高，长期占有CPU，那么其他的任务将得不到运行而“饿死”。因此，任务在不需要运行的时候应该放弃CPU，挂起就是其中的一种策略，除此之外还有任务延时等策略，将在后面的章节给出。

为了突出任务挂起在任务状态转换中的位置，现将任务状态转换图重新画，如图2.19所示。

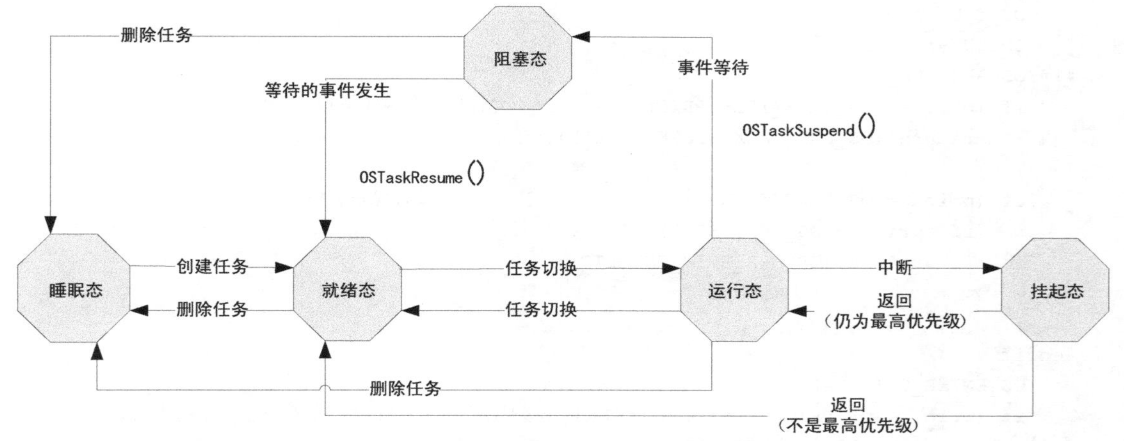

图2.19　任务状态图中的任务的挂起和恢复

由图2.19可知，在运行过程的任务因为调用OSTaskSuspend而被挂起到阻塞态。阻塞态的任务因为其他任务以该任务的优先级作为参数调用OSTaskResume而得到恢复，恢复到就绪态。就绪的任务在优先级变为最高的情况下最终得到了运行。

值得注意的是，挂起一个任务并非将其转换为挂起态，而是阻塞态。任务因为中断失去CPU控制权才会转换为挂起态，挂起态的任务在中断结束后直接回到运行态。这两者是有明显的区别的。

2.6.1　OSTaskSuspend代码解析

函数OSTaskSuspend用来暂时停止一个任务的执行，将任务转换为阻塞态。如果传递给OSTaskSuspend的参数是OS_PRIO_SELF，则将阻塞自己，如果prio是其他任务的优先级，则将阻塞其他的就绪任务。

根据该函数执行过程中的各种情况，返回值包括：

- OS_ERR_NONE：如果成功挂起一个任务。
- OS_ERR_TASK_SUSPEND_IDLE：如果试图阻塞空闲任务。
- OS_ERR_PRIO_INVALID：非法的优先级。
- OS_ERR_TASK_SUSPEND_PRIO：要挂起的任务不存在。
- OS_ERR_TASK_NOT_EXIST：要挂起使用互斥信号量的任务。

这些宏大家应该很熟悉了，在前面多次出现过，在这里详细给出，以后就不再赘述了。

另外有一点需要特别注意的是，如果挂起了一个任务，那么要注意这个任务是否在挂起之前已经被阻塞了，如等待信号量或延时等。如果是，将挂起一个已经被阻塞了的任务。

OSTaskSuspend代码解析如程序2.25所示。

程序2.25　OSTaskSuspend代码解析

```
INT8U  OSTaskSuspend (INT8U prio)
{
    BOOLEAN self;
```

```
    OS_TCB *ptcb;
    INT8U y;
#if OS_ARG_CHK_EN > 0u
    if (prio == OS_TASK_IDLE_PRIO) {      /*不允许挂起空闲任务*/
        return (OS_ERR_TASK_SUSPEND_IDLE);
    }
    if (prio >= OS_LOWEST_PRIO) {                    /*检查优先级*/
        if (prio != OS_PRIO_SELF) {
            return (OS_ERR_PRIO_INVALID);
        }
    }
#endif
    OS_ENTER_CRITICAL();
    if (prio == OS_PRIO_SELF) {   /*如果优先级是OS_PRIO_SELF，取得自己真正的优先级 */
        prio = OSTCBCur->OSTCBPrio;
        self = OS_TRUE;
    } else if (prio==OSTCBCur->OSTCBPrio) {   /*挂起的是否是当前任务*/
        self = OS_TRUE;
    } else {
        self = OS_FALSE;                             /*表示将挂起其他任务*/
    }
    ptcb = OSTCBPrioTbl[prio];
    if (ptcb == (OS_TCB *)0) {              /*被挂起的任务是否不存在 */
        OS_EXIT_CRITICAL();
        return (OS_ERR_TASK_SUSPEND_PRIO);
    }
    if (ptcb == OS_TCB_RESERVED) {                   /*查看任务块是否是被保留的*/
        OS_EXIT_CRITICAL();
        return (OS_ERR_TASK_NOT_EXIST);
    }

/*以下5行取消就绪表和就绪组中的就绪标志*/
 y= ptcb->OSTCBY;
    OSRdyTbl[y] &= (OS_PRIO)~ptcb->OSTCBBitX;
if (OSRdyTbl[y] == 0u) {
        OSRdyGrp &= (OS_PRIO)~ptcb->OSTCBBitY;
    }

    ptcb->OSTCBStat |= OS_STAT_SUSPEND;  /*标志任务被挂起了*/      (1)
    OS_EXIT_CRITICAL();
    if (self == OS_TRUE) {                           /*如果挂起的是自己，进行一次任务调度*/
        OS_Sched();                                  }
    return (OS_ERR_NONE);
}
```

取消就绪表和就绪组中的就绪标志后，被挂起的任务在将来如果没有恢复，就不能获得CPU的使用权，因此处于阻塞状态。如果任务是挂起自己，实际上这时任务还是在运行的，要等到倒数第二行代码任务调度的时候，失去CPU。

程序2.25中（1）处是标志任务被挂起成阻塞态的关键，在本章前面表2.1中描述了任务状态OSTCBStat的取值范围，其中宏OS_STAT_SUSPEND的值是0x08，即二进制的00001000。也就是说，OSTCBStat的从低到高的第4位标志着任务是否被挂起。

换句话说，当OSTCBStat的第4位是1时，标志着任务被挂起，否则任务没有被使用OSTaskSuspend挂起到阻塞态。

2.6.2　OSTaskSuspend流程分析

根据对代码的分析，给出流程，如图2.20所示。

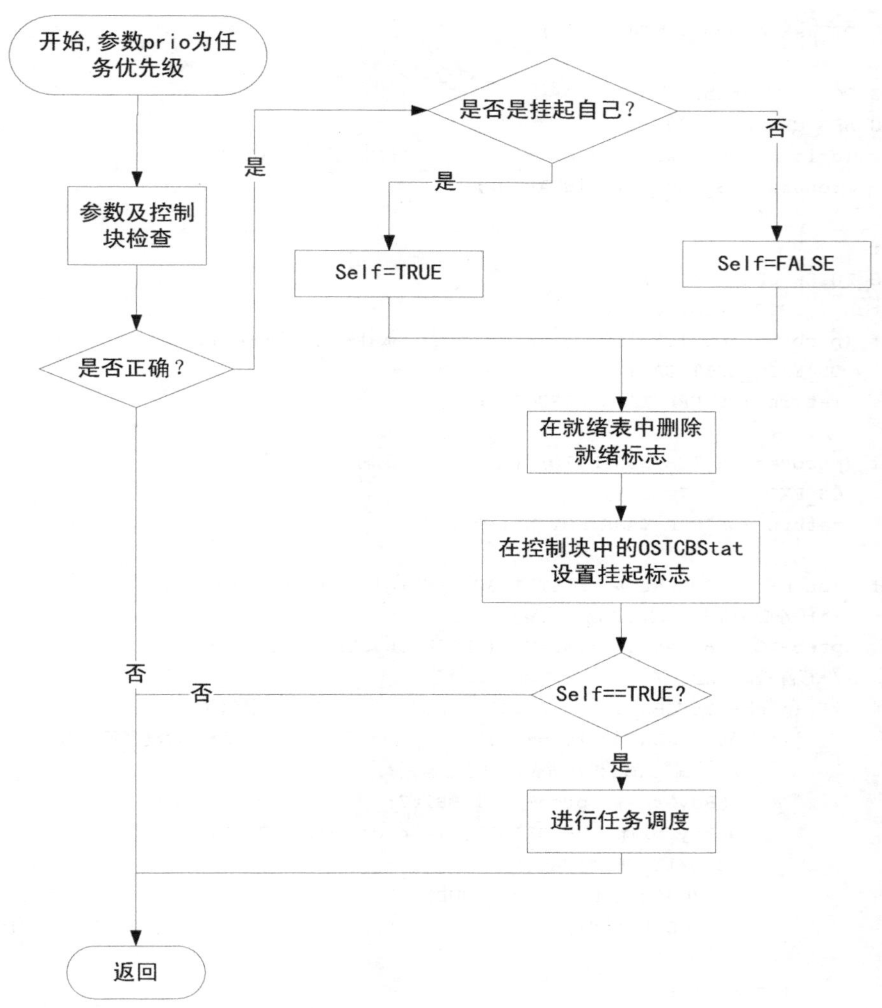

图2.20　任务挂起的流程

2.6.3　OSTaskResume代码解析

通过前面两节的学习，可知函数OSTaskSuspend用来暂时停止一个任务的执行，将任务状态转换为阻塞态。那么处于阻塞态的任务要想得到运行，必须先恢复到就绪态。这个恢复被挂起的任务的函数就是OSTaskResume，它和OSTaskSuspend正好是一对函数。

在OSTaskSuspend挂起一个任务的时候，要修改就绪表和就绪组，取消任务的就绪标志；那么当恢复一个任务的时候，应该加上就绪标志。另外，对于挂起的标志，是在任务控制块中的OSTCBStat从低到高的第4位，因此，如果恢复一个任务，应该看这一位是否已经被置位，如果没有被置位，那么恢复操作也应该是无效的。最后，如果一切正常，再将该位进行复位。

程序2.26给出了OSTaskResume代码的详细解析。

程序2.26　OSTaskResume代码解析

```
INT8U  OSTaskResume (INT8U prio)
{
    OS_TCB    *ptcb;
#if OS_ARG_CHK_EN > 0u
    if (prio >= OS_LOWEST_PRIO) {          /*检查优先级有效性*/
        return (OS_ERR_PRIO_INVALID);
    }
#endif
    OS_ENTER_CRITICAL();
    ptcb = OSTCBPrioTbl[prio];
    if (ptcb == (OS_TCB *)0) {             /*被挂起的任务必须存在*/
        OS_EXIT_CRITICAL();
        return (OS_ERR_TASK_RESUME_PRIO);
    }
    if (ptcb == OS_TCB_RESERVED) {         /*控制块是否被保留*/
        OS_EXIT_CRITICAL();
        return (OS_ERR_TASK_NOT_EXIST);
    }
    if ((ptcb->OSTCBStat & OS_STAT_SUSPEND) != OS_STAT_RDY) {
        /*任务必须是被挂起的才需要恢复*/                                    (1)
        ptcb->OSTCBStat &= (INT8U)~(INT8U)OS_STAT_SUSPEND;
        /*移除挂起标志 */                                                  (2)
        if (ptcb->OSTCBStat == OS_STAT_RDY) {    /*是否就绪了*/             (3)
            if (ptcb->OSTCBDly == 0u) {                /*是否没有延时*/     (4)
                /*设置就绪组和就绪表，使任务就绪*/
                OSRdyGrp |= ptcb->OSTCBBitY;
                OSRdyTbl[ptcb->OSTCBY] |= ptcb->OSTCBBitX;
                OS_EXIT_CRITICAL();
                if (OSRunning == OS_TRUE) {
                    OS_Sched();                               /*进行一次任务调度*/
                }
            } else {
                OS_EXIT_CRITICAL();
            }
        } else {                                 /*必然是在等待事件的发生，因此不能就绪 */
            OS_EXIT_CRITICAL();
        }
        return (OS_ERR_NONE);
    }
    OS_EXIT_CRITICAL();
    return (OS_ERR_TASK_NOT_SUSPENDED);
}
```

代码中（1）处为判断要恢复的任务是否为被OSTaskSuspend挂起。当然，如果对应优先级的任务并没有被OSTaskSuspend挂起，就谈不上使用OSTaskResume恢复。将要恢复的任务称为目标任务，目标任务的控制块称为目标TCB，那么，前面将目标任务的TCB的地址已经赋值给了ptcb，目标TCB的OSTCBStat从低到高的第4位标志着任务是否被挂起。而宏OS_STAT_SUSPEND就是二进制的00001000，因此ptcb ->OSTCBStat & OS_STAT_SUSPEND刚好是屏蔽了OSTCBStat中的所有其他的位，因为&是按位与，只留下了第4位。OS_STAT_RDY的值是0，所以ptcb ->OSTCBStat & OS_STAT_SUSPEND的结果不等于0就说明了确实是被OSTaskSuspend挂起的任务。

（2）处代码比较奇怪，只是使用了两个强制类型转换，这种强制类型转换是在C语言编程中经常遇到的。(INT8U)OS_STAT_SUSPEND将这个宏强制类型转换为8位的，然后按位取反，再将取反结果强制类型转换为8位无符号整数。之后再与ptcb->OSTCBStat按位与，按位与的结果再赋值给ptcb->OSTCBStat。因为宏OS_STAT_SUSPEND的值应该是二进制的00001000，按位取反后是11110111，因此实现的就是将ptcb->OSTCBStat的表示是否挂起的位清除。

那么，在（2）处清除了挂起标志之后，为什么在（3）处还要判断ptcb->OSTCBStat的值是不是0呢？因为任务状态中还含其他的位，如任务可能是因为等待信号量而阻塞的，那么即便清除了挂起标志，OSTCBStat的值还不是0。所以如果这时候还是非0，那么任务肯定还是在等待诸如信号量、邮箱、队列等事件的发生，因此仍然不能就绪。

（4）处的ptcb->OSTCBDly是任务控制块中的OSTCBDly域，表示任务延迟的时间。如果OSTCBDly的值不是0，说明任务还在等待时间延时，也不能进入就绪态。

2.6.4　OSTaskResume流程分析

可见，恢复一个被挂起的任务，除了要判断优先级的合法性，还要判断该任务是不是被OSTaskSuspend挂起的任务。除此之外，要恢复被OSTaskSuspend挂起的任务需要的就是清除一位标志，但是是否需要将任务就绪，还需要根据很多条件进行判断。

OSTaskResume的流程如图2.21所示。

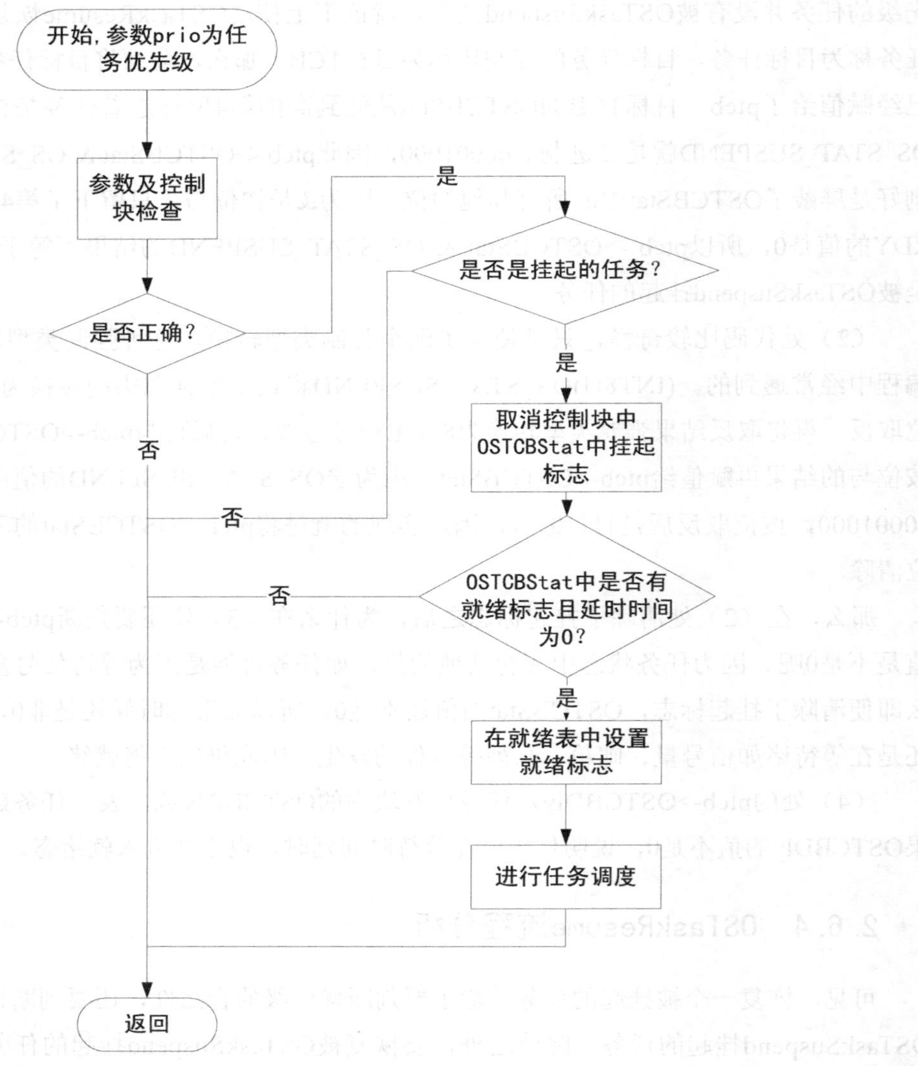

图2.21　OSTaskResume的流程

2.7　任务的调度和多任务的启动

通过前面的学习，读者应该对内核和任务管理的基本内容有了一定的了解，掌握了任务管理的基本数据结构，学习了很多重要的全局变量，也对任务创建、控制块初始化等关键操作系统函数进行了比较细致的学习，并且对堆栈有了比较深入的认识。

现在开始学习任务的调度和多任务的启动部分。

2.7.1　任务调度器

μC/OS-II操作系统是实时操作系统，而且是基于优先级调度的实时操作系统，因此在启动多任务以后，每个时钟中断都要执行任务的调度。至于如何实现时钟中断，对不同的硬件环境是不同的，可以自己编写代码实现或在相关网站下载合适的代码。如果时间片是20ms，那么每20ms执行一次任务调度。这个任务调度的函数就是OSTimeTick。OSTimeTick是与硬件无关的，程序2.27给出了OSTimeTick的基本代码解析。

程序2.27 OSTimeTick基本代码解析

```
void  OSTimeTick (void)
{
OS_TCB    *ptcb;
OSTimeTickHook();                                    /*调用用户钩子函数，默认是空函数*/
OS_ENTER_CRITICAL();                                 /*调度计数器计数加1*/
OSTime++;
OS_EXIT_CRITICAL();
if (OSRunning == OS_TRUE)            /*如果已经启动了多任务*/
{
   ptcb = OSTCBList;                                 /*ptcb指向就绪链表表头 */
   while (ptcb->OSTCBPrio != OS_TASK_IDLE_PRIO) {/*如果该任务非空闲任务*/
    /*就绪链表中的最后一个TCB是空闲任务的*/                                    (1)
   OS_ENTER_CRITICAL();
    if (ptcb->OSTCBDly != 0u) {    /*如果该任务设置了时间延时或事件等待延时*/
        ptcb->OSTCBDly--;                            /*延迟时间减1，因为过了1个时钟嘀答/
        if (ptcb->OSTCBDly == 0u) {   /*检查延迟是否到期了*/
           if  ((ptcb->OSTCBStat&OS_STAT_PEND_ANY)!=OS_STAT_RDY)          (2)
{ /*如果任务有等待任一事件的发生*/
             /*清等待标志，因为等待时间到了，事件没有发生，不再等待*/
           ptcb->OSTCBStat&=(INT8U)~(INT8U)OS_STAT_PEND_ANY;
           ptcb->OSTCBStatPend = OS_STAT_PEND_TO;   /* 指示事件等待因为超时的原因为结束*/
        } else {                /*如果任务没有等待事件的发生，那么只是简单的延时*/
            ptcb->OSTCBStatPend = OS_STAT_PEND_OK;
            /*指示延时时间到了*/
        }

        /*如果任务不是被挂起的*/
        if((ptcb->OSTCBStat & OS_STAT_SUSPEND) == OS_STAT_RDY) {
              OSRdyGrp|= ptcb->OSTCBBitY;
              OSRdyTbl[ptcb->OSTCBY] |= ptcb->OSTCBBitX;
/* 延时时间到了，让任务就绪。如果任务是被挂起的，尽管延时时间到了，也不能就绪，挂起的任务只能用
     OSTaskResume来恢复到就绪状态*/
          }
      }
   }
   ptcb = ptcb->OSTCBNext;                           /*指向下一个TCB*/
   OS_EXIT_CRITICAL();
   }
}
}
```

因为读者还没有学习到事件处理的章节，所以现在完全读懂这段代码稍微有些困难。

需要解释的是第（1）处，从操作系统的初始化函数OSInit来看，我们创建的第一个任务是空闲任务。然后每次创建的新任务都是将该任务的TCB插入到就绪链表的表头，而空闲任务不允许被删除。因此，在就绪链表中，最后一个TCB永远是空闲任务的。所以，while

循环从就绪链表的表头开始，一直到空闲任务为止，遍历了除空闲任务之外的所有任务。

至于（2）处，需要对TCB中的状态标志OSTCBStat更进一步理解，重新将OSTCBStat中的各个位的意义进行描述，如图2.22所示。

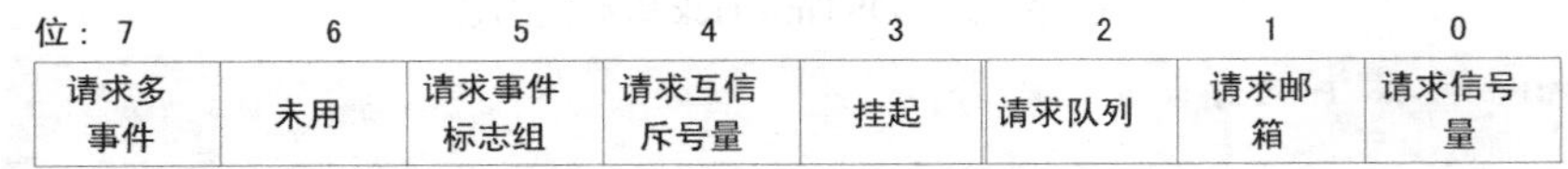

位：7	6	5	4	3	2	1	0
请求多事件	未用	请求事件标志组	请求互信斥号量	挂起	请求队列	请求邮箱	请求信号量

图2.22　OSTCBStat的低8位含义

在这里，看到了我们熟悉的挂起，在从低到高的第4位，如果从0位开始算，是位3。

我们还有如下的宏定义，如程序2.28所示。

程序2.28　关于任务状态的宏定义

```
#define OS_STAT_RDY 0x00u                    /*未等待*/
#define OS_STAT_SEM  0x01u                   /*等待信号量*/
#define OS_STAT_MBOX 0x02u                   /*等待邮箱*/
#define OS_STAT_Q   0x04u                         /*等待队列*/
#define OS_STAT_SUSPEND  0x08u               /*任务挂起*/
#define  OS_STAT_MUTEX 0x10u                 /*等待互斥信号量*/
#define  OS_STAT_FLAG 0x20u                  /*等待事件标志*/
#define  OS_STAT_MULTI    0x80u   /*等待多事件*/
#define  OS_STAT_PEND_ANY (OS_STAT_SEM | OS_STAT_MBOX | OS_STAT_Q | OS_STAT_MUTEX |
   OS_STAT_FLAG)
```

因此程序2.27中（2）处OS_STAT_PEND_ANY是一个宏，这个宏的定义在程序2.28的最后，很明显，只要任务在等待任何一个事件发生，那么OS_STAT_PEND_ANY的值都不会是OS_STAT_RDY。因此（2）处条件判断语句的含义就是，如果任务在等待任何一个事件的发生（信号量、邮箱、队列、互斥信号量、标志），就执行下面的操作，将延迟时间减1，判断是否延迟结束等。

这里需要提前给出的是，任务可能因为等待事件而处于阻塞态，但是阻塞态的任务的控制块仍然在就绪链表中，而并非有一个阻塞链表。任务等待事件发生的时候，可以设定或不设定超时时间。如果设定了超时时间，那么时间到了就算事件仍没有发生，也不再等待了，这样可以避免死等。

因此，结合代码，调度器遍历每个任务，如果任务被设置了时间延时，那么就将延时时间减1。不论是等待事件发生的任务，还是单纯等待一段时间的任务，只要不是被挂起的任务，延时时间到了就要使任务进入就绪态。使任务进入就绪态的方法也就是我们前面的就绪组和就绪表的操作。

总结一下，OSTimeTick在每个时间片开始的时候有规律地被操作系统调用，将对延时的任务修改延时时间，然后设置哪些任务就绪，但是还没有真正进入任务的切换，下面就进入任务的切换。

2.7.2　任务切换函数

就绪的任务进入获得CPU才能运行。任务切换函数就是执行这样的操作系统服务功能：

如果正在运行的任务不是优先级最高的或即将被阻塞，需选择一个优先级最高的就绪的任务运行。该过程中非常重要的一点是，要保留正在运行任务运行的上下文，也就是运行环境，如CPU寄存器的值，以便在任务重新开始运行之前能恢复CPU寄存器的值。当然还要将要运行任务的上下文恢复到CPU寄存器。

因此，任务切换函数是涉及硬件的操作，是和CPU类型密切相关的，因此对不同的系统，实现的代码必然不同。任务切换函数是OS_Sched，在OS_Sched中还要调用与CPU无关的函数OS_SchedNew和与CPU密切相关的代码OS_TASK_SW。OS_Sched与OS_SchedNew写在内核代码os_core.c中，与CPU密切相关的代码OS_TASK_SW则写在os_cpu.c中。

这些都是比较关键和核心的代码，因此这里分小节详细给出，其中，OS_TASK_SW这里给出的移植到Windows平台的虚拟机上的范例，以后在移植部分读者还会见到它。

OS_SchedNew是在2.92版本中新加入的部分，2.52版本并没有该函数。本书只讨论支持64个以内任务的代码部分。

1. OS_SchedNew和OS_Sched的分析

这个函数被其他μC/OS-II系统服务调用，用来确定最高优先级的就绪任务。该函数运行的结果就是给全局变量OSPrioHighRdy赋值。显然，OSPrioHighRdy是最高的优先级任务。

下面给出对代码的分析，如程序2.29所示。

程序2.29　OS_SchedNew代码分析

```
static  void  OS_SchedNew (void)
{
    INT8U   y;
    y = OSUnMapTbl[OSRdyGrp];
    OSPrioHighRdy = (INT8U)((y << 3u) + OSUnMapTbl[OSRdyTbl[y]]);
}
```

代码很简单，找到优先级最高的就绪任务，将该任务的优先级赋值给OSPrioHighRdy。

在OS_Sched代码中，将调用S_SchedNew来找到最高的优先级任务。

下面进入OS_Sched的代码分析，如程序2.30所示。

程序2.30　OS_Sched代码分析

```
void  OS_Sched (void)
{
   OS_ENTER_CRITICAL();
/*只有在所有的中断服务都完成的情况下，才可以进行任务切换。在有中断服务的情况下，OSIntNesting >0，
 因为中断服务程序一进入，就对该值执行加1操作*/
    if (OSIntNesting == 0u) {
        if (OSLockNesting == 0u) {        /*调度器没有上锁，OSLockNesting是调度锁*/
            OS_SchedNew();         /*OSPrioHighRdy的内容是优先级最高的就绪任务的优先级*/
            /*优先级最高的就绪任务的控制块地址，方法是查优先级指针表*/
            OSTCBHighRdy = OSTCBPrioTbl[OSPrioHighRdy];
            /*如果优先级最高的就绪任务不是当前在运行的任务，只有这种情况下才需要任务切换*/
            if(OSPrioHighRdy != OSPrioCur) {
                OSTCBHighRdy->OSTCBCtxSwCtr++;   /*OSTCBCtxSwCtr表示任务被调度的次数*/
                OSCtxSwCtr++;              /*整个操作系统进行任务切换的次数又加了一次*/
```

```
                OS_TASK_SW();                              /*调用OS_TASK_SW进行任务切换*/
            }
        }
    }
    OS_EXIT_CRITICAL();
}
```

可见，OS_Sched首先判断是否可以进行任务切换，如果中断服务程序没有完成，或者是调度器被上了锁，或当前运行的任务正是优先级最高的，那么都不会进行任务切换。当需要进行任务切换时，OS_Sched首先增加将要被换入CPU的任务的被调度次数OSTCBCtxSwCtr，然后是整个操作系统的任务切换的次数OSCtxSwCtr。最后调用OS_TASK_SW完成任务切换。从中可以看出，OS_TASK_SW应该是真正进行任务切换的地方。

2．OS_TASK_SW的分析

一切都准备好了，将进行任务的最终切换，OS_TASK_SW首先将CPU寄存器中的内容压入被换出的任务的堆栈中，然后将被换入的任务的堆栈中的内容弹出到CPU寄存器。这个过程和硬件密切相关，我们以Windows XP虚拟机为例来讲解这一过程。

下面看一下80x86的CPU寄存器，如图2.23所示。

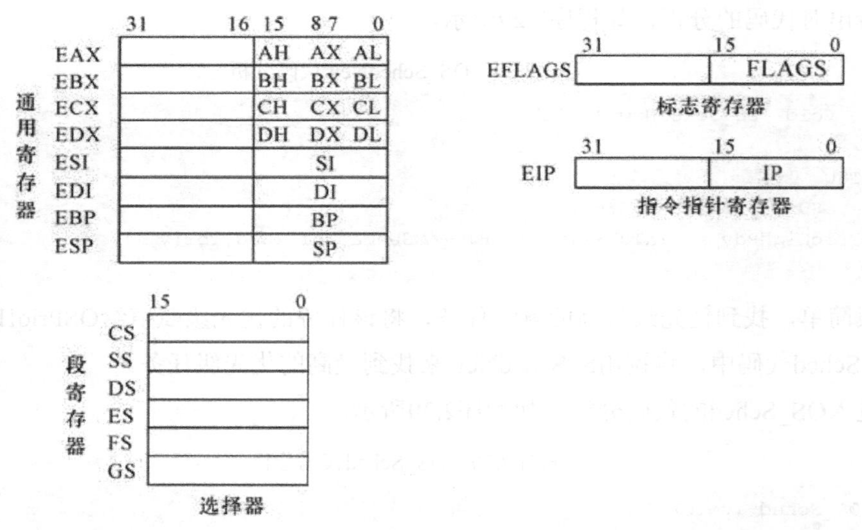

图2.23　80x86寄存器

目前PC的寄存器如图2.23所示，详细描述这些寄存器及其功能不是本书的内容，如果读者不是很清楚，请参考计算机原理方面的书籍。需要知道的是，这些寄存器是任务运行的环境，在任务被换出，再换回继续执行的时候，寄存器的值不能发生变化，否则程序的运行会产生错误的结果，有些结果甚至是灾难性的。

下面就给出OS_TASK_SW的一种实现代码，如程序2.31所示。

程序2.31　OS_TASK_SW代码分析

```
#define OS_TASK_SW() OSCtxSw()
void OSCtxSw (void)
```

```
    {
        _asm{ /*这里嵌入汇编代码，首先将各寄存器的内容保存在堆栈中，这是在为要换出的任务保存运行环境*/
                lea     eax, nextstart;        /*将nextstart 的地址送往EAX寄存器*/
                /*任务切换回来后从地址nextstart开始*/
                push eax        /*将EAX中的nextstart的地址压入堆栈*/
                pushfd          /*标志寄存器的值入栈*/
                /*PUSHAD 依次把EAX ECX EDX EBX ESP EBP ESI EDI等压入栈中，POPAD 把栈中值依次弹到
                EDI ESI EBP ESP EBX EDX ECX EAX等寄存器中*/
                pushad
        /*OSTCBCur指向当前的任务控制块，[OSTCBCur]是当前任务控制块的地址，而任务控制块的第一项
                        内容刚好是任务堆栈的地址，于是现在EBX中保存的是当前任务堆栈的地址*/
                mov ebx, [OSTCBCur]
        /*把堆栈顶的地址保存到当前TCB结构中，目前TCB中的第一项即任务堆栈指向的是新的栈顶的位置*/
                mov [ebx], esp
        }
        /*前面一段汇编代码实现了将要换出的任务的返回地址先压入堆栈，然后将其他寄存器的内容也依次压入堆
栈，最后将堆栈指针的位置保存到该任务的控制块，实现了运行环境的保存，以便在以后该任务重新运行的时候进行恢复*/
        /*这一部分又转为C语言实现*/
        OSTaskSwHook();                         /*钩子函数，默认为空*/
        OSTCBCur = OSTCBHighRdy;        /*将当前的任务块换为已设置好的新任务块——OSTCBHighRdy*/
        OSPrioCur = OSPrioHighRdy; /*将当前的任务优先级块换为已设置好的新任务的优先级OSPrioHighRdy */
        /*这两个重要的全局变量，是在这里才开始变化的*/
        /*下面又用汇编语言，开始恢复要运行的任务的环境，开始运行目标任务*/
        _asm{
                mov ebx, [OSTCBCur]     /*将目标任务堆栈的地址送ebx*/
                mov esp, [ebx]          /*得到目标任务上次保存的esp*/

                popad                   /*恢复所有通用寄存器，与pushad对称*/          (1)
                popfd                   /*恢复标志寄存器*/                            (2)
                ret                     /*跳转到指定任务运行*/                        (3)
        }
    nextstart:                          //任务切换回来的运行地址
                return;
    }
```

可见，OS_TASK_SW() 是OSCtxSw()宏名，是相同的函数的两个名称。这段代码是到目前为止最难的一段，因为μC/OS-II将任务代码的地址保存在堆栈中，这在任务创建一节可以看到。任务的上下文，也就是CPU寄存器的内容也保存在堆栈中的。因此必然涉及压栈和退栈的操作，这些底层的操作用汇编语言来完成。而代码真正转到新任务执行，是在（3）处。

要读懂上面的代码，最好的方法就是举例。

假设现在系统中运行了任务A和任务B。任务A的优先级是4，任务B的优先级为5。系统创建了任务A和任务B，创建之后，任务A由于优先级高，而获得运行，假设任务A调用OsTaskSuspend挂起自己，这时任务B就将被操作系统调度获得运行。这时首先要保存任务A的运行环境，首先将任务A恢复运行的时候继续运行的地址nextstart压入堆栈，然后使用pushfd将标志寄存器压入栈，接着使用pushad将EAX、ECX、EDX、EBX、ESP、EBP、ESI、EDI依次压入堆栈中。经过进栈的操作，堆栈的地址变了，将当前任务堆栈的地址重新写回任务控制块的第一项，如程序2.1所示的任务堆栈指针OSTCBStkPtr。

这样，将任务A的CPU的运行环境保存在自己的堆栈中，并且将重新获得运行后将要

运行的代码的地址nextstart也保存在堆栈中，栈顶的地址也保存在控制块中。假设这时候nextstart的地址是AddressForContunue，压入堆栈的内容如图2.24所示。

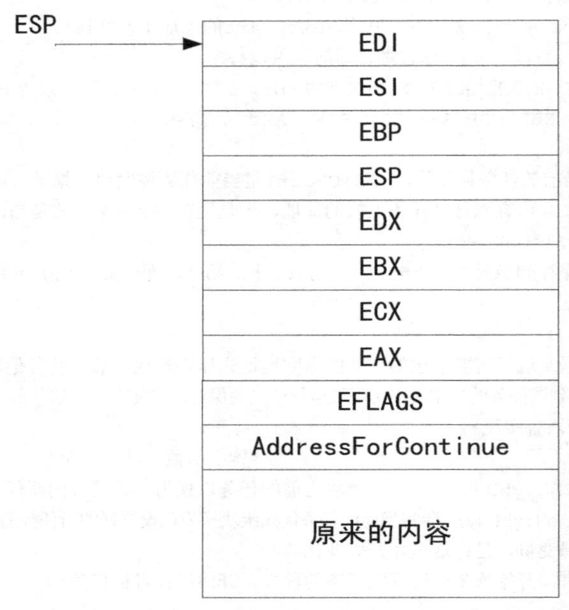

图2.24　保存任务A的CPU环境时压入堆栈的内容

之后，任务B的运行环境被恢复并获得运行。当任务B调用OsTaskResume恢复任务A时，由于任务A的优先级高，将被调度执行。操作系统将再一次执行程序2.32中的代码。但这次是保存B任务的环境后，恢复A任务的环境，程序切换到A任务继续执行。恢复A任务的执行，在程序2.32后半段的CPU寄存器恢复和重新运行的代码。注意，这次调用OS_TASK_SW，nextstart处的地址是B任务继续执行的地址，不是AddressForContinue了。

恢复过程即从控制块中取出任务A堆栈的地址，把它赋值给ESP寄存器。这时ESP寄存器的内容就恢复为如图2.24所示ESP寄存器的内容，指向的就是上次保存的EDI寄存器的堆栈存储单元。

然后程序2.31中的（1）与（2）两条语句将寄存器的内容恢复到CPU寄存器，这时ESP应该指向在压栈时最开始压入的任务代码地址AddressForContinue，那么（3）处的ret语句执行的是什么样的操作呢？

因为不能给指令指针寄存器PC直接赋值，所以要转到AddressForContinue处运行，必须采取点非常的手段才行，这就是ret了。

ret指令是将eip赋值为此时esp指向堆栈中的数据，并且将esp++。

所以，ret之后实际上将AddressForContinue从堆栈中弹出给eip，当然程序就从AddressForContinue处继续执行了。

回想一下，我们创建任务时，程序2.19中堆栈初始化函数OSTaskStkInit所初始化的堆栈，和这里的顺序完全相同。

那么，多任务是如何开始启动的呢？下一节进入多任务的启动。

2.7.3　中断中的任务调度

μC/OS-II作为实时多任务操作系统，在每个时钟滴答进入时钟中断服务程序，如果有比目前运行的任务更高优先级的任务就绪，在需要的时候进行一次任务调度。这个任务调度函数并不是前面的OS_Sched，而是OSIntExit。

在时钟中断的时候，紧接着OSTimeTick，操作系统调用OSIntExit实现任务的切换，如程序2.32所示。

程序2.32　时钟中断中的任务切换函数OSIntExit

```
void  OSIntExit (void)
{
    if (OSRunning == OS_TRUE) {                                /*只有在多任务已经启动后才调度*/
     OS_ENTER_CRITICAL();
    /*防止中断嵌套。在进入中断的时候，需要将OSIntNesting 的值加1，在离开中断的时候，对该值减1*/
        if (OSIntNesting > 0u) { \
            OSIntNesting--;
        }
        if (OSIntNesting == 0u) {
            if (OSLockNesting == 0u) {                         /*调度器未加锁*/
                OS_SchedNew();/*OSPrioHighRdy的内容是优先级最高的就绪任务的优先级*/
                OSTCBHighRdy = OSTCBPrioTbl[OSPrioHighRdy];
            /*只有当最高优先级的就绪任务不是当前运行的任务时才需要进行调度，否则中断结束后应继续
                        运行原来的任务*/
                if (OSPrioHighRdy != OSPrioCur) {
                    OSTCBHighRdy->OSTCBCtxSwCtr++;             /*任务被调度次数加1*/
                    OSCtxSwCtr++;                    /*操作系统任务调度次数加1*/
                    OSIntCtxSw();                    /* OSIntCtxSw执行中断中任务的调度 */
                }
            }
        }
        OS_EXIT_CRITICAL();
    }
}
```

可见，OSIntCtxSw()才是真正在中断程序中进行实际的任务切换的地方，OSIntExit与OSSched类似，进行了全局变量的配置，决定是否进行任务切换。那么OSIntCtxSw很明显也将在os_cpu.c中实现，原因就是也要进行与CPU密切相关的操作，下面将进入OSIntCtxSw，如程序2.33所示。

程序2.33　中断中任务切换函数OSIntCtxSw

```
void OSIntCtxSw(void)
{
   OS_STK *sp;                               /*定义sp为指向任务堆栈类型的地址*/
   OSTaskSwHook();                           /*默认为空的钩子函数*/
   /*在Windows虚拟平台的时钟中断中，原来任务的堆栈地址通过Context 获得，将在后续章节给出*/
   sp = (OS_STK *)Context.Esp;
   /*下面在堆栈中保存相应寄存器，注意堆栈的增长方向*/
   *--sp = Context.Eip;
   *--sp = Context.EFlags;
```

```
    *--sp = Context.Eax;
    *--sp = Context.Ecx;
    *--sp = Context.Edx;
    *--sp = Context.Ebx;
    *--sp = Context.Esp;
    *--sp = Context.Ebp;
    *--sp = Context.Esi;
    *--sp = Context.Edi;
    /*因为前面的压栈操作，任务块中的堆栈地址变化了，需要重新赋值*/
    OSTCBCur->OSTCBStkPtr = (OS_STK *)sp;

    OSTCBCur = OSTCBHighRdy;                        /*得到当前就绪最高优先级任务的TCB*/
    OSPrioCur = OSPrioHighRdy;                      /*得到当前就绪任务最高优先级数*/
    sp = OSTCBHighRdy->OSTCBStkPtr;                 /*得到被执行的任务的堆栈指针*/
    /*以下恢复所有CPU寄存器*/
    Context.Edi = *sp++;
    Context.Esi = *sp++;
    Context.Ebp = *sp++;
    Context.Esp = *sp++;
    Context.Ebx = *sp++;
    Context.Edx = *sp++;
    Context.Ecx = *sp++;
    Context.Eax = *sp++;
    Context.EFlags = *sp++;
    Context.Eip = *sp++;

    Context.Esp = (unsigned long)sp;                /*得到正确的esp*/
    SetThreadContext(mainhandle, &Context);         /*保存主线程上下文，进行了任务切换*/
}
```

可见，在中断处理过程中的任务切换和普通的任务切换是不相同的。SetThreadContext这个系统调用是Windows系统调用，是基于虚拟的Windows平台下运行μC/OS-II进行移植采用的技术手段，在移植部分将详细解析，这里暂不赘述。

2.7.4 多任务的启动

多任务启动的代码是内核中的OSStart函数，在运行OSStart之前，必须已经执行了操作系统初始化函数OSInit，并且至少创建了1个以上的任务。现在对OSStart的代码进行解析，如程序2.34所示。

程序2.34 操作系统启动函数OSStart代码分析

```
void  OSStart (void)
{
    if (OSRunning == OS_FALSE) {  /*如果操作系统多任务还没有启动*/
        OS_SchedNew();
/*OSPrioHighRdy的内容是优先级最高的就绪任务的优先级*/
        OSPrioCur = OSPrioHighRdy;
        OSTCBHighRdy = OSTCBPrioTbl[OSPrioHighRdy];
        /*找到对应的任务控制块*/
        OSTCBCur = OSTCBHighRdy;
```

```
        OSStartHighRdy();                          /*执行高优先级任务的代码 */
    }
}
```

可见，OSStart先找到优先级最高的就绪任务，然后对OSPrioCur赋值为该任务的优先级，将OSTCBHighRdy及OSTCBCur赋值为该任务的TCB地址，之后就调用OSStartHighRdy来启动多任务。因此，核心的代码还在OSStartHighRdy。OSStartHighRdy启动多任务又是和硬件有关的，因此该代码在os_cpu.c中，对于不同的硬件平台，该代码必然不同。在虚拟的Windows平台下，该代码的解析如程序2.35所示。

程序2.35 启动高优先级任务函数OSStartHighRdy代码分析

```
void OSStartHighRdy(void)
{
    OSTaskSwHook();                     /*这是一个钩子函数，默认为空函数*/
    OSRunning = TRUE;                   /*该全局变量为真，表示启动了多任务*/
    /*那么下面的代码无论如何要启动多任务*/
    /*以下代码是嵌入式汇编代码*/
    _asm{
    mov ebx, [OSTCBCur]/*OSTCBCur结构的第一个参数就是任务堆栈地址，将任务堆栈地址给ebx*/
            mov esp, [ebx] /*esp指向该任务的堆栈了*/
            popad                       /*恢复所有通用寄存器，共8个，前面已经介绍过*/
            popfd                       /*恢复标志寄存器*/
            ret                         /*在堆栈中取出该任务的地址并开始运行这个任务*/
    }
}
```

通过前面的学习，理解这里的代码应该不再困难。在代码2.35的嵌入式汇编部分，首先将存储在任务控制块的第一项的任务堆栈栈顶取出来并赋值给堆栈寄存器esp，然后从堆栈中弹出通用寄存器和标志寄存器，当ret语句执行时会继续弹出任务的地址并运行该任务。而任务的地址在创建任务时的堆栈初始化函数中已经准备好。因此，启动高优先级任务函数OSStartHighRdy所做的工作是先将OSRunning设置为真，表示进入多任务，然后找到任务的堆栈，恢复堆栈中保存的任务运行的CPU环境（任务上下文），最后执行任务代码。

2.8 特殊任务

μC/OS-II的特殊任务包括空闲任务和统计任务，又称操作系统的系统任务。虽然统计任务不是必需的，但却是默认的系统任务。这两个任务在操作系统初始化时被创建，在多任务启动后被执行。那么，这两个任务都具有什么功能，又使用了哪些重要的数据结构呢？

2.8.1 空闲任务OS_TaskIdle

空闲任务是μC/OS-II 的系统任务，因为它占据了最低优先级63，所以只有在其他的任务都因为等待事件的发生而被阻塞的时候才能得到运行。

空闲任务的代码在os_core.c内核中，代码分析如程序2.36所示。

程序2.36 空闲任务OS_TaskIdle代码分析

```
void  OS_TaskIdle (void *p_arg)
{
    p_arg = p_arg;                         /*如果不使用参数，编译器会警告，所以加此语句 */
    for (;;) {                             /*空闲任务就是一个死循环，不会结束*/
        OS_ENTER_CRITICAL();               /*要访问全局变量空闲计数器OSIdleCtr*/
        OSIdleCtr++;                       /*空闲计数器每个循环加1*/
        OS_EXIT_CRITICAL();                /*打开中断以允许硬件中断*/
        OSTaskIdleHook();                  /*用户代码可以放在该钩子函数中，如设置节能模式等*/
    }
}
```

由空闲任务的代码可知，空闲任务除了不停地将空闲计数器OSIdleCtr的值加1之外，几乎什么都没有做。当没有任何其他任务能够运行的时候，操作系统就会执行这段代码。而OSTaskIdleHook默认情况下也只是一个空函数，如没有特殊需要我们不需要去填写它，该函数的另个一作用就是占据一点时间，给系统足够的时间响应中断。接下来我们来研究一下优先级仅仅高于空闲任务的另一重要系统任务——统计任务。

2.8.2 统计任务OS_TaskStat

统计任务OS_TaskStat是μC/OS-II的另一个重要的系统任务，我们可以通过宏设置取消统计任务，但一般情况下不这么做，因为统计任务执行的统计工作是比较重要的。统计任务的主要功能是计算CPU的利用率。如果没有统计任务，就不知道多任务环境下系统的运行情况是否良好。

CPU的利用率使用全局变量OSCPUUsage表示，这里涉及的几个全局变量如程序2.37所示。

程序2.37 统计任务OS_TaskStat涉及的全局变量

```
INT8U   OSCPUUsage;                  /*CPU利用率*/
INT32U  OSIdleCtrMax;                /*每一秒空闲计数的最大值*/
INT32U  OSIdleCtrRun;                /*一秒空闲计数的值*/
BOOLEAN OSStatRdy;                   /* 标志，指示统计任务准备好或没准备好*/
OS_STK  OSTaskStatStk[128];          /* 统计任务的堆栈 128*4字节*/
```

分析一下统计任务的代码。首先是统计任务的初始化，该初始化任务的主要目的是获得系统空闲计数的最大值，代码如程序2.38所示。

程序2.38 获得系统空闲计算的最大值

```
void  OSStatInit (void)
{
    OSTimeDly(2u);                               /*延时两个时钟周期，目的是与时钟同步*/
    OS_ENTER_CRITICAL();
    OSIdleCtr    = 0uL;                          /*清空闲计数器*/
    OS_EXIT_CRITICAL();
    OSTimeDly(OS_TICKS_PER_SEC/10u);             /*延时100ms*/
    OS_ENTER_CRITICAL();
    OSIdleCtrMax = OSIdleCtr;                    /*存储最大的空闲计数值*/
```

```
    OSStatRdy    = OS_TRUE;                          /*统计任务准备好了*/
    OS_EXIT_CRITICAL();
}
```

该统计任务初始化函数在用户任务中被调用，这个函数在移植过程中命名为TaskStart，TaskStart的优先级设置为0，在移植部分可以看到。这时系统没有运行其他的任务。统计任务初始化函数首先将自己阻塞两个时钟周期，在系统时钟中断两次后，由调度器进行任务调度而恢复运行，目的是与时钟同步。

接着，统计任务初始化函数清空空闲计数器OSIdleCtr，访问全局变量OSIdleCtr必须关中断，访问完成后再开中断。接下来调用OSTimeDly(OS_TICKS_PER_SEC/10u)又把自己阻塞100ms，100ms后才恢复运行。在这100ms之内，运行的任务只有空闲任务。空闲任务会拼命将空闲计数器OSIdleCtr的值往上加，加到多大就要看CPU的速度。延时结束后，用OSIdleCtrMax接纳OSIdleCtr的值，因此OSIdleCtrMax表示空闲状态100msOSIdleCtr的计数值，称为空闲计数最大值。那么，在系统运行了其他用户任务的情况下，每100msOSIdleCtr的计数值肯定小于这个数值的。获得了这个数值，统计任务就有了统计的基础了，因此统计任务就准备好了，可以设置OSStatRdy的值为真。

接下来可以研究统计任务OS_TaskStat的代码了，如程序2.39所示。

程序2.39　统计任务OS_TaskStat代码分析

```
void  OS_TaskStat (void *p_arg)
{
    p_arg = p_arg;   /*防止编译器会警告*/
    while (OSStatRdy == OS_FALSE) {                                    (1)
      /*OSTimeDly是任务延时函数，OS_TICKS_PER_SEC是每秒时钟中断发生的次数，该语句将进行0.2s
              的延时，也就是0.2s后操作系统才会回到本段代码执行，而将CPU让给其他任务运行*/
        OSTimeDly(2u * OS_TICKS_PER_SEC / 10u);
    } /*等待统计任务准备好*/
    OSIdleCtrMax /= 100uL; /*OSIdleCtrMax= OSIdleCtrMax/100，取商，余数忽略*/
    if (OSIdleCtrMax == 0uL) {
        OSCPUUsage = 0u;
        (void)OSTaskSuspend(OS_PRIO_SELF);          /*挂起自己*/
    }
    for (;;) {                                                          (2)
        OS_ENTER_CRITICAL();
        OSIdleCtrRun = OSIdleCtr;                   /*取得过去100ms的空闲计数 */
        OSIdleCtr    = 0uL;                         /*清空闲计数*/
        OS_EXIT_CRITICAL();
        OSCPUUsage   = (INT8U)(100uL - OSIdleCtrRun/OSIdleCtrMax);      (3)
        OSTaskStatHook( );                          /*钩子函数，默认为空*/
        OS_TaskStatStkChk();                        /*堆栈检查，这里先忽略*/
        OSTimeDly(OS_TICKS_PER_SEC/10u);            /*为下一个100ms累计OSIdleCtr而延时*/
    }
}
```

统计任务优先级仅仅比空闲任务高，空闲任务的优先级是63，统计任务的优先级是62，这个数值越低优先级越高。因此，统计任务优先于空闲任务运行。在操作系统初始化过程中，初始化OSStatRdy为假，并创建了统计任务和空闲任务。初始化后又创建一个名为

TaskStart的优先级为0的任务。在多任务启动后，如果没有其他的就绪任务，那么首先要运行TaskStart，TaskStart中运行OSStatInit。在OSStatInit没有结束前，由于OSStatRdy的值一直是假，所以（1）处的循环不能结束，统计任务OS_TaskStat就把自己延时，等待，把CPU留给空闲任务用于做空闲计数。

OSStatInit结束时，100ms过后，OSStatRdy为真，统计任务OS_TaskStat 经过200ms的延时时间后被唤醒，发现OSStatRdy为真就离开循环，为方便以后的计算，将空闲计数的最大值OSIdleCtrMax除以100，商仍放在OSIdleCtrMax中。如果这时OSIdleCtrMax的值是0，说明空闲计数的值太少了（不到100），系统状况很差，统计任务干脆将自己挂起来不再进行统计。

如果一切正常，那么统计任务进入（2）处的死循环进行统计工作。首先将100ms内空闲计数值OSIdleCtr存到OSIdleCtrRun中，然后将OSIdleCtr清0以初始化下一个100ms的计数，然后进行CPU利用率的计算，在（3）处。

写成公式为：

```
OSCPUUsage = 100uL-OSIdleCtrRun / OSIdleCtrMax                    2-1
```

即利用率等于100减去OSIdleCtrRun / OSIdleCtrMax的商，因为OSIdleCtrMax的值是在前面除过100的，因此还原为：

```
OSCPUUsage = 100*(1-OSIdleCtrRun / OSIdleCtrMax)                  2-2
```

OSIdleCtrRun是100ms内空闲任务对OSIdleCtr的计数值，OSIdleCtrMax是系统空闲的时候最大的计数值。OSIdleCtrRun / OSIdleCtrMax就是系统的空闲度了，当系统完全空闲的时候这个值就是1，而当系统繁忙的时候空闲任务可能得不到运行，这个值就是0。OSCPUUsage反映了系统的繁忙程度，也就是CPU的利用率。

那么，在程序中为什么不能直接用式2-2而要用式2-1呢？这是因为式2-2计算不出正确的结果。这里都是整数，OSIdleCtrRun / OSIdleCtrMax的值要么是1要么是0。

接下来再延迟100ms来让空闲任务统计下一个100ms的计数值，循环继续进行下一次的统计。

2.9 任务管理总结

到这里为止，本章已讲述了任务管理的核心内容，首先是数据结构，包括任务控制块、空闲链表和就绪链表、任务优先级指针表、任务堆栈、任务就绪表和就绪组，以及其他的全局变量。这些数据结构是在做操作系统移植及使用中必须要掌握的，也是读懂操作系统代码的基础。

接下来就是任务控制块的初始化。任务控制块包含了任务的相关信息，在创建任务时，分配一个任务控制块，对其进行初始化工作。学习任务控制块的初始化函数，还可以更深入地了解任务控制块。在这里还涉及了就绪表和就绪组，以及对空闲链表和就绪链表的操作。

之后是操作系统的初始化。操作系统的初始化过程中，接触到了很多重要的全局变量，巩固了对前面的各种重要数据结构的掌握。注意在初始化的过程中是如何对这种数据结构进行初始化的，以及创建了哪些任务。对初始化的流程要能够掌握。

在任务创建部分，首先对第1章中任务的各种状态和转换关系做了一个复习，尤其是其中关于任务堆栈的操作部分的初始化函数OSTaskStkInit，这是重点也是难点，是本书中第一次详细的操作堆栈。对于后续的内容能否掌握意义重大。

任务的删除、挂起和恢复是将任务从就绪到睡眠、从就绪到阻塞和从阻塞到就绪态所进行的常规操作，也是操作系统内核中核心的系统调用。在学习它们的同时，更加巩固对于前面内容的掌握。

任务的调度和多任务的启动是比较困难的地方，尤其其中对于堆栈的操作很多都是嵌入的汇编语句。从中我们也可以看到堆栈对于操作系统的重要性。这一部分的讲解较为详细，针对的系统是80x86在Windows XP平台下的虚拟机器。对于任务切换部分的代码需耐心掌握，需要的汇编语言知识并不太多，而且代码量也很小。

最后是操作系统两个内部系统任务——空闲任务和统计任务，这两个任务都是循环形式的任务。空闲任务的代码很简单，统计任务的学习最重要的不是掌握计算CPU利用率的方法，而是看它如何与空闲任务和其他任务同步。多任务操作系统间各个任务的同步、协调工作是非常重要的。

至于操作系统的主程序，根据目标硬件的不同将有不同的设计。在移植部分将给出基于PC的虚拟Windows平台代码示例和在基于ARM Cortex M3内核的STM32系统硬件环境下的移植及程序实例。

习题

1. 任务控制块是一个什么样的数据结构？请用C语言定义一个任务控制块数组，并对其进行初始化。

2. 论述任务控制块初始化过程中构建任务控制块空闲链表的过程。

3. 就绪表和就绪组的用途是什么？论述它们之间的关系。

4. 编写代码实现将优先级为13、23、33的任务就绪，然后取消优先级为25的任务的就绪标志。

5. 使用C语言创建一个任务堆栈，将这个堆栈赋值给一个任务控制块。

6. 论述任务堆栈的增长方向对入栈出栈操作的影响。

7. 解析任务调度的过程。

8. 任务创建函数OSTaskCreate和OSTaskCreateEXT有哪些区别？

9. 任务是如何挂起和恢复的？

10. 为什么要请求删除任务而不直接删除？请求删除任务函数有哪些功能？流程是什么？

11. 论述统计任务是如何进行CPU利用率统计的。

第3章 中断和时间管理

3.1 中断管理

从第1章的中断部分可以看到中断处理的大概情况。μC/OS-II是实时多任务操作系统，系统的实时性主要体现在对中断的响应上，要求能够尽可能快地响应中断，进入中断程序处理中断请求。μC/OS-II要求中断服务程序运行的时间不能过长，长时间的运行中断服务程序会使系统中其他的任务得不到运行，或使系统不能处理新的中断。因此在中断服务程序的设计上，必须做到短小精悍，而把复杂的处理过程通过消息等机制交给用户任务来做。而从中断的发生到离开中断到用户任务中进行数据处理是有延迟时间的，使用μC/OS后可以将这个延迟时间做到微秒级！

μC/OS-II中并没有单独的C语言文件来做中断的处理。因为对不同的硬件系统，中断服务程序的编写是完全不同的，操作系统中提供的中断管理函数还是在内核os_core.c中，如进入中断后调用的函数OSIntEnter和离开中断服务程序时调用的函数OSIntExit。对中断服务程序的编写必须根据μC/OS-II的思路来实现，当在中断服务程序中可能进行任务切换的时候，需使用成对出现的OSIntEnter和OSIntExit。

事实上，任务的调度也大多依靠中断。我们知道，如果创建任务或调用OSTaskDelete（OSPrioSelf）删除自己，或调用OSTaskSuspend(OSPrioSelf)阻塞自己，这时候这些函数会执行一次任务切换，但更多的任务切换是发生在中断中。例如，操作系统时钟滴答服务OSTimeTick在每个时钟滴答都发生，该中断服务程序在发现了有更高优先级的就绪任务时就会进行任务调度。当另外一些中断如定时器中断、外中断、串口中断等发生的时候，只要中断是打开的，而且正在运行的任务并没有关中断，就会响应中断，如果对应的中断服务程序中执行了提交信号量或消息之类的代码，就会使一些等待信号量或消息的任务就绪，如果这些任务的优先级又比当前任务的优先级高，这时当离开中断的时候任务切换就会发生。因此，遵循μC/OS-II的中断管理思路，设计好的中断服务程序是使用好μC/OS-II的关键之一。

本节给出涉及中断管理的主要内容，由于中断和硬件密切相关，对于中断的设计将在移植部分给出。

3.1.1 中断管理核心思路

如果正在运行的任务没有关闭中断，在中断到来时，操作系统将会响应中断，进入中断服务程序。这时任务的运行环境还没有保存，因此需要将任务的运行环境保存。这时由于中断的到来任务进入挂起态，如图3.1所示。

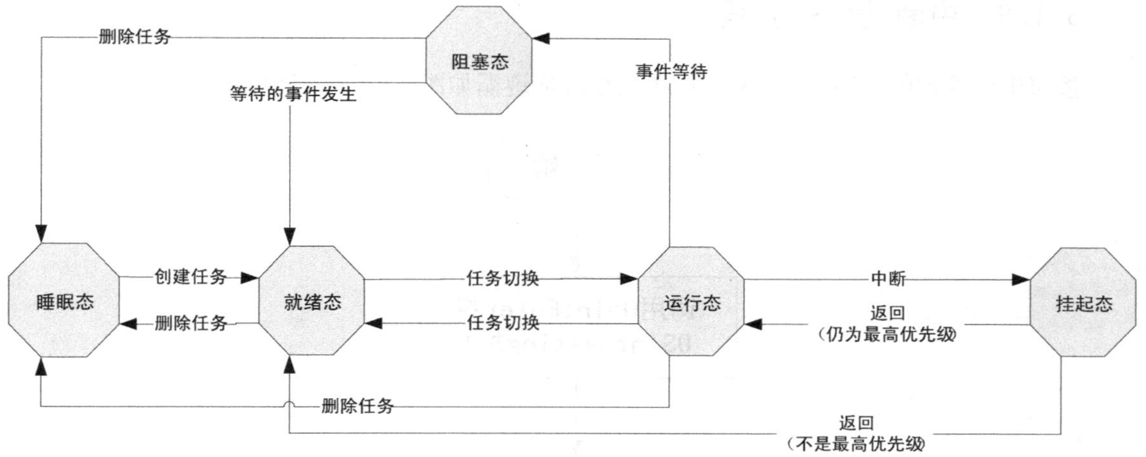

图3.1　任务的状态转化（中断）

进入中断服务程序，首先将当前正在运行的任务的CPU环境保存。接着将中断使用的一个重要的全局变量OSIntNesting加1，表示中断嵌套深了一层。实现此功能的就是OSIntEnter函数，该函数实现且只实现这一功能，如程序3.1所示。

程序3.1　OSIntEnter函数

```
void  OSIntEnter (void)
{
    if (OSRunning == OS_TRUE) {
        if (OSIntNesting < 255u) {
            OSIntNesting++;        /*增加中断服务程序ISR嵌套层数*/
        }
    }
}
```

由OSIntEnter代码可知，中断的嵌套层数要求小于255。在操作系统初始化过程中，OSIntNesting被初始化为0。如果原来没有中断服务程序在运行，显然OSIntNesting的值仍然是0，在这里由于进入中断服务程序，所以应加1。否则，将暂停正在运行的其他中断服务程序，而运行本中断服务程序，即发生中断嵌套。如果中断服务程序不希望被打断，执行关中断即可。所以，操作系统是允许中断嵌套的，使不使用是另外一回事。

中断服务程序应该处理硬件的紧急操作，对于处理数据等操作，可以交给任务来完成。中断服务程序和任务之间可以共享数据结构，中断服务程序可以向任务发消息等。总之，中断服务程序的运行时间不宜过长。

中断服务完成后，应调用与OSIntEnter相匹配的OSIntExit来进行最后的处理。OSIntExit函数是用来通知μC/OS-II已经结束了中断的操作。关于OSIntExit的代码在第2章已经进行了详细的分析。总之，它将OSIntNesting的值减1，并找到优先级最高的那个任务来运行，而并非是原来被挂起的那个任务。

OSIntEnter和OSIntExit是成对出现在os_core.c中的系统函数，用户的中断服务程序中应调用它们，按中断管理的思路来进行，才不会产生系统错误。

3.1.2　中断处理的流程

按照中断管理的思路，μC/OS-II中中断处理应遵循如图3.2所示的流程。

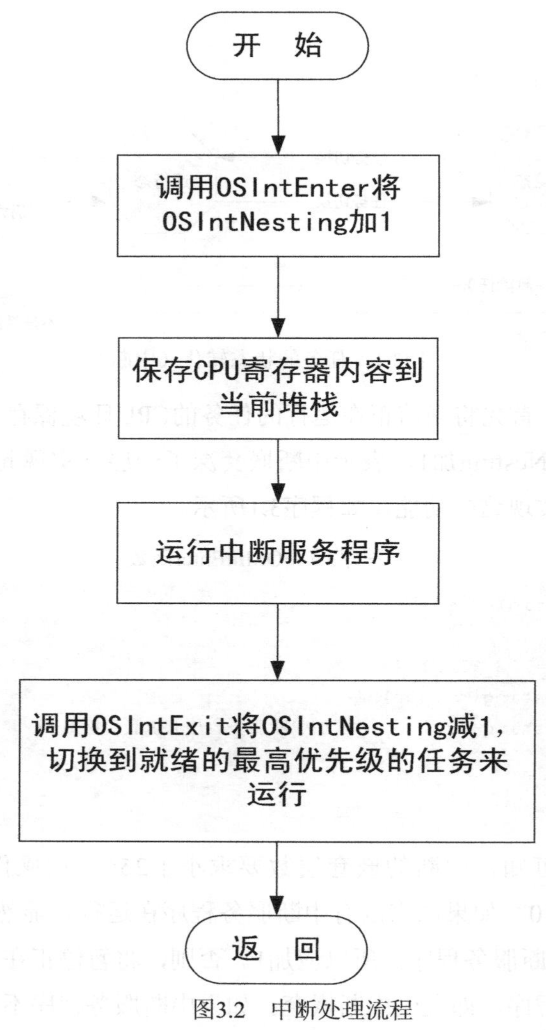

图3.2　中断处理流程

3.1.3　时钟中断服务

μC/OS-II在每个时间片都要进行任务的调度，调度的结果可能是返回原来的任务继续执行，或者是因为找到了就绪的更高优先级的任务，而让该任务运行。这个时间片可以是10ms或其他值。如果时间太长，高优先级的就绪任务可能等待时间过长，如果时间太短，花费在操作系统调度上的时间就显得过长，系统的吞吐量就变小。

时钟中断服务是依赖于中断的，如果是单片机系统，那么就设置为定时器中断。用定时器中断的服务程序来完成该功能是恰当的。对于Windows平台下的虚拟系统，可以采用定时器触发来虚拟中断。这里的实现是基于Windows平台下的虚拟系统，有助于更快地学习掌握。

在Visual C++下，采用如下函数来虚拟中断的发生：

timeSetEvent(1000/OS_TICKS_PER_SEC,0,OSTickISRuser, TIME_PERIODIC)

宏OS_TICKS_PER_SEC是每秒中断的次数，这里是100，于是系统每10ms执行一次OSTickISRuser，这样，OSTickISRuser就是中断服务程序的入口地址。时钟中断服务OSTickISRuser代码分析如程序3.2所示。

程序3.2　时钟中断服务OSTickISRuser代码分析

```
void __stdcall OSTickISRuser()
{
OSTime++;
if(!FlagEn)
        return;         /*当前中断被屏蔽则返回，进入临界区前将FlagEn设置为假*/
    /*终止主线程的运行，模拟中断产生，mainhandle是主线程句柄，在移植部分讨论*/
    SuspendThread(mainhandle);
    /*得到主线程上下文，为被中断的任务的CPU环境入栈做准备*/
    GetThreadContext(mainhandle, &Context);
    OSIntEnter();           /* OSIntNesting值加1*/
    /*保存当前堆栈地址到被中断了的任务的任务控制块*/
    OSTCBCur->OSTCBStkPtr = (OS_STK *)Context.Esp;
    OSTimeTick();           /*找到就绪的最高优先级的任务*/
    /*OSIntNesting值减1，如果有就绪的更高优先级的任务，将刚才在Context保存的任务环境入栈，恢
        复优先级最高的就绪任务的运行环境，切换到该任务运行*/
    OSIntExit();
    ResumeThread(mainhandle);       /*模拟中断返回，主线程得以继续执行*/

}
```

因为在第2章的任务调度部分，我们已经比较详细地分析了OSTimeTick和OSIntExit的代码功能，这里不再赘述。可以看到，这个流程和如图3.2所示的流程有细微的差别。主要是在运行中断服务程序之后才保存了原来任务的运行环境进堆栈，但是在运行中断服务程序之前先将其保存在了Context之中，运行完中断服务程序后再从Context保存到堆栈，这样做和前面的流程是没有差别的。

关于中断的内容，在操作系统移植部分还会进行更深入的讨论。下一节是关于操作系统的时间管理部分。

3.2　时间管理

时间管理的内容在代码os_time.c中，包含操作系统时间的设置及获取、对任务的延时、任务按分秒延时、取消任务的延时共5个系统调用。时间管理的最主要功能就是对任务进行延时。

3.2.1　时间管理主要数据结构

时间管理中最重要的数据结构就是全局变量OSTime，OSTime的值就是操作系统的时

间，它的定义在μC/OS-II的头文件ucos_ii.h 中，代码如下：

```
volatile  INT32U  OSTime;
```

这里首先要知道关键字volatile的含义。volatile总是与优化有关，编译器有一种技术叫做数据流分析，分析程序中的变量在哪里赋值、在哪里使用、在哪里失效，分析结果可以用于常量合并、常量传播等优化。而关键字volatile却是禁止做这些优化的。因为OSTime的值是易变的，加了关键字volatile后，不会被编译器优化，每次取值都会直接在内存中对该变量的地址取值，从而保证不会因为编译器优化而产生错误的结果。

OSTime在操作系统初始化时被设置为0。

时间管理中使用的另一个重要的数据结构就是任务控制块，任务控制块有一项是OSTCBDly，标志这任务延迟的时间。这个时间是以两次时钟中断间隔的时间为单位的。因为时钟中断的设置是与硬件密切相关的，所以将该问题留到操作系统的移植部分处理。

另外，对任务的延时实际上阻塞了任务，因此要对就绪表和就绪组等数据结构进行相关的操作。

3.2.2 时间的获取和设置

时间的设置和获取都是关于OSTime的赋值，代码比较简单，如程序3.3所示。

程序3.3 时间的设置和获取函数

```
INT32U  OSTimeGet (void)
{
    INT32U ticks;
    OS_ENTER_CRITICAL();
    ticks = OSTime;
    OS_EXIT_CRITICAL();
    return (ticks);
}
void  OSTimeSet (INT32U ticks)
{
    OS_ENTER_CRITICAL();
    OSTime = ticks;
    OS_EXIT_CRITICAL();
}
```

时间获取函数OSTimeGet简单地返回OSTime的值，需要注意的是，对OSTime的操作一定要使用临界区。时间设置函数将参数ticks的值赋值给了OSTime，这两个函数并不常用。

3.2.3 任务延时函数OSTimeDly

任务延时函数OSTimeDly用于阻塞任务一定时间，这个时间以参数的形式给出。如果这个参数的值是N，那么在N个时间片（时钟滴答）之后，任务才能回到就绪态获得继续运行的机会。如果参数的值是0，就不会阻塞任务。任务延时函数OSTimeDly的代码分析如程序3.4所示。

程序3.4 任务延时函数OSTimeDly代码分析

```
void  OSTimeDly (INT32U ticks)
{
    INT8U       y;
    if (OSIntNesting > 0u) {        /*中断服务程序不能延时*/
        return;
    }
    if (OSLockNesting > 0u) {       /*如果调度器被上锁不能延时，因为延时后就要进行调度*/
        return;
    }
    if (ticks > 0u) {               /*如果延时时间大于0才会进行延时*/
        OS_ENTER_CRITICAL();
        /*在就绪表和就绪组中取消当前任务的就绪标志*/
        y=OSTCBCur->OSTCBY;
OSRdyTbl[y] &= (OS_PRIO)~OSTCBCur->OSTCBBitX;
        if (OSRdyTbl[y] == 0u) {
            OSRdyGrp &= (OS_PRIO)~OSTCBCur->OSTCBBitY;
        }
        /*给任务块的OSTCBDly项赋值延时时间*/
    OSTCBCur->OSTCBDly = ticks;    /* 向任务控制块TCB装载延时时间 */
    OS_EXIT_CRITICAL();
        OS_Sched();/* 进行一次任务调度*/
    }
}
```

本段代码层次清晰且比较简单。OSLockNesting是调度锁，也就是说，如果OSLockNesting>0，那么不允许进行任务调度。因为任务延时的时候要中止当前任务的执行，所以要进行调度，因此在调度锁有效的情况下是不能执行任务延时的。如果延时时间大于0，那么就要进行一次任务调度，将当前的任务的就绪标志取消，也就是对就绪表和就绪组的相关操作。之后将延时时间给任务块的OSTCBDly项以对延时进行计数。操作系统在每个时钟中断都要对每个OSTCBDly大于0的任务块的OSTCBDly进行减1操作和进行调度，那么当任务的延迟时间到了的时候（OSTCBDly为0）就可以恢复到就绪态。

需要注意的是，如果将任务延时1个时间片，调用OSTimeDly(1)，会不会产生正确的结果呢？回答是否定的。这是因为任务在调用时间延时函数的时候可能已经马上就要发生时钟中断了，那么设置OSTCBDly的值为1，想延时10ms，然后系统切换到一个新的任务运行。在可能极短的时间，如0.5ms的时间后就进入时钟中断服务程序，立刻将OSTCBDly的值减到0了。调度器在调度的时候就会恢复这个才延时了0.5ms的任务执行。可见，OSTimeDly的误差最大应该就是1个时间片的长度，OSTCBDly(1)不会刚好延时10ms，如果真的需要延时1个时间片，最好调用OSTCBDly(2)。

任务延时函数OSTimeDly的流程如图3.3所示。

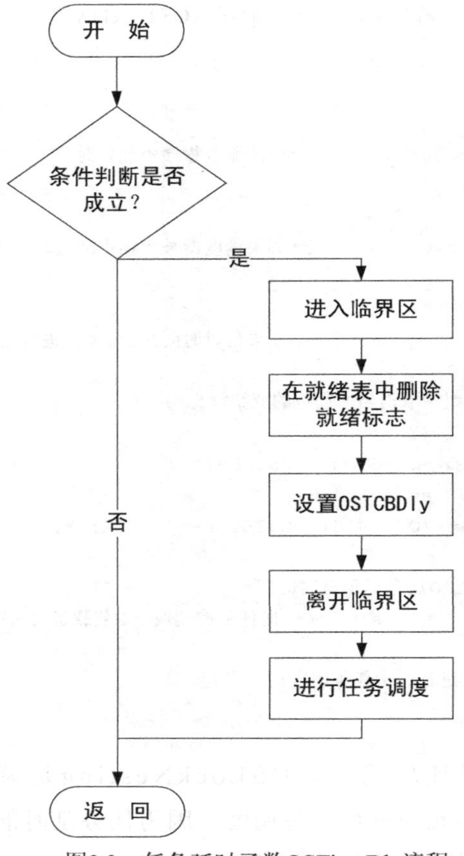

图3.3　任务延时函数OSTimeDly流程

3.2.4　任务按分秒延迟函数OSTimeDlyHMSM

任务延时函数OSTimeDly用于将任务阻塞一段时间，这个时间是以时间片为单位的。如果想以小时、分、秒、毫秒为单位进行任务延时，需要调用以分秒作为单位的任务延时函数OSTimeDlyHMSM。

OSTimeDlyHMSM从功能上来说和OSTimeDly并没有多大的差别，只是将时间单位进行了转换，也就是说，转换了以小时、分、秒、毫秒为单位的时间和以时间片为单位的时间。OSTimeDlyHMSM的参数延时分别是小时数（hours）、分钟数（minutes）、秒数（seconds）和毫秒数（ms）。OSTimeDlyHMSM的代码如程序3.5所示。

程序3.5　任务按分秒延时函数OSTimeDlyHMSM 代码分析

```
INT8U  OSTimeDlyHMSM (INT8U   hours,
                      INT8U   minutes,
                      INT8U   seconds,
                      INT16U  ms)
{
    INT32U ticks;
    if (OSIntNesting > 0u) {                /*中断服务程序不能延时*/
        return (OS_ERR_TIME_DLY_ISR);
```

```
    }
    if (OSLockNesting > 0u) {       /*如果调度器被上锁，则不能延时，因为延时后就要进行调度*/
        return (OS_ERR_SCHED_LOCKED);
    }
#if OS_ARG_CHK_EN > 0u                              /*如果要进行参数检查*/
    if (hours == 0u) {
        if (minutes == 0u) {
            if (seconds == 0u) {
                if (ms == 0u) {
                    return (OS_ERR_TIME_ZERO_DLY);                /*参数都为0，不延时*/
                }
            }
        }
    }
    if (minutes > 59u) {
        return (OS_ERR_TIME_INVALID_MINUTES);                     /*无效的分钟数*/
    }
    if (seconds > 59u) {                                          /*无效的秒数*/
        return (OS_ERR_TIME_INVALID_SECONDS);
    }
    if (ms > 999u) {                                    /*无效的毫秒数*/
        return (OS_ERR_TIME_INVALID_MS);
    }
#endif
    /*计算这些时间需要多少个时间片（允许误差）*/
    ticks = ((INT32U)hours * 3600uL + (INT32U)minutes * 60uL + (INT32U)seconds) *
        OS_TICKS_PER_SEC
      + OS_TICKS_PER_SEC * ((INT32U)ms + 500uL / OS_TICKS_PER_SEC) / 1000uL;    (1)
    OSTimeDly(ticks);
    return (OS_ERR_NONE);
}
```

由代码可知，OSTimeDlyHMSM在进行了参数检查之后，将以小时、分、秒、毫秒为单位时间转换为时间片ticks，最终调用OSTimeDly来解决问题。在参数检查之后，计算一共需要多少个时间片来延时这么长的时间。其中，宏OS_TICKS_PER_SEC是每秒的时间片数量，在操作系统配置文件OS_CFG.h中定义。如果每秒钟1000个时钟滴答，那么OS_TICKS_PER_SEC就应设置为1000；如果每秒是100个时钟滴答，那么OS_TICKS_PER_SEC就应设置为100。所以，延时的总秒数与OS_TICKS_PER_SEC的乘积，就应该是延时的时间片ticks的值。

前一小节已经进行分析了为保证延时时间，应将OSTimeDly的参数向上设置，因此将延时的毫秒数加上0.5，以向上取整，这就是代码3.5中（1）处语句的用意。

3.2.5　延时恢复函数OSTimeDlyResume

任务在延时之后，进入阻塞态。当延时时间到了就从阻塞态恢复到就绪态，可以被操作系统调度执行。但是，并非回到就绪态就只有这么一种可能，因为即便任务的延时时间没到，还是可以通过函数OSTimeDlyResume恢复该任务到就绪态的。

另外，OSTimeDlyResume也不仅仅能恢复使用OSTimeDly或OSTimeDlyHMSM而延时的

任务。对于因等待事件发生而阻塞的，并且设置了超时（timeout）时间的任务，也可以使用OSTimeDlyResume来恢复。对这些任务使用了OSTimeDlyResume，就好像已经等待超时了一样。

但是，对于采用OSTaskSuspend挂起的任务，是不允许采用OSTimeDlyResume来恢复的。

在看代码之前读者可以想一下：该函数的参数应该是什么？是否应该是被恢复任务的优先级呢？回答是肯定的。

OSTimeDlyResume的代码分析如程序3.6所示。

程序3.6　OSTimeDlyResume代码分析

```
INT8U  OSTimeDlyResume (INT8U prio)
{
    OS_TCB    *ptcb;
    if (prio >= OS_LOWEST_PRIO) {                          /*优先级判别*/
        return (OS_ERR_PRIO_INVALID);
    }
    OS_ENTER_CRITICAL();
    ptcb = OSTCBPrioTbl[prio];                  /*任务必须存在才能恢复 */
    if (ptcb == (OS_TCB *)0) {
        OS_EXIT_CRITICAL();
        return (OS_ERR_TASK_NOT_EXIST);   /*任务优先级指针表中没有此任务*/
    }
    if (ptcb == OS_TCB_RESERVED) {
        OS_EXIT_CRITICAL();
        return (OS_ERR_TASK_NOT_EXIST);   /*任务还是不存在，该任务块被其他任务占用*/
    }
    if (ptcb->OSTCBDly == 0u) {   /*任务是否被延时，或设置了超时，若没有，本函数将无的放矢*/
        OS_EXIT_CRITICAL();
        return (OS_ERR_TIME_NOT_DLY);                                  (1)
    }

    ptcb->OSTCBDly = 0u;                                /*OSTCBDly被强行设置为0*/
    if ((ptcb->OSTCBStat & OS_STAT_PEND_ANY) != OS_STAT_RDY)          (2)
    /*都是我们熟悉的数据结构，如果任务在等待事件的发生*/
{
        ptcb->OSTCBStat&= ~OS_STAT_PEND_ANY; /*清OSTCBStat中的事件等待标志*/      (3)
        ptcb->OSTCBStatPend=OS_STAT_PEND_TO; /*指示不再等待的原因是因为超时*/
    } else {
        /*对于只是时间延时的任务*/
     ptcb->OSTCBStatPend = OS_STAT_PEND_OK;/*结束等待的原因是等待结束了(恢复了延时的任务)*/
    }
    /*如果任务不是被挂起，对被挂起的任务一定要用OSTaskResume 来恢复*/
    if ((ptcb->OSTCBStat & OS_STAT_SUSPEND) == OS_STAT_RDY) {            (4)
        /*以下使任务就绪*/
        OSRdyGrp |= ptcb->OSTCBBitY;
        OSRdyTbl[ptcb->OSTCBY] |= ptcb->OSTCBBitX;
        OS_EXIT_CRITICAL();
       /*被恢复的任务可能是比现在运行的任务具有更高的优先级，因此在这里执行一次任务调度，不需要等到
           时钟中断*/
```

```
            OS_Sched();
        } else {
            OS_EXIT_CRITICAL();          /*任务是被挂起的，不允许使用本函数恢复*/
        }
        return (OS_ERR_NONE);
    }
```

OSTimeDlyResume由于要处理任务错综复杂的关系，因此代码稍显复杂。不过读者有了前面学的基础，处理起来也应该游刃有余。代码中一个非常重要的数据结构就是任务块的OSTCBStat，对它如果还不是特别理解，这里的代码无法读懂。为方便起见，这里我们再次将它的各个位的含义给出，如图3.4所示。

位：7	6	5	4	3	2	1	0
请求多事件	未用	请求事件标志组	请求互信斥号量	挂起	请求队列	请求邮箱	请求信号量

图3.4 OSTCBStat的低8位含义

第2章中给出了相关的宏定义，这里也必须要用，重新列在程序3.7中。

程序3.7 关于任务状态的宏定义

```
#define OS_STAT_RDY 0x00u                       /*未等待*/
#define OS_STAT_SEM  0x01u                      /*等待信号量*/
#define OS_STAT_MBOX 0x02u                      /*等待邮箱*/
#define OS_STAT_Q    0x04u                      /*等待队列*/
#define OS_STAT_SUSPEND  0x08u                  /*任务挂起*/
#define  OS_STAT_MUTEX 0x10u                    /*等待互斥信号量*/
#define  OS_STAT_FLAG 0x20u                     /*等待事件标志*/
#define  OS_STAT_MULTI     0x80u                /*等待多事件*/
#define  OS_STAT_PEND_ANY  (OS_STAT_SEM | OS_STAT_MBOX | OS_STAT_Q | OS_STAT_MUTEX |
OS_STAT_FLAG)
```

因此，如果一个任务只是设置了延时，那么该任务块的OSTCBStat的值应该是0，也就是OS_STAT_RDY。被设置了延时的任务和就绪任务的区别在于，就绪任务的控制块的OSTCBDly的值一定是0，而设置了延时的任务的OSTCBDly的值一定不是0。

如果一个任务在等待一个或多个事件的发生，那么该任务的控制块的0、1、2、4、5位必然有1位或多位不为0。也就是代码中（2）处的ptcb->OSTCBStat & OS_STAT_PEND_ANY的值不为0，所以（2）处就是判断任务是不是在等待事件的发生。等待事件发生的任务可能设置了超时，也可能没有设置超时，如果没有设置超时，在（1）处就已经返回了，所以不会被恢复到就绪态。设置了超时的OSTCBDly的值大于0，先将OSTCBDly的值置位为0，然后使用（3）处的ptcb->OSTCBStat&=～OS_STAT_PEND_ANY，将所有的5种事件等待标志全部强制清0，不再等待了。

另外，还需要判断OSTCBStat的位3挂起标志。因为被挂起的任务必须用也只能用OSTaskResume来恢复。我们再来分析一下（4）处的代码，OS_STAT_SUSPEND的值是0x08，ptcb->OSTCBStat & OS_STAT_SUSPEND是将STCBStat的位3挂起标志位单独取出来了，判断它是不是0，如果是0，那么就不是被挂起的任务，否则就是被挂起的任务。对于挂起的任务只能处理到这里，对于其他的任务就开始对就绪表和就绪组进行处理，恢复任务到就绪态，然后执行任务调度。

到这里，OSTimeDlyResume的关键分析都给出了。读者可能会问：为什么OSTimeDlyResume的功能这么多？这个函数的名称已经不能涵盖它的内容了，怎么能这样命名？其实这也难怪，因为在2.5版本的时候OSTimeDlyResume还只能进行对延时任务的恢复，在2.9版本升级了新的功能，函数名仍维持不变。OSTimeDlyResume的流程如图3.5所示。

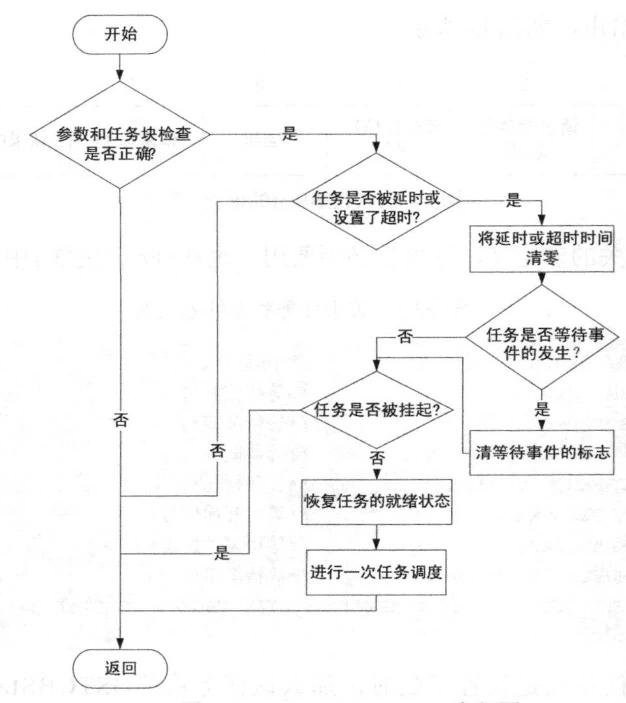

图3.5　OSTimeDlyResume流程图

习题

1．什么是中断服务程序？μC/OS-II中断处理的标准流程应该是什么样的？

2．如果在中断服务程序中进行10ms的延时，这样做好不好？为什么？

3．编写一个任务，这个任务每秒在屏幕上打印出当前的秒数。

4．任务延时程序都涉及了什么数据结构，对它们都执行了什么样的操作，为什么要这么做？

5．编写两个任务，任务A将自己延时10s，然后打印当前的秒数，之后循环；任务B每秒判断打印当前的秒数，并调用OSTimeDlyResume去取消任务A的延时。会出现什么样的结果？请对任务A和任务B设置合适的优先级，分配足够的任务堆栈，并上机验证（主程序的写法参考程序1.3）。

第4章 事件管理

μC/OS-II作为实时多任务操作系统，是事件驱动的，必然支持如信号量、消息等机制。事件主要包括信号量和互斥信号量，而事件的组合可以用事件标志组来管理。本章的内容包括事件管理的数据结构、事件管理程序、信号量管理、互斥型信号量管理，以及事件标志组管理。虽然消息也离不开事件管理，但将消息的内容单独放在下一章。

事件管理的基础和操作对象是各种事件管理的数据结构，4.1节首先分析事件管理的数据结构。

4.1 事件管理的重要数据结构

在任务管理中任务控制块承载了任务的相关信息。在事件管理中，这个载体就变成了事件控制块（ECB）。

4.1.1 事件控制块（ECB）

事件控制块（ECB）在事件管理中占据着举足轻重的作用。虽然事件控制块并没有任务控制块（TCB）的内容丰富，但是在事件处理中仍然是核心的数据结构，频繁被访问。ECB的定义出现在操作系统的头文件ucos_ii.h中。程序4.1给出了事件控制块的定义。

程序4.1 事件控制块（ECB）的定义

```
typedef struct os_event {
    INT8U    OSEventType;                  /*事件控制块的类型*/
    void    *OSEventPtr;              /*指向下一个ECB或消息或队列的指针*/
    INT16U   OSEventCnt;                   /*信号量计数值，对除信号量以外其他事件无效*/
    OS_PRIO  OSEventGrp;                   /*事件等待组*/
    OS_PRIO  OSEventTbl[OS_EVENT_TBL_SIZE];             /*等待事件的任务表*/
    INT8U   *OSEventName;                  /*事件名称*/
} OS_EVENT;
```

程序4.1定义的事件控制块结构体，第一项OSEventType是事件控制块的类型。为了增加代码的可读性，每种类型都在ucos_ii.h中定义了相应的宏，如程序4.2所示。

程序4.2 OSEventType的取值范围

```
#define  OS_EVENT_TYPE_UNUSED         0u           /*未使用*/
#define  OS_EVENT_TYPE_MBOX           1u           /*消息邮箱*/
#define  OS_EVENT_TYPE_Q              2u           /*消息队列*/
#define  OS_EVENT_TYPE_SEM            3u           /*信号量*/
#define  OS_EVENT_TYPE_MUTEX          4u           /*互斥信号量*/
#define  OS_EVENT_TYPE_FLAG           5u           /*事件标志组*/
```

可见，OSEventType的取值可以从0到5，如果事件是基于信号量的，那么这个域的值就应该是OS_EVENT_TYPE_SEM，也就是3，但是OS_EVENT_TYPE_SEM比3具有更强的可读性。

程序4.1中的OS_PRIO是一个类型，定义如下：

```
typedef   INT8U     OS_PRIO;
```

也就是说OS_PRIO是8位的无符号整型。

OS_EVENT_TBL_SIZE是一个宏，定义如下：

```
#define  OS_EVENT_TBL_SIZE ((OS_LOWEST_PRIO) / 8u + 1u)
```

可见，事件等待表的大小与任务数是密切相关的。OS_LOWEST_PRIO是最低优先级的任务的优先级，也就是空闲任务的优先级，这里应该是63，那么(OS_LOWEST_PRIO) / 8u + 1u)就是8，和就绪表的大小是一样的。

事件等待组和事件等待表的关系与任务管理中就绪组和就绪表的关系是一样的，只不过事件等待组和事件等待表用于管理等待事件发生的任务，而且这两者都在事件控制块中，不像就绪组和就绪表是独立的。

以上是事件控制块的结构体说明。操作系统在ucos_ii.h中，以数组的形式定义了事件控制块的实体事件ECB表分配的空间：

OS_EVENT OSEventTbl[OS_MAX_EVENTS]

该语句在内存中分配了OS_MAX_EVENTS个事件控制块，宏OS_MAX_EVENTS的默认值是10。

注意不要混淆：

该表是在ucos_ii.h中声明的全局变量，类型是OS_EVENT，与ECB中同名的OSEventTbl是不同的。ECB中的OSEventTbl被称为事件等待表，是ECB中的一项。

4.1.2　事件等待组和事件等待表

一个事件块标志着一个事件，等待这个事件的任务在事件块的事件等待组和事件等待表中标记自己的存在，然后被阻塞。当事件发生时，操作系统会找到优先级最高的等待事件发生的任务，并将该任务就绪，然后在事件等待组和事件等待表中取消该任务的标记。事件等待组和事件等待表的关系同就绪组和就绪表的关系是完全相同的。如图4.1所示说明了事件等待组和事件等待表的关系。

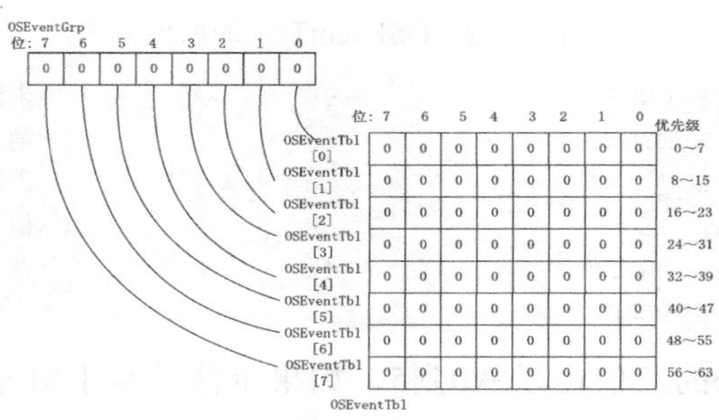

图4.1　无任务等待时的事件组和事件表

图4.1中没有任务等待事件的发生，因此就绪组为0，就绪表的内容也是全0。假设有优先级为20和32的任务在等待事件的发生，那么就绪组和就绪表应如图4.2所示。

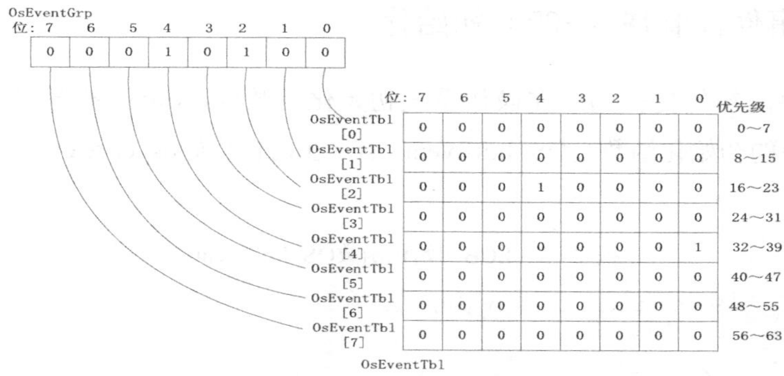

图4.2　优先级为20和32的任务在等待事件的发生

可见，事件等待组和事件等待表的关系和就绪组与就绪表的关系是完全相同的，结构也是完全相同的。在第2章对任务就绪表和就绪组的描述已经比较详细，因此这里不再赘述。就绪表和就绪组的操作方法完全适用于事件等待组和事件等待表。

4.1.3　事件控制块空闲链表

在事件管理中，将空闲的事件块连接为一个单向的链表——事件控制块空闲链表。这个链表的形式和TCB的空闲链表的形式是完全相同的。

当创建一个事件的时候，要在事件控制块（ECB）空闲链表中查找是否有空闲的ECB可用。如果有，就从链表中取出，分配给事件。要做这件事，首先要找到链表的表头，因此声明了一个重要的全局变量OSEventFreeList指示表头的地址，称为事件空闲链表指针。OSEventFreeList的定义如下：

```
OS_EVENT *OSEventFreeList;
```

事件控制块的OSEventPtr在事件块未使用的时候没有其他作用，就被用作指示下一个ECB的指针。在事件控制块初始化程序结束的时候，该链表如图4.3所示。

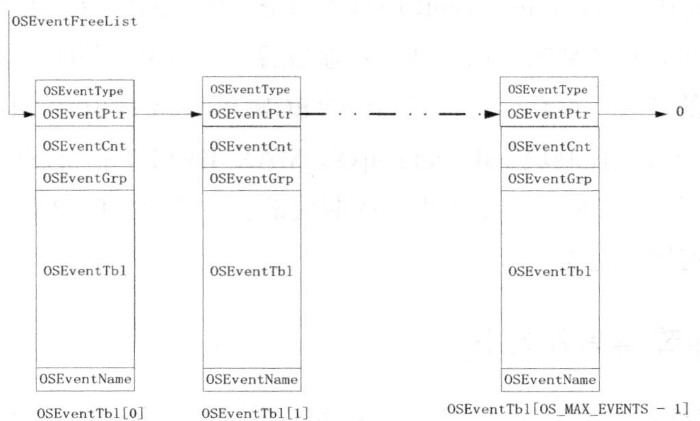

图4.3　事件控制块空闲链表

4.2 事件管理程序

4.2.1 事件控制块（ECB）初始化

事件控制块的初始化代码应在操作系统初始化函数OS_Init中被调用，实际上也是如此。事件控制块的初始化函数是OS_InitEventList，在内核代码os_core.c中。该代码及分析如程序4.3所示。

程序4.3　ECB初始化函数OS_InitEventList解析

```
static  void  OS_InitEventList (void)
{
    INT16U      ix;
    INT16U      ix_next;
    OS_EVENT   *pevent1;
    OS_EVENT   *pevent2;
    OS_MemClr((INT8U *)&OSEventTbl[0], sizeof(OSEventTbl)); /*清空事件表1*/
    for (ix = 0u; ix < (OS_MAX_EVENTS - 1u); ix++) { /*初始化ECB并构建空闲ECB链表*/
        ix_next = ix + 1u;
        pevent1 = &OSEventTbl[ix];
        pevent2 = &OSEventTbl[ix_next];
        pevent1->OSEventType= OS_EVENT_TYPE_UNUSED;      /*未使用的ECB*/

        /*第ix个ECB的OSEventPtr指针指向第ix+1个ECB，构建空闲ECB链表*/
        pevent1->OSEventPtr = pevent2;
        pevent1->OSEventName=(INT8U *)(void *)"?";       /*ECB名称初始化为“?”*/
    }
    /*这时，链表构建完成，但是最后一个ECB并没有初始化，因此应该补上*/
    pevent1 = &OSEventTbl[ix];
    pevent1->OSEventType = OS_EVENT_TYPE_UNUSED;
    pevent1->OSEventPtr = (OS_EVENT *)0;
    pevent1->OSEventName = (INT8U *)(void *)"?";

/*接下来将链表表头地址赋值给全局变量OSEventFreeList*/
OSEventFreeList = &OSEventTbl[0];
}
```

可见，ECB初始化函数OS_InitEventList首先清空了所有的ECB，也就是清空了事件表。然后从0到（OS_MAX_EVENTS - 1u）循环对除最后一个ECB之外的所有ECB进行初始化，并顺便构建了单向的链表。循环结束后最后一个ECBOSEventTbl[OS_MAX_EVENTS - 1]进行初始化。最后一个事件控制块OSEventTbl[OS_MAX_EVENTS - 1]的OSEventPtr域指向空地址0，构造完成了如图4.3所示的空闲事件控制块链表。然后将ECB空闲链表的表头地址给OSEventFreeList，初始化完成。

4.2.2 事件等待表初始化

当建立一个事件或消息（如信号量、邮箱、消息队列）时，如信号量的建立函数

OSSemCreate等，需要对事件等待表进行初始化。因为虽然事件等待表在操作系统初始化时调用OS_InitEventList已经被初始化了，但很可能在操作系统的运行过程中被使用过，因此不能保证是被清零的。事件等待表初始化函数实现对指定任务块中事件等待表和事件等待组清零，可被操作系统的其他函数调用。

事件等待表初始化函数为OS_EventWaitListInit，代码在内核os_core.c中，参数是ECB的地址。该函数的代码和分析如程序4.4所示。

程序4.4　事件等待表初始化函数OS_EventWaitListInit解析

```
void  OS_EventWaitListInit (OS_EVENT *pevent)
{
    INT8U  i;
    pevent->OSEventGrp = 0u;                          /*清空任务等待组*/
    for (i = 0u;i<OS_EVENT_TBL_SIZE; i++) {
        pevent->OSEventTbl[i] = 0u;           /*采用循环模式清空任务等待表*/
    }
}
```

可见，事件等待表初始化函数为OS_EventWaitListInit所做的工作就是对指定ECB清空任务等待组和任务等待表。

4.2.3　设置事件等待

当任务等待事件发生，并获得ECB后，需要在ECB中标记任务在等待事件的发生，才可以在事件发生时取消任务的阻塞。将任务在ECB中进行登记的函数是OS_EventTaskWait，参数是事件控制块的指针。与OS_EventWaitListInit类似，OS_EventTaskWait在任务调用信号量、邮箱等事件等待函数时被对应的函数调用。因为任务的优先级可以通过当前的TCB指针OSTCBCur得到，因此没有作为参数传递。

设置事件等待的函数OS_EventTaskWait的代码解析如程序4.5所示。

程序4.5　事件等待函数OS_EventTaskWait解析

```
void  OS_EventTaskWait (OS_EVENT *pevent)
{
    INT8U  y;
    /*在TCB的OSTCBEventPtr域存储ECB指针，以后通过该任务的TCB可直接找到这个事件的ECB*/
    OSTCBCur->OSTCBEventPtr  = pevent;
    /*在ECB的等待表中添加该任务*/
    pevent->OSEventTbl[OSTCBCur->OSTCBY]  |= OSTCBCur->OSTCBBitX;        (1)
    /*如果对应的事件等待组中的对应位没有置位，则需要对其进行置位*/
    pevent->OSEventGrp|= OSTCBCur->OSTCBBitY;
    /*以上将该任务在ECB中登记完毕，下面将阻塞这个任务，因为这个任务等待事件的发生*/
    y =  OSTCBCur->OSTCBY;
    OSRdyTbl[y]  &= (OS_PRIO)~OSTCBCur->OSTCBBitX;
    if (OSRdyTbl[y]  == 0u) {
        OSRdyGrp &= (OS_PRIO)~OSTCBCur->OSTCBBitY;
    }
}
```

由代码的分析可见，事件等待的函数OS_EventTaskWait只做了以下两件事情：

（1）标记。在ECB中登记本任务，即在ECB的事件等待表中对应优先级处标记为1，事件等待组中对应位标记为1。

（2）取消标记。在就绪表和就绪组中取消对该事件就绪的标记，将就绪表中对应优先级处标记为0，如果就绪表中该任务所在的一组没有任务就绪，则将就绪组中的对应位标记为0。

对在ECB中登记任务的过程，即程序4.5所示的代码中（1）处做如下详细分析。

首先回顾TCB中与优先级和就绪表有关的项，如表4.1所示。

表4.1 TCB与就绪表中与优先级和就绪表有关的项

参　数	含　义
OS_PRIO	任务的优先级
OSTCBY	任务优先级右移3位，相当于优先级除以8，是就绪表的行号
OSTCBBitY	任务在优先级组中的位置，若OSTCBY为n，则OSTCBBitY的n位为1，其他位为0，为8中选1码
OSTCBX	任务优先级低3位，是在就绪表中OSTCBY行的位置号
OSTCBBitX	任务优先级在对应的任务就绪表中的位置，若OSTCBX为n，则OSTCBBitX的n位为1，其他位为0，为8中选1码

因此，OSTCBCur->OSTCBBitX是8中选1码，1对位置对应其在就绪表中第OSTCBY行的位置。因为事件等待表的结构和就绪表完全相同，因此OSTCBCur->OSTCBBitX在事件等待表中也是表示同样的位置。

OSTCBCur->OSTCBY是就绪表的行号，也应该是该任务在事件等待组中的行号。

pevent->OSEventTbl[OSTCBCur->OSTCBY]中pevent是ECB的地址，ECB是结构体，而pevent是指针，因此pevent->表示对pevent所指的事件控制块的实体取一项，pevent->OSEventTbl[OSTCBCur->OSTCBY]是事件控制块中事件等待表的第OSTCBCur-> OSTCBY行的值。因此应该对pevent->OSEventTbl[OSTCBCur->OSTCBY]的第OSTCBCur->OSTCBX位置1。

置1的方法就是让pevent->OSEventTbl[OSTCBCur->OSTCBY]与OSTCBCur->OSTCBBitX进行按位或，因为OSTCBCur->OSTCBBitX的其他位为0，不会对pevent->OSEventTbl[OSTCBCur->OSTCBY]的其他位产生影响，于是将第OSTCBCur->OSTCBX为置1。然后将结果再返回给pevent->OSEventTbl[OSTCBCur->OSTCBY]就完成了对事件等待表的修改。

pevent->OSEventGrp一共有8位，我们应该对第OSTCBCur->OSTCBY位置1。就算是以前该位已经是1，我们的置1操作也不会有什么问题，相反，如果去查询是否应该置1再去处理反而多花费时间。置1的方法与前面类似，就是和OSTCBCur->OSTCBitY按位或，结果再放回pevent->OSEventGrp。

总之，这里的操作和就绪表中设置就绪标志是完全一致的，读者可以加以比较。对取消任务的事件等待的操作的运算细节，本书中就不再一一详细解释。

下一节介绍取消任务的事件等待。

4.2.4　取消事件等待

OS_EventTaskRemove 是与OS_EventTaskWait相反的操作，当一个事件由于某种原因不再需要等待事件（如任务被删除）时，就需要在该事件的等待表中取消该事件的等待标志，否则会引起严重的后果，例如，去运行一个已经被删除的任务。事件等待组中的一位表示事件等待表中一行8个任务是否有任务在等待事件，因此只是一个任务不再等待，不一定要删除事件等待组中的对应标志，需要进行条件判断。OS_EventTaskRemove的代码如程序4.6所示。

程序4.6　取消事件等待函数OS_EventTaskRemove解析

```
void  OS_EventTaskRemove (OS_TCB   *ptcb,
                          OS_EVENT *pevent)
{
    INT8U  y;
    y =  ptcb->OSTCBY;
   pevent->OSEventTbl[y] &= (OS_PRIO)~ptcb->OSTCBBitX; /*在事件等待表中删除事件等待标志*/
   if (pevent->OSEventTbl[y] == 0u) {                 /*若该行已没有任务等待*/
       pevent->OSEventGrp &= (OS_PRIO)~ptcb->OSTCBBitY; /*删除事件等待组的事件等待标志*/
    }
}
```

由代码可知，OS_EventTaskRemove执行了一项操作，就是取消事件等待表和事件等待组中的任务等待标志。

4.2.5　将等待事件的任务就绪

任务因为等待事件而在ECB中登记自己的等待，当事件发生时，如果该任务是事件等待表中优先级最高的任务，就绪被取消等待而回到就绪状态。等待的事件发生的函数为OS_EventTaskRdy，从函数名来看，含义为将等待事件的任务就绪。该函数的声明如程序4.7所示。

程序4.7　将等待事件的任务就绪函数OS_EventTaskRdy的声明

```
INT8U  OS_EventTaskRdy (OS_EVENT  *pevent,
                        void *pmsg,
                        INT8U msk,
                        INT8U pend_stat)
```

参数解析如下。

- pevent：对应的ECB指针。
- pmsg：消息指针。当使用诸如消息队列或消息邮箱的消息服务的时候使用该指针。当是信号量或其他事件的时候不使用该指针。
- msk：清除状态位的掩码。例如，使用 OSSemPost()提交信号量时OS_STAT_SEM，使用OSMboxPost()提交消息的时候使用OS_STAT_MBOX，以清除TCB中的对应状态位。使用该参数的目的是不需要操作系统判定是何种事件发生而增加运行成本。

- pend_stat：表示等待（pend）结束，任务就绪的原因，可以是下面的值。
- OS_STAT_PEND_OK：任务就绪的原因是等待正常结束，诸如事件发生、超时。
- OS_STAT_PEND_ABORT：因为异常。

返回值：任务优先级。

OS_EventTaskRdy 代码解析如程序4.8所示。

程序4.8　将等待事件的任务就绪函数OS_EventTaskRdy解析

```
    OS_TCB    *ptcb;
    INT8U      y;
    INT8U      x;
    INT8U      prio;
   /*以下3行代码在事件等待表和事件等待组中找到最高优先级的等待任务的优先级，方法和在就绪表中找到最
      高优先级的就绪任务完全相同*/
    y = OSUnMapTbl[pevent->OSEventGrp];
    x = OSUnMapTbl[pevent->OSEventTbl[y]];
    prio = (INT8U)((y << 3u) + x);

    ptcb = OSTCBPrioTbl[prio];                /*查优先级指针表，找到对应的TCB指针*/
    /*因为如果该值不是0，调度器每个时钟滴答对该值减1，减到0后会将该任务就绪，与本函数发生冲突，因
       此这里强行置0，避免冲突*/
  ptcb->OSTCBDly = 0u;
  ptcb->OSTCBMsg = pmsg;                      /*给TCB中的消息指针赋值*/
  ptcb->OSTCBStat&= (INT8U)~msk; /*清任务状态中的对应等待标志，因为任务已经不再等待该事件*/
  ptcb->OSTCBStatPend = pend_stat;           /*设置等待状态*/
 /*以下判断语句查看任务是否被挂起，挂起的任务不能因为事件发生而就绪；如果没有被挂起，则将任务就绪*/
    if ((ptcb->OSTCBStat &   OS_STAT_SUSPEND) == OS_STAT_RDY)
 {
        OSRdyGrp |=  ptcb->OSTCBBitY;
        OSRdyTbl[y] |= ptcb->OSTCBBitX;
    }

    OS_EventTaskRemove(ptcb, pevent);      /*在事件等待表中删除该任务*/
    return (prio);
```

总结一下，OS_EventTaskRdy的流程如下：

（1）在事件等待表和事件等待组中找到最高优先级的等待任务的优先级。

（2）根据优先级查优先级指针表，找到该任务的TCB指针。

（3）对任务控制块的相关参数进行赋值。

（4）判断任务是否被挂起，如果未被挂起就将任务就绪，完成从阻塞态到就绪态的转换。

（5）调用OS_EventTaskRemove在ECB的事件等待表中删除该任务。

（6）返回任务的优先级。

本节所给出的数据结构和函数都是事件管理中通用的数据结构和函数，从下一节开始，进入各种具体事件的管理，还包括下一章的消息管理部分。最基本的事件就是信号量。

4.3　信号量管理

信号量在资源共享管理、任务同步与通信等方面都有广泛的应用。μC/OS-II单独为信号量管理编写了C语言文件os_sem.c。

信号量管理的核心函数如表4.2所示。

表4.2　信号量管理函数列表

信号量函数名	说　明
OSSemCreate	创建一个信号量
OSSemSet	设置信号量的值
OSSemDel	删除一个信号量
OSSemPend	等待一个信号量
OSSemAccept	无等待的请求信号量
OSSemPendAbort	放弃等待信号量
OSSemPost	发出一个信号量（signals）
OSSemQuery	查询信号量的信息

信号量通过OSSemCreate创建，被分配一个ECB给该信号量。OSSemSet可以单独设置信号量的计数值，这个值在ECB中。被创建的信号量可以通过OSSemDel来删除。OSSemQuery查询信号量的信息。这4种操作针对的对象是信号量，使用的数据结构是ECB。

OSSemPend是任务请求信号量时执行的操作。例如，请求操作串口、打印机或某共享数据结构，如果这时信号量无效，任务就被阻塞，并在ECB中标记自己在等待。

OSSemPost是使用资源的任务由于资源使用结束而提交信号量，这时ECB中被阻塞的任务中优先级最高的因为获得了信号量，被唤醒回到就绪态。

OSSemAccept是任务无等待的请求信号量，也就是说，如果访问的资源有效，那么就访问；如果访问的资源无效也不阻塞自己，而是去做其他工作。因此，OSSemAccept非常适用于中断服务程序（ISR）。

OSSemPendAbort放弃某任务对信号量的等待，任务仍将被唤醒回到就绪态。

所以，以上4种函数的操作对象不仅包括事件控制块（ECB），还将包括任务管理中如任务控制块（TCB）、就绪表等诸多数据结构。

下面从信号量的建立开始分析。本书中只研究核心的函数，对于一些不重要的函数请读者自己阅读代码。

4.3.1　信号量的建立OSSemCreate

信号量在操作系统初始化的时候并不存在，这时，操作系统中的事件管理数据结构事件控制块（ECB）为全空，所有的事件控制块都在ECB空闲链表中排队。信号量的建立函数OSSemCreate将使用一个并配置一个ECB，使其具备信号量的属性。创建信号量的函数OSSemCreate的代码分析如程序4.9所示。

程序4.9 创建信号量函数OSSemCreate解析

```
OS_EVENT  *OSSemCreate (INT16U cnt)
{
    OS_EVENT  *pevent;
    if (OSIntNesting > 0u) {                    /*在中断服务程序（ISR）中不允许创建信号量*/   (1)
        return ((OS_EVENT *)0);
    }
    OS_ENTER_CRITICAL();
    pevent = OSEventFreeList;                   /*取得ECB空闲链表的首地址*/               (2)
    if (OSEventFreeList != (OS_EVENT *)0) {        /*判断ECB空闲链表中是否还有可分配的ECB*/
        OSEventFreeList = (OS_EVENT *)OSEventFreeList->OSEventPtr;          (3)
    /*从空闲链表中将表头的ECB取下来，OSEventFreeList指向下一个ECB*/
    }
    OS_EXIT_CRITICAL();
    if (pevent != (OS_EVENT *)0)
{
        /*给取得的ECB赋值*/                                          (4)
        pevent->OSEventType = OS_EVENT_TYPE_SEM;                     /*ECB类型为信号量*/
        pevent->OSEventCnt=cnt;                                 /*设置信号量值*/
        pevent->OSEventPtr = (void *)0;  /*该ECB不在任何的链表中了，该指针指向空地址*/
        pevent->OSEventName = (INT8U *)(void *)"?";       /*名称赋值为“？”*/
        /*调用上一节的OS_EventWaitListInit初始化（清零）事件等待表和事件等待组*/
        OS_EventWaitListInit(pevent);
    }
    return (pevent);
}
```

首先，如果是在中断服务程序中，那么中断服务程序按照规范应该先调用OSInitEnter，该函数将中断嵌套数OSIntNesting加1，因此只要是在中断服务中调用OSSemCreate，OSIntNesting > 0u就应该成立，OSSemCreate就会返回。这就是（1）处代码的依据。

关于（2）处及下面的判断语句的解释如下：OSEventFreeList指向ECB空闲链表的表头，如果 OSEventFreeList的值是0，即空指针，那么ECB空闲链表就为空。这说明已经没有空闲的ECB可供使用了。在这种情况下，当然就不能创建信号量或任何其他的事件。当将宏OS_MAX_EVENTS定义的太小满足不了需要的时候就会出现这种情况。另外，还需要注意的是事件没有用时要尽快释放还给系统。

（3）处执行链表删除操作。在OSEventFreeList的值不为0的情况下，既然将空闲ECB链表的表头分配给要创建的信号量事件，就需要将空闲ECB链表的第一个ECB取下来，这时OSEventFreeList应该指向第二个ECB。

（4）处的5条语句都是对取得的ECB进行赋值。假设信号量值为5，则赋值后的ECB应该如图4.4所示。

宏OS_EVENT_TYPE_SEM的值是3，所以ECB中的OSEventType的值为3。假设该信号量为创建的第一个事件，那么如图4.3所示的事件空闲任务链表将去掉第一个事件控制块，变为如图4.5所示。

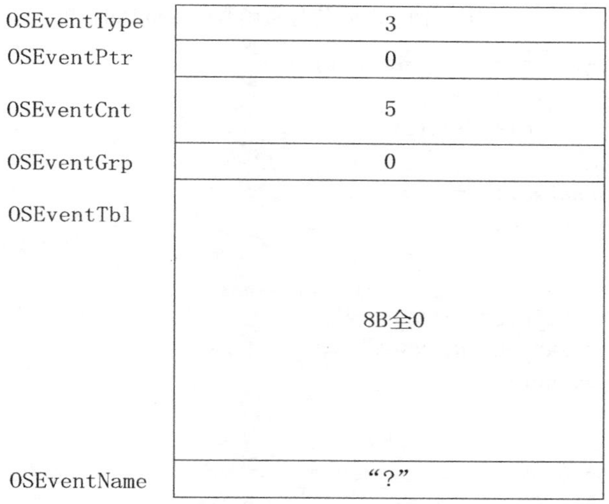

OSEventType	3
OSEventPtr	0
OSEventCnt	5
OSEventGrp	0
OSEventTbl	8B全0
OSEventName	“?”

图4.4　OSSemCreate获取并配置的ECB

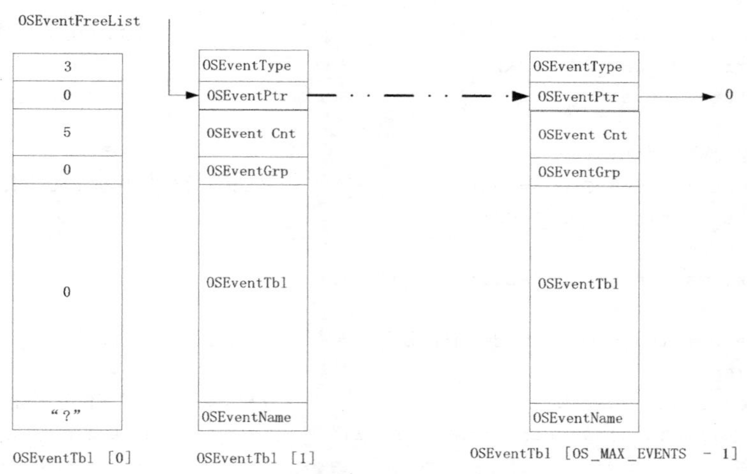

图4.5　OSSemCreate运行后的空闲ECB链表

另外，应用程序在调用OSSemCreate创建了信号量后如何找到该ECB以进行操作呢？这个也没有问题，因为OSSemCreate返回了该ECB的指针。代码中也可看到，如果创建失败，那么返回的是空指针，应用程序可根据返回值是否为空指针判断是否创建失败。如果成功，则根据该指针执行其他的如等待信号量、提交信号量等操作。

4.3.2　信号量的删除OSSemDel

前面提到系统中的信号量如果不再使用了就应该尽快删除，否则分配多少个ECB也是不够用的。信号量的删除函数是OSSemDel。删除一个信号量要涉及很多方面，因此OSSemDel并不简单。OSSemDel的参数是ECB指针pevent、整型的删除选项opt和用来返回结果的指向整型的指针perr。其中，opt的值为OS_DEL_NO_PEND表示只有当没有任务等待该事件的时候才允许删除，opt的值为OS_DEL_ALWAYS表示无论如何都允许删除。OSSemDel解析如程序4.10所示。

程序4.10 删除信号量函数OSSemDel解析

```
OS_EVENT  *OSSemDel (OS_EVENT  *pevent,
                     INT8U opt,
                     INT8U *perr)
{
    BOOLEAN    tasks_waiting;
    OS_EVENT  *pevent_return;

#if OS_ARG_CHK_EN > 0u                                                /*如果进行参数检查*/
    if (pevent == (OS_EVENT *)0) {                                 /*ECB的有效性检查*/
        *perr = OS_ERR_PEVENT_NULL;
        return (pevent);
    }
#endif
    if (pevent->OSEventType != OS_EVENT_TYPE_SEM) {        /*检查ECB是否是信号量类型*/
        *perr = OS_ERR_EVENT_TYPE;
        return (pevent);
    }
    if (OSIntNesting > 0u) {                                       /*不允许在ISR中删除信号量 */
        *perr = OS_ERR_DEL_ISR;
         return (pevent);
    }
    OS_ENTER_CRITICAL();
    if (pevent->OSEventGrp != 0u) {                     /*事件等待组不为0，必有任务等待信号量*/
        tasks_waiting = OS_TRUE;
    } else {
        tasks_waiting = OS_FALSE;
    }
    /* tasks_waiting = OS_TRUE表示有任务等待信号量，否则反之*/
    switch (opt) {
        case OS_DEL_NO_PEND:                              /*如果只有在没有任务等待的时候才可删除*/
             if (tasks_waiting == OS_FALSE)                /*确实没有任务等待，可以删除*/
{
                 pevent->OSEventName    = (INT8U *)(void *)"?";
                 pevent->OSEventType    = OS_EVENT_TYPE_UNUSED;
                 pevent->OSEventPtr     = OSEventFreeList;
                 pevent->OSEventCnt = 0u;
                 OSEventFreeList = pevent;                 /*将该ECB放回空闲ECB链表表头*/
                 OS_EXIT_CRITICAL();
                 *perr = OS_ERR_NONE;
                 pevent_return = (OS_EVENT *)0;            /*成功删除，返回空指针*/
             } else {                                      /*有任务等待，不可删除*/
                 OS_EXIT_CRITICAL();
                 *perr = OS_ERR_TASK_WAITING;
                 pevent_return = pevent;
             }
             break;

        case OS_DEL_ALWAYS:                                                /*如果无论如何要删除*/
             /*如果有任务等待，则让所有的等待该信号量的任务都就绪*/
             while (pevent->OSEventGrp != 0u) {
                 /*见4.2.5节将等待事件的任务就绪*/
```

```
            (void)OS_EventTaskRdy(pevent, (void *)0, OS_STAT_SEM, OS_STAT_PEND_OK);
            }
            pevent->OSEventName = (INT8U *)(void *)"?";
            pevent->OSEventType = OS_EVENT_TYPE_UNUSED;
            pevent->OSEventPtr = OSEventFreeList;
            pevent->OSEventCnt = 0u;
            OSEventFreeList = pevent;    /*将该ECB放回空闲ECB链表表头*/
            OS_EXIT_CRITICAL();
            /*有任务等待，所有任务都恢复到就绪，应该执行调度。否则不需要执行调度 */
            if (tasks_waiting == OS_TRUE) {
                OS_Sched();
            }
            *perr = OS_ERR_NONE;
            pevent_return = (OS_EVENT *)0;
            break;

        default:                                              /*其他的选项是非法的*/
            OS_EXIT_CRITICAL();
            *perr = OS_ERR_INVALID_OPT;
            pevent_return = pevent;
            break;
    }
    return (pevent_return);
}
```

可以看到，删除信号量比创建一个信号量更复杂，首先要进行很多参数检查，检查传递来的参数的正确性。例如，是否是在中断中删除型号量、ECB的属性是否是信号量等。

使用局部变量tasks_waiting来保存是否有任务等待信号量。判断的方法是通过事件等待组是否为0。如果tasks_waiting = OS_TRUE，表示有任务等待信号量，如果tasks_waiting = OS_FALSE，则表示没有任务等待信号量。

然后根据选项opt决定程序的分支。如果为OS_DEL_NO_PEND，则表示在没有事件等待时才允许删除信号量，因此，在tasks_waiting = OS_FALSE时删除信号量，也就是把ECB初始化后归还给空闲ECB链表，然后返回空指针；在tasks_waiting = OS_TRUE时不能做任何事，返回该ECB的指针，表示删除失败了，并在err中填写了出错的原因。

如果opt为OS_DEL_ALWAYS，那么，先把ECB初始化后归还给空闲ECB链表，然后将所有等待该信号量的任务都用OS_EventTaskRdy来就绪，采用的方法是使用while循环，只要OSEventGrp不为0就循环下去，从高优先级到低优先级的任务一个一个就绪，事件等待表中的任务也一个一个减少。等到OSEventGrp为0时循环就结束了，所有等待该事件的任务除了被挂起的之外（OS_EventTaskRdy不就绪挂起的任务），全部都就绪了。这时如果判定tasks_waiting为OS_TRUE，知道有任务被就绪了，就执行一次任务调度来让高优先级的就绪任务获得运行，否则就不需要进行任务调度了。

操作系统程序的编写是非常细致的，如果opt不是这两个值中的一个，就是选项不对，什么也不做，标记错误信息后直接返回原来的ECB指针。

由于该函数比较复杂，下面给出流程图以帮助理解，如图4.6所示。

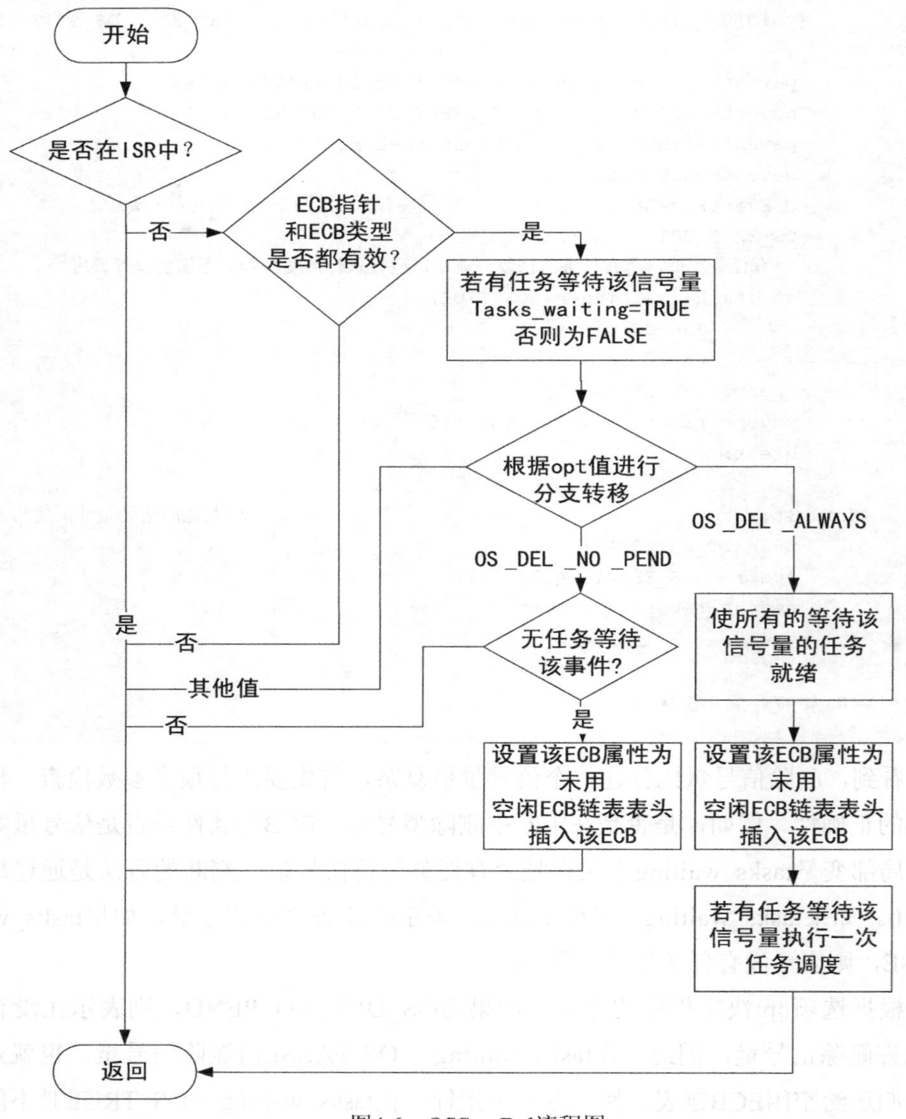

图4.6　OSSemDel流程图

4.3.3　请求信号量OSSemPend

请求信号量又称等待信号量。等待信号量的参数为3个，分别是ECB的指针pevent、32位无符号整数超时时间timeout和用来返回结果的指向整型的指针perr。因为很多代码都是类似的（如参数检查），这里就都不加以解释。等待信号量函数OSSemPend解析如程序4.11所示。

程序4.11　等待信号量函数OSSemPend解析

```
void  OSSemPend (OS_EVENT  *pevent,
                 INT32U timeout,
                 INT8U *perr)
{
```

```
#if OS_ARG_CHK_EN > 0u
    if (pevent == (OS_EVENT *)0) {
        *perr = OS_ERR_PEVENT_NULL;
        return;
    }
#endif
    if (pevent->OSEventType != OS_EVENT_TYPE_SEM) {
        *perr = OS_ERR_EVENT_TYPE;
        return;
    }
    if (OSIntNesting > 0u) {
        *perr = OS_ERR_PEND_ISR;
        return;
    }
    if (OSLockNesting > 0u) {                          /*判断调度器是否上锁 */
      *perr = OS_ERR_PEND_LOCKED;
     /*如果调度器上锁，不能等待信号量，则只能返回，调用本函数的任务发现perr 中结果为OS_ERR_PEND
            LOCKED，即可知道本函数失败的原因*/
        return;
    }
    OS_ENTER_CRITICAL();
    if (pevent->OSEventCnt > 0u) {                     /*如果信号量的值大于0，那么资源有效*/
        pevent->OSEventCnt--;                          /*减少信号量的值*/
        OS_EXIT_CRITICAL();
        *perr = OS_ERR_NONE;
        return;  /*成功请求到信号量，可以去访问资源*/
    }
    /* 否则，必须等待事件的发生了*/
    /* 怎么等待呢？死循环，然后判断pevent->OSEventCnt的值吗？操作系统的作者永远不会这么做！*/
    OSTCBCur->OSTCBStat|= OS_STAT_SEM;    /*在TCB中的OSTCBStat增加等待信号量的标记 */
    /*这里是第一次明确地看到OSTCBStatPend的赋值，OSTCBStatPend表示等待状态*/
    OSTCBCur->OSTCBStatPend  = OS_STAT_PEND_OK;
    OSTCBCur->OSTCBDly= timeout;                       /*超时时间当然保存在这里*/
    /*我们熟悉的函数，在ECB的事件等待表中和事件等待组中标记等待的任务，在就绪表中删除就绪标志*/
    OS_EventTaskWait(pevent);
    OS_EXIT_CRITICAL();
    OS_Sched();                                        /*执行调度，该其他任务执行了*/
    OS_ENTER_CRITICAL();                               (1)
    /*怎么回事？OSTCBStatPend 不是才被赋值为OS_STAT_PEND_OK 吗？*/
    switch (OSTCBCur->OSTCBStatPend) {
/*在OS_Sched()本函数就被中断了，这是事件发生了之后，本任务被唤醒回到就绪，然后获得运行之后的了！*/
        case OS_STAT_PEND_OK:                          /*表示因为事件发生等待结束*/
            *perr = OS_ERR_NONE;                       /*这很正确*/
            break;

        case OS_STAT_PEND_ABORT:                       /*事件等待失败*/
            *perr = OS_ERR_PEND_ABORT;
            break;

        case OS_STAT_PEND_TO:                          /*超时时间到了而等待结束*/
        default:
            /*这种情况下需要本函数自己调用OS_EventTaskRemove 去删除事件等待标志*/
```

```
            OS_EventTaskRemove(OSTCBCur, pevent);
            *perr = OS_ERR_TIMEOUT;                    break;
    }
    /*最后清理TCB中的状态标志和ECB指针，结束*/
    OSTCBCur->OSTCBStat =OS_STAT_RDY;
    OSTCBCur->OSTCBStatPend =OS_STAT_PEND_OK;
    OSTCBCur->OSTCBEventPtr = (OS_EVENT*)0;
    OS_EXIT_CRITICAL();
}
```

信号量的等待函数代码稍多一些，读懂了该代码，其他的事件如互斥信号量、消息等的处理都很相似。

首先还是参数检查，这里增加了一个如果调度器上锁就不能等待信号量的限制。perr是以指针的形式传递过来的，其实是用它来返回处理的结果。例如，OS_ERR_PEND_LOCKED，表示是因为调度器上锁而无功而返。

然后判断OSEventCnt信号量的值，如果该值大于0，则可以访问资源。因为本任务将占有一个资源，因此将OSEventCnt减1，信号量指示的资源数减少一个。然后给*perr赋值为OS_ERR_NONE，表示操作正常，然后本函数返回。应用程序看到OS_ERR_NONE就可以大胆地去使用资源了。

如果不是，那就比较麻烦了。先在TCB中的OSTCBStat打个标记，表示本任务的状态是请求信号量。OSTCBStatPend赋值为OS_STAT_PEND_OK，等待状态正常。把延时时间这个参数给OSTCBDly。

调用OS_EventTaskWait在事件等待表、等待组中占个地方，在就绪表和就绪组中取消就绪标志，然后执行一次任务调度，彻底被阻塞掉。这时就轮到其他任务运行了。

当再运行到（1）处的时候，已经发生了很多事情，本任务是不知道的。总之，任务被从阻塞态唤醒回到就绪态，又获得了运行。

如果是OS_STAT_PEND_OK，则由于等待的信号量有效（有其他任务释放了信号量），因为本任务在ECB的事件等待表中有记录，所以被唤醒并得到了运行，虽然经历磨难，但是还是可以去访问资源了。

如果是OS_STAT_PEND_ABORT，在获得信号量之前取消了等待，因此不能访问资源，在perr中填写信号为OS_ERR_PEND_ABORT。

如果是OS_STAT_PEND_TO或其他，表示超时了，时间到了还没有得到信号量，表示失败了，也不能访问资源。在perr中填写信号为OS_ERR_TIMEOUT。另外需要注意的是，执行了OS_EventTaskRemove，在事件等待表和事件等待组中清除了本任务的等待信息。

无论如何，请求信号量结束了，最后清理一下比较混乱的TCB中的状态标志和ECB指针，结束本函数的运行。OSSemPend流程图如图4.7所示。

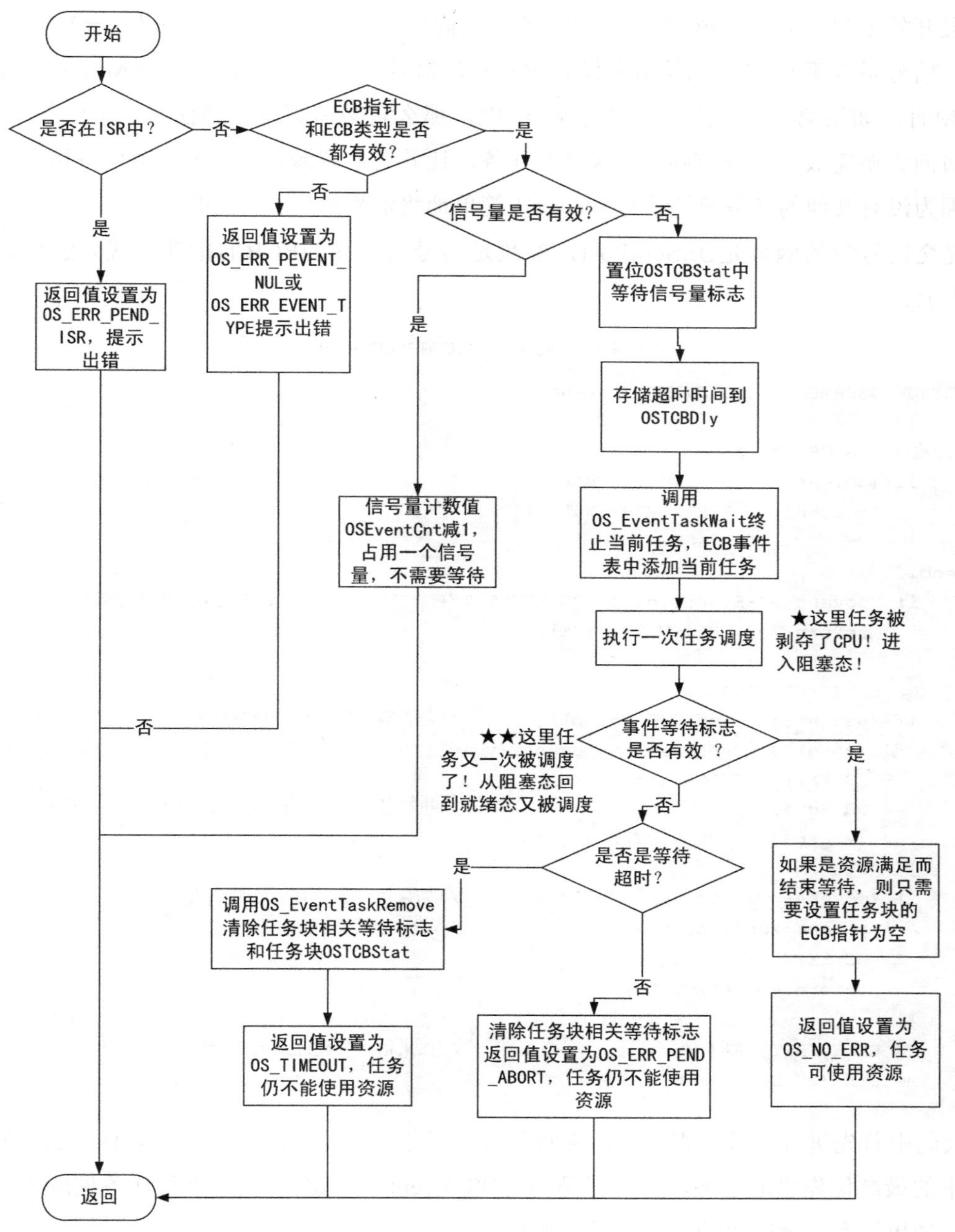

图4.7 OSSemPend流程图

4.3.4 提交信号量

当任务A获得信号量之后将信号量数字减1，然后就可以访问资源R。这时，如果信号量的值为0，并且任务B也要访问资源R，则必须等待信号量，因此将任务B阻塞。任务A在对资源的访问完成之后，应将信号量的值加1。因为资源已经可以被其他的任务访问了，所以应该将任务B唤醒，使任务B就绪。

再复杂一些，访问资源的任务有2个以上，资源R可同时被N个任务访问，因此信号量的值在最开始创建的时候应该等于N。当任务A访问信号量时，信号量值变为N－1，任务B又访问，信号量等于N－2，当第M个任务访问时，信号量等于N－M。当N－M=0时，也就是当N=M时，如果第N+1个任务也要访问资源R，那么它必须等待。当任何一个任务（如第2个）访问资源完成后，应该唤醒第N+1个任务，让其访问资源。当第N+1个任务访问完成之后，因为没有其他的任务等待信号量，只需简单地将信号量值加1即可。

提交信号量的函数是OSSemPost，参数是信号量所在的ECB的指针。代码解析如程序4.12所示。

程序4.12　提交信号量函数OSSemPost解析

```
INT8U  OSSemPost (OS_EVENT *pevent)
{
#if OS_ARG_CHK_EN > 0u
    if (pevent == (OS_EVENT *)0) {                          /*无效的ECB指针*/
        return (OS_ERR_PEVENT_NULL);
    }
#endif
    if (pevent->OSEventType != OS_EVENT_TYPE_SEM) {    /*ECB类型不是信号量*/
        return (OS_ERR_EVENT_TYPE);
    }
    OS_ENTER_CRITICAL();
    if (pevent->OSEventGrp != 0u) {        /*是否有任务等待信号量*/
        (void)OS_EventTaskRdy(pevent,(void *)0, OS_STAT_SEM, OS_STAT_PEND_OK);
        OS_EXIT_CRITICAL();
        OS_Sched();                        /*执行任务调度，找到最高优先级的任务运行*/
        return (OS_ERR_NONE);
    }
    if (pevent->OSEventCnt < 65535u) {     /*如果信号量没有超过最大值*/
        pevent->OSEventCnt++;              /*将信号量值加1*/
        OS_EXIT_CRITICAL();
        return (OS_ERR_NONE);
    }
    OS_EXIT_CRITICAL();                    /*如果信号量超过最大值 */
    return (OS_ERR_SEM_OVF);
}
```

代码中首先进行参数检查，然后判断是否有任务在等待该信号量。如果有，那么就唤醒阻塞中的最高优先级的任务，方法就是调用OS_EventTaskRdy，然后进行任务调度之后返回即可。如果没有，就简单地将信号量值加1。

OSSemPost流程图如图4.8所示。

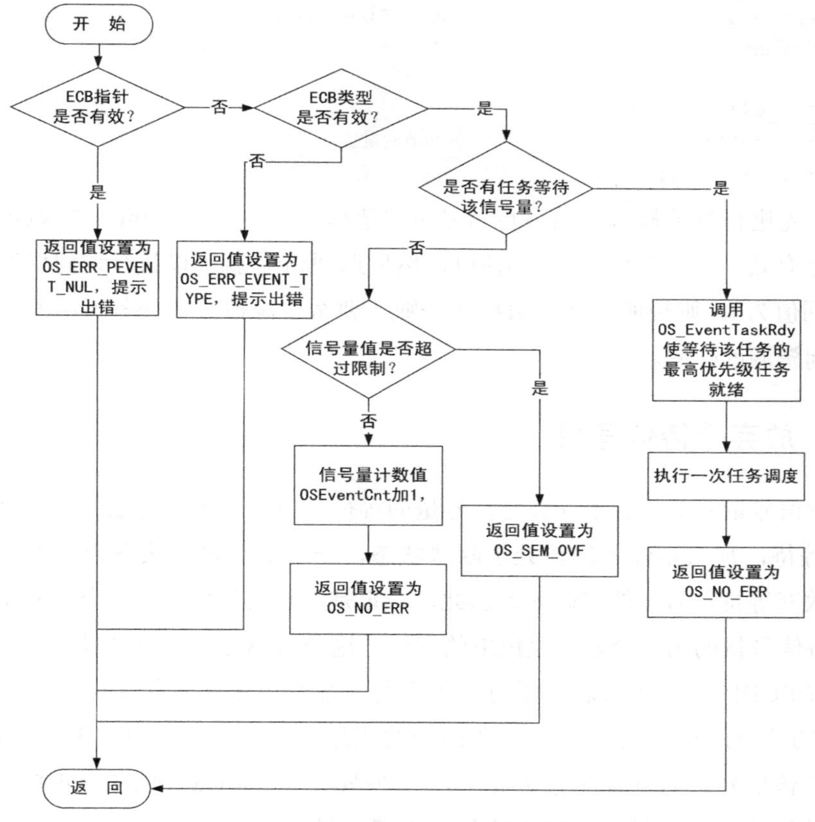

图4.8 OSSemPost流程图

4.3.5 无等待请求信号量

在中断服务程序和有些用户任务中，需要无等待的请求信号量。也就是说，使用信号量请求资源，当没有可用的资源，信号量为0时，并不阻塞自己，而是继续执行其他代码。OSSemAccept就是无等待的请求信号量函数，参数是请求信号量的ECB指针，返回值是当前信号量的数值。当有有效的资源时，返回值大于0，否则返回0。代码解析如程序4.13所示。

程序4.13 无等待的请求信号量函数OSSemAccept解析

```
INT16U  OSSemAccept (OS_EVENT *pevent)
{
    INT16U cnt;

#if OS_ARG_CHK_EN > 0u
    if (pevent == (OS_EVENT *)0) {
        return (0u);
    }
#endif
    if (pevent->OSEventType != OS_EVENT_TYPE_SEM) {    /*无效的ECB类型 */
        return (0u);
    }
    OS_ENTER_CRITICAL();
    cnt = pevent->OSEventCnt;
```

```
    if (cnt > 0u) {                    /*cnt > 0说明资源有效*/
        pevent->OSEventCnt--;          /*将占用一个资源，信号量值减1*/
    }
    OS_EXIT_CRITICAL();
    return (cnt);                      /*返回信号量值*/
}
```

代码中首先进行参数检查，然后将信号量的值赋值给局部变量cnt，如果cnt>0说明资源有效或信号量有效，因此将信号量的值减1，然后返回cnt，就可以执行访问资源的代码了。如果函数返回值为0，则说明要么参数检查失败，要么资源被其他任务占用而不能访问，都不能执行访问资源的代码。

4.3.6　放弃等待信号量

放弃等待信号量并非放弃本任务对信号量的等待。可以采用反证法：如果是放弃本任务对信号量的等待，那么本任务应该处于阻塞状态，一个处于阻塞状态的任务得不到运行，怎么能执行放弃等待信号量的代码呢？因此，一定是放弃其他任务对一个信号量的等待。

放弃等待信号量的第一个参数是ECB的指针。这个ECB必须是信号量的，如果不是则返回。如果这个ECB的事件等待表中没有任务等待，那么也无须做什么操作。否则，根据第二个参数opt的值分两种情况处理。一种是opt的值是宏OS_PEND_OPT_BROADCAST，那么就要将等待该信号量的所有任务就绪。另一种是opt的值是OS_PEND_OPT_NONE或其他值，只将等待该信号量的最高优先级的任务就绪。另一个参数是返回结果的指向整型的指针perr，使用方法与前面类似。

放弃等待信号量函数OSSemPendAbort代码分析如程序4.14所示。

程序4.14　放弃等待信号量函数OSSemPendAbort代码解析

```
INT8U  OSSemPendAbort (OS_EVENT  *pevent,
                       INT8U opt,
                       INT8U *perr)
{
    INT8U      nbr_tasks;

#if OS_ARG_CHK_EN > 0u
    if (pevent == (OS_EVENT *)0) {
        *perr = OS_ERR_PEVENT_NULL;
        return (0u);
    }
#endif
    if (pevent->OSEventType != OS_EVENT_TYPE_SEM) {
        *perr = OS_ERR_EVENT_TYPE;
        return (0u);
    }
    /*以上是参数检查*/
    OS_ENTER_CRITICAL();
    if (pevent->OSEventGrp != 0u) {                    /*查看是否有任务在等待该信号量 */
        nbr_tasks = 0u;
```

```
        switch (opt) {
            case OS_PEND_OPT_BROADCAST:                    /*让所有等待的任务退出等待*/
             while (pevent->OSEventGrp != 0u) {   /*让所有等待的任务退出等待，让它们就绪*/
         (void)OS_EventTaskRdy(pevent, (void *)0, OS_STAT_SEM, OS_STAT_PEND_ABORT);
                    nbr_tasks++;
                }
                break;

            case OS_PEND_OPT_NONE:
            default:                             /*只让优先级最高的一个任务退出等待进入就绪态*/
         (void)OS_EventTaskRdy(pevent, (void *)0, OS_STAT_SEM, OS_STAT_PEND_ABORT);
                nbr_tasks++;
                break;
        }
        OS_EXIT_CRITICAL();
        OS_Sched();                                        /*执行一次任务调度*/
        *perr = OS_ERR_PEND_ABORT;
        return (nbr_tasks);
    }
    OS_EXIT_CRITICAL();
    *perr = OS_ERR_NONE;
    return (0u);                                           /*返回0表示没有任务等待信号量 */
}
```

分析该函数流程如下：

（1）参数检查，如果ECB指针无效或ECB的类型不是信号量类型，返回参数检查错误信息。

（2）如果pevent->OSEventGrp为0，则说明没有任务等待信号量，返回0。

（3）否则根据参数opt（选项）进行分支转移，如果为OS_PEND_OPT_BROADCAST，则使用while语句循环地将等待该信号量的每个任务用OS_EventTaskRdy来取消等待并使其就绪（除非任务还被挂起）；如果为其他值，则只将最高优先级的任务取消等待并使之就绪。两种情况下都返回取消等待信号量的任务数。

总之，OSSemPendAbort取消任务对某信号量的等待，操作的对象是ECB等待中的任务。一般在极为特殊的情况下（如要删除一个任务，而这个任务当前在等待信号量时），才使用该函数。

4.3.7 信号量值设置

操作系统提供了直接设置信号量值的函数OSSemSet。一般情况下无须使用该函数设置信号量的值，应该在信号量创建的时候初始化信号量的值。当一个信号量的值在创建之后为N，每次有任务请求信号量就将该值减1，反之，将该值加1，一般情况下是不允许随便修改的。但是在极其特殊的情况下，因为某种特殊的需要（如突然增加了其他的资源），需要修改资源数N，可采用OSSemSet直接对信号量赋值，但条件是这时没有任务在等待该信号量。OSSemSet函数代码分析如程序4.15所示。

程序4.15 设置信号量值函数OSSemSet解析

```
void  OSSemSet (OS_EVENT  *pevent,
                INT16U cnt,
                INT8U *perr)
{
/*首先还是参数检查*/
#if OS_ARG_CHK_EN > 0u
    if (pevent == (OS_EVENT *)0) {
        *perr = OS_ERR_PEVENT_NULL;
        return;
    }
#endif
    if (pevent->OSEventType != OS_EVENT_TYPE_SEM) {
        *perr = OS_ERR_EVENT_TYPE;
        return;
    }
    OS_ENTER_CRITICAL();
     /*perr用来返回函数执行信息*/
    *perr = OS_ERR_NONE;
    if (pevent->OSEventCnt > 0u) {          /*如果信号量原来就大于0*/
        pevent->OSEventCnt = cnt;            /*设置一个新值*/
    } else {
        if (pevent->OSEventGrp == 0u) {   /*是否没有任务等待*/
            pevent->OSEventCnt = cnt;        /*设置一个新值*/
        } else {
            *perr= OS_ERR_TASK_WAITING;   /*如果有任务等待，那么资源数只能是0，不允许修改*/
        }
    }
    OS_EXIT_CRITICAL();
}
```

该函数比较简单，进行参数检查之后，查看该信号的值是否大于0，如果大于0则说明没有任务在等待该信号量，因此可以修改信号量值。否则，查看是否有任务等待，如果没有任务等待则仍可修改信号量值，否则不允许修改信号量的值。

4.3.8 查询信号量状态

信号量状态查询将ECB中关于信号量的信息复制到另一个数据结构信号量数据OS_SEM_ DATA，信号量数据OS_SEM_DATA的声明如程序4.16所示。

程序4.16 查询信号量状态所用的结构体OS_SEM_DATA

```
typedef struct os_sem_data {
    INT16U  OSCnt;                               /*信号量值*/
    OS_PRIO OSEventTbl[OS_EVENT_TBL_SIZE];       /*事件等待表 */
    OS_PRIO OSEventGrp;                          /*事件等待组*/
} OS_SEM_DATA;
```

信号量状态查询函数OSSemQuery的代码解析如程序4.17所示。

程序4.17 查询信号量状态函数OSSemQuery解析

```
INT8U  OSSemQuery (OS_EVENT *pevent,
```

```
                    OS_SEM_DATA  *p_sem_data)
{
    INT8U i;
    OS_PRIO *psrc;
    OS_PRIO *pdest;
#if OS_ARG_CHK_EN > 0u
    if (pevent == (OS_EVENT *)0) {                          /*无效的ECB指针*/
        return (OS_ERR_PEVENT_NULL);
    }
    if (p_sem_data == (OS_SEM_DATA *)0) {                   /*无效的信号量数据指针*/
        return (OS_ERR_PDATA_NULL);
    }
#endif
    if (pevent->OSEventType != OS_EVENT_TYPE_SEM) {         /*无效的信号量类型*/
        return (OS_ERR_EVENT_TYPE);
    }
    OS_ENTER_CRITICAL();
    p_sem_data->OSEventGrp = pevent->OSEventGrp;            /*复制事件等待组*/
    psrc = &pevent->OSEventTbl[0];                    /*psrc指向ECB中事件等待表首地址*/
    pdest = &p_sem_data->OSEventTbl[0];               /*psrc指向信号量数据中事件等待表首地址*/

    for (i = 0u; i < OS_EVENT_TBL_SIZE; i++) {
        *pdest++ = *psrc++;                                 /*复制事件等待表*/
    }
    p_sem_data->OSCnt = pevent->OSEventCnt;                 /*复制信号量值 */
    OS_EXIT_CRITICAL();
    return (OS_ERR_NONE);
}
```

该函数比较简单，进行参数检查之后，将ECB中的事件等待组、事件等待表和信号量值的内容完全复制到信号量数据OS_SEM_DATA中。

到这里，关于信号量代码的分析就完全结束了。4.3.9给出信号量的应用举例。

4.3.9 信号量应用举例

通过实例读者可以更好地掌握操作系统，完成从理论到实践的飞跃。本例不止给出关于信号量方面的实现方法，也涉及其他的内容，如时间延时。首先提出问题，然后给出代码和分析，最后给出运行结果。希望读者可以自己进行上机测试。

假设有共享资源R，允许2个任务分时访问R，那么信号量的值应设置为2。系统中有3个用户任务访问资源R，分别为任务A、B、C，优先级分别为7、6、5。3个任务在操作系统初始化和启动多任务之前被创建。任务A运行后创建信号量，并访问R，访问完成后任务A将自己阻塞1000个时钟周期，也就是10s。任务B先阻塞300个时钟周期，然后操作步骤同任务A。任务C先阻塞400个时钟周期，然后操作步骤同任务A。假设3个任务操作资源R需要的时间都是1000个时钟周期，对资源R的操作可以用延时语句虚拟完成。

根据以上要求，可以在用户代码（这里为user.c）中实现，如程序4.18所示。

程序4.18　操作资源R的3个任务的实现代码

```
void UserTaskSemA(void *pParam)
{
     /*任务SemA创建信号量，然后周期性访问资源R*/
    /*创建信号量*/
    INT8U *perr;
    INT8U err;
    INT8U i;
    OS_SEM_DATA mySemData;
    err=0;
    perr=&err;
    MyEventSem=OSSemCreate(2);
     if (MyEventSem==(OS_EVENT *)0)
    {
            printf("任务A创建信号量失败！\n");
            OSTaskDel(OS_PRIO_SELF);
        return;
    }
    OSSemQuery(MyEventSem,&mySemData);
     printf("时间:%d, 任务A创建信号量。当前信号量值=%d\n",OSTimeGet(),mySemData.OSCnt);
    while(1)
    {
        OSSemQuery(MyEventSem,&mySemData);
    printf("时间:%d,任务A开始请求信号量！当前信号量值=%d\n",OSTimeGet(),mySemData.OSCnt);
            OSSemPend(MyEventSem,0,perr);
            if (err!=OS_ERR_NONE)
            {
                    printf("任务A请求信号量失败\n");
                    printf("错误号%d\n",err);
                    continue;
            }
         OSSemQuery(MyEventSem,&mySemData);
    printf("时间:%d,任务A获得信号量。当前信号量值=%d，任务A开始对R操作\n",OSTimeGet(),
                  mySemData.OSCnt);
            OSTimeDly(1000); /*模拟操作资源，需要10s，1000个时钟周期*/
         printf("时间:%d，任务A结束资源操作，提交信号量！\n",OSTimeGet());
         OSSemPost(MyEventSem);
         OSSemQuery(MyEventSem,&mySemData);
    printf("时间:%d，任务A提交信号量完成，当前信号量值=%d，任务A将延时阻塞1000个时钟周期
            \n",OSTimeGet(),mySemData.OSCnt);
         OSTimeDly(1000);
    }
}

void UserTaskSemB(void *pParam)
{
     /*任务SemA创建信号量，然后周期性访问资源R*/
    INT8U      *perr;
    INT8U err;
    OS_SEM_DATA mySemData;
    err=0;
    perr=&err;
```

```
    printf("时间:%d,任务B开始延时300个时钟周期",OSTimeGet());
     OSTimeDly(300);/*任务B先延时3s*/
    if (MyEventSem==(OS_EVENT *)0)
    {
            printf("任务A创建信号量失败! \n");
            OSTaskDel(OS_PRIO_SELF);
        return;
    }
    while(1)
    {
        OSSemQuery(MyEventSem,&mySemData);
    printf("时间:%d,任务B开始请求信号量! 当前信号量值=%d\n",OSTimeGet(),mySemData.OSCnt);
            OSSemPend(MyEventSem,0,perr);
            if (err!=OS_ERR_NONE)
            {
                    printf("任务B请求信号量失败\n");
                    printf("错误号%d\n",err);
                    continue;
            }
         OSSemQuery(MyEventSem,&mySemData);
            printf("时间:%d,任务B获得信号量。当前信号量值=%d, 任务B开始对R操作,需1000个时钟周
                  期n",OSTimeGet(),mySemData.OSCnt);
            OSTimeDly(1000); /*模拟操作资源, 需要10s, 1000个时钟周期/
         printf("时间:%d, 任务B结束资源操作, 提交信号量! \n",OSTimeGet());
         OSSemPost(MyEventSem);
         OSSemQuery(MyEventSem,&mySemData);
    printf("时间:%d, 任务B提交信号量完成, 当前信号量值=%d, 任务B将延时阻塞1000个时钟周期
\n",OSTimeGet(),mySemData.OSCnt);
         OSTimeDly(1000);
    }
}

void UserTaskSemC(void *pParam)
{
     /*任务SemA创建信号量, 然后周期性访问资源R*/
    INT8U      *perr;
    INT8U err;
    INT8U i;
    OS_SEM_DATA mySemData;
    err=0;
    perr=&err;
     printf("时间:%d,任务C开始延时400个时钟周期",OSTimeGet());
     OSTimeDly(400);/*任务C先延时4s*/
    if (MyEventSem==(OS_EVENT *)0)
    {
            printf("任务A创建信号量失败! \n");
            OSTaskDel(OS_PRIO_SELF);
        return;
    }
    while(1)
    {
        OSSemQuery(MyEventSem,&mySemData);
```

```
printf("时间:%d,任务C开始请求信号量! 当前信号量值=%d\n",OSTimeGet(),mySemData.OSCnt);
        OSSemPend(MyEventSem,0,perr);
        if (err!=OS_ERR_NONE)
        {
                printf("任务C请求信号量失败\n");
                printf("错误号%d\n",err);
                continue;
        }
      OSSemQuery(MyEventSem,&mySemData);
        printf("时间:%d,任务C获得信号量。当前信号量值=%d, 任务C开始对R操作,需1000个时钟周
                期\n",OSTimeGet(),mySemData.OSCnt);
        OSTimeDly(1000); /*模拟操作资源,需要10s, 1000个时钟周期/
      printf("时间:%d, 任务C结束资源操作, 提交信号量! \n",OSTimeGet());
      OSSemPost(MyEventSem);
      printf("时间:%d,任务C提交信号量完成, 当前信号量值=%d,任务C将延时阻塞1000个时钟周期
           \n",OSTimeGet(),mySemData.OSCnt);
      OSTimeDly(1000);
   }
}
```

三段代码很类似，不同之处在于任务B和任务C在一开始运行就阻塞自己，因为它们的优先级比任务A高，如果不这样做，在信号量没有被创建之前，任务B和C就访问信号量。三段代码都采用了无限循环的结构，注意，这是多任务实时系统中普遍的任务形式。

在任务A中，MyEventSem=OSSemCreate(2)将创建值为2的信号量，如果根据返回值发现创建失败，就调用OSTaskDel(OS_PRIO_SELF)来删除自己。

OSSemQuery(MyEventSem,&mySemData)用于将MyEventSem所指的ECB的信号量相关信息复制到mySemData，这里主要是为了获得信号量的计数值。

任务A调用OSSemPend(MyEventSem,0,perr)来请求信号量，由于这时高优先级的任务都在延时处于阻塞状态，因此将获得信号量，该语句执行完成后信号量的值减1。任务A用OSTimeDly(1000)代表访问信号量的操作，延时1000个时钟周期。如果每个时钟周期为10ms，那么1000个时钟周期是10s，300个时钟周期是3s。3s后，任务B延时结束，获得运行，先判断MyEventSem这个ECB指针是否有效，如果无效就删除自己。如果有效，就请求信号量，因为这时信号量的值为1，因此请求成功，开始访问资源。

再过1s，任务C延时结束，因为任务C优先级最高，所以获得运行，先判断MyEventSem这个ECB指针是否有效，如果无效就删除自己。如果有效，就请求信号量，因为这时候信号量的值为0，因此将被阻塞，在事件等待表和事件等待组中标记。

在第1000个时钟周期，任务A访问资源结束，提交信号量，任务C可以获得信号量，得到运行。在任务访问完资源后，都采用了延时操作，因此3个任务得以交替运行，实际运行结果如图4.9所示。

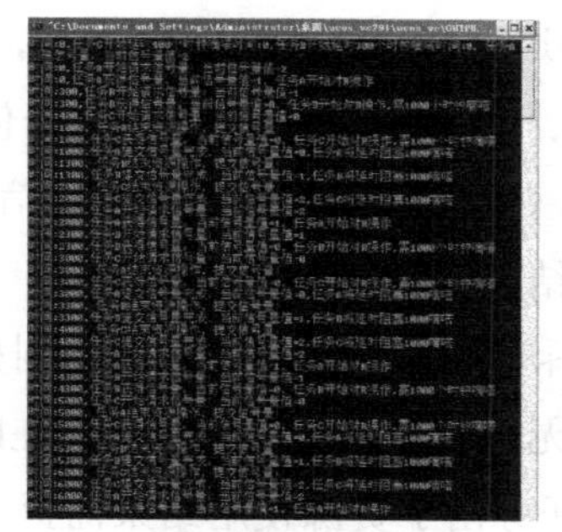

图4.9　示例程序的运行结果

本例主程序的设计在代码移植部分学习后就可掌握。信号量管理的部分就到这里，下面将介绍互斥信号量的管理。有了前面的基础，互斥信号量的管理将很容易掌握。

4.4　互斥信号量管理

互斥信号量是一种特殊的信号量，取值只能是0或1。也就是说，只能有一个任务访问的独占资源，应采用互斥信号量来管理。独占资源在系统中是非常常见的，如各种I/O端口（如串口）、USB设备、网络设备等。为了保证系统的实时性，拒绝优先级反转，对互斥信号量的管理采用了优先级继承机制。

优先级继承机制对优先级升级的机制可以优化系统的调度。例如，当前任务的优先级是比较低的，如优先级为50。优先级为3的任务请求互斥信号量时因为信号量已被占有，所以只有阻塞。这时有优先级为20的任务就绪，而不请求该互斥信号量。因此，优先级为20的任务会先运行。如果又有优先级为30、40的任务运行，那么优先级为50的任务总也得不到运行也就不能释放信号量，更可怕的是优先级为3的任务还在等待信号量。这样，就发生了优先级反转。代码中的解决办法为将占有信号量的任务的优先级提高，如提高为2，这样保证它对互斥资源处理完成，释放资源后又恢复它本来的优先级50，优先级为3的任务就不需要等待优先级为20、30、40的那些中等优先级任务的运行了，从而纠正了优先级反转。

解决优先级反转是互斥信号量管理区别于普通信号量管理的显著特点，μC/OS-II单独为信号量管理编写了C语言文件os_mutex.c。

信号量管理的核心函数如表4.3所示。

表4.3　互斥信号量管理的核心函数列表

信号量函数名	说　明
OSMutexCreate	创建一个互斥信号量
OS MutexDel	删除一个互斥信号量
OS MutexPend	等待（请求）一个互斥信号量
OSMutexAccept	不等待的请求互斥信号量
OSMutexPost	发出（提交）一个信号量
OSMutexQuery	查询信号量的信息
OSMutex_RdyAtPrio	更改任务优先级

同信号量类似，互斥信号量通过OSMutexCreate创建，被分配一个ECB给该互斥信号量。OSMutexSet可以单独设置互斥信号量的计数值，这个值在ECB中。被创建的互斥信号量可以通过OSMutexDel来删除。OSMutexQuery查询互斥信号量的信息。这4种操作针对的对象是互斥信号量，使用的数据结构是事件控制块（ECB）。

OSMutexPend是任务请求互斥信号量时执行的操作。例如，请求操作串口、打印机或某需独占的设备，如果这时信号量无效，任务就被阻塞，并在ECB中标记自己在等待。

OSMutexPost是使用资源的任务由于资源使用结束而提交信号量，这时ECB中被阻塞的任务中优先级最高的因为获得了信号量，应被唤醒回到就绪态。

OSMutexAccept是任务无等待的请求互斥信号量，也就是说，如果访问的资源有效，那么就访问；如果访问的资源无效也不阻塞自己，而是去做其他工作。因此OSSemAccept非常适用于中断服务程序（ISR）。

OSMutex_RdyAtPrio是为其他互斥信号量函数提供的互斥信号量管理公用函数，实现的功能是更改任务优先级并使任务就绪。

互斥信号量管理中没有类似信号量管理中的OSSemPendAbort这样的放弃某任务对信号量的等待的函数，不允许取消对互斥信号量的等待。

下面从互斥信号量的建立开始分析，给出信号量管理中关键函数的代码解析，对于互斥信号量的管理和信号量的管理比较类似的地方可以参考信号量管理相关的部分，这里就不一一详细解释了。

4.4.1　互斥信号量的建立

与信号量一样，互斥信号量在操作系统初始化时并不存在。这时，操作系统中的事件管理数据结构事件控制块（ECB）为全空，所有的事件控制块都在ECB空闲链表中排队。信号量的建立函数OSMutexCreate将使用并配置一个ECB，使其具备互斥信号量的属性。

不同的是，互斥信号量中采用了优先级升级技术，OSMutexCreate使用了一个优先级参数prio来创建信号量，prio是取得信号量的任务被提升的优先级。含义是，如果某任务取得了互斥信号量而使用互斥资源，这时高优先级的任务试图取得互斥信号量，那么拥有此资源的任务就被提升为优先级prio。目的是使正在使用互斥信号量的资源优先级高于正在请求该互斥信号量的任务。

创建信号量的函数OSMutexCreate的代码解析如程序4.19所示。

程序4.19　创建互斥信号量函数OSMutexCreate代码解析

```
OS_EVENT  *OSMutexCreate (INT8U prio,
                          INT8U *perr)
{
    OS_EVENT  *pevent;

#if OS_ARG_CHK_EN > 0u
    if (prio >= OS_LOWEST_PRIO) {                    /*无效的任务优先级 */
```

```
            *perr = OS_ERR_PRIO_INVALID;
            return ((OS_EVENT *)0);
        }
    #endif
        if (OSIntNesting > 0u) {                /*查看是否是在中断服务程序（ISR）中调用本函数*/
            *perr = OS_ERR_CREATE_ISR;  /*不能在中断服务程序（ISR）中调用本函数，因此返回错误信息*/
            return ((OS_EVENT *)0);
        }
        OS_ENTER_CRITICAL();
        if (OSTCBPrioTbl[prio] != (OS_TCB *)0) {        /* 优先级不能已经存在*/
            OS_EXIT_CRITICAL();                                    /*优先级已经存在*/
            *perr = OS_ERR_PRIO_EXIST;
            return ((OS_EVENT *)0);
        }
        /*占据任务优先级，因为该值不是0，含义和任务控制块（TCB）初始化时一样*/
        OSTCBPrioTbl[prio] = OS_TCB_RESERVED;
        pevent = OSEventFreeList;                         /*取得ECB空闲块的第一个ECB*/
        if (pevent == (OS_EVENT *)0) {                    /*是否不存在空闲ECB*/
            OSTCBPrioTbl[prio] = (OS_TCB *)0;             /*如果没有空闲ECB，则将任务优先级指针表还原*/
            OS_EXIT_CRITICAL();
            *perr= OS_ERR_PEVENT_NULL;
    return (pevent);
        }
        OSEventFreeList = (OS_EVENT *)OSEventFreeList->OSEventPtr;
        /*取下第一个ECB，将空闲ECB链表重构*/
        OS_EXIT_CRITICAL();
        pevent->OSEventType = OS_EVENT_TYPE_MUTEX; /*ECB类型为互斥信号量*/
    pevent->OSEventCnt= (INT16U)((INT16U)prio << 8u) | OS_MUTEX_AVAILABLE; /*设置*/   (1)
        pevent->OSEventPtr = (void *)0;                   /*表示没有任务使用本互斥信号量 */
        pevent->OSEventName = (INT8U *)(void *)"?";
        OS_EventWaitListInit(pevent);                     /*初始化ECB中事件等待组和等待表*/
        *perr = OS_ERR_NONE;
        return (pevent);
    }
```

首先，进行参数检查，先判断优先级是否有效，然后判断是否在中断服务程序中调用本函数，接着根据优先级查看优先级指针表OSTCBPrioTbl，如果OSTCBPrioTbl[prio]的值不是0，则说明该优先级已经有任务占用，不能使用。以上3种情况都是参数检查失败，不能继续执行，应返回相应的出错信息，接着检查是否有空闲的ECB，如果没有，则同样不能继续执行。

如果以上都没有问题，就将空闲ECB链表的表头的一个ECB取下来使用，而将空闲ECB链表重构，该过程和信号量创建过程中的代码一样。

随后应该对ECB中的各个域进行赋值，类型是OS_EVENT_TYPE_MUTEX，表示是互斥信号量类型。对信号量值OSEventCnt赋值的语句比较奇怪，下面加以分析：

OS_MUTEX_AVAILABLE的值是0x00FF，因此，代码中（1）处OSEventCnt的值低8位应该是0xFF，高8位是优先级prio。因此，是将这个优先级也保存在了OSEventCnt中。

将名称赋值“？”后，调用OS_EventWaitListInit(pevent)初始化ECB中事件等待组和等待表，该函数就完成了。

假设prio为2，则创建互斥信号量后的ECB应该如图4.10所示。

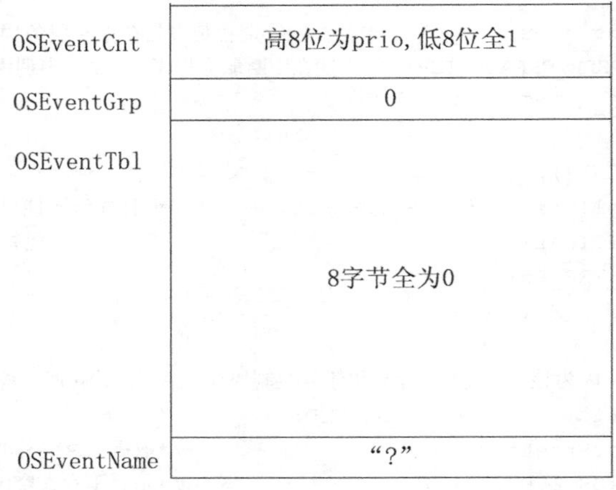

图4.10 OSMutexCreate获取并配置的ECB

宏OS_EVENT_TYPE_MUTEX的值是4，所以ECB中的OSEventType的值为4。由于对链表的操作与信号量的操作相同，这里就不再给出。需要注意的是OSEventCnt的值，其高8位是优先级继承优先级，也就是当需要进行优先级提升时提升到的优先级，如果低8位为0xFF，则表示没有任务占有此互斥信号量，否则表示占有此互斥信号量的任务原来的优先级。下面介绍互斥信号量的请求。

4.4.2 请求互斥信号量

因为涉及优先级继承机制，请求互斥信号量与请求信号量的操作有极大的差异。虽然如此，但是两者的参数是完全相同的。请求互斥信号量的参数为3个，分别是ECB的指针pevent、32位无符号整数超时时间timeout和用来返回结果的指向整型的指针perr。请求互斥信号量函数为OSMutexPend，代码和分析如程序4.20所示。

程序4.20 请求互斥信号量函数OSMutexPend解析

```
void  OSMutexPend (OS_EVENT  *pevent,
                   INT32U timeout,
                   INT8U *perr)
{
    INT8U      pip;                           /*优先级继承优先级（PIP）*/
    INT8U      mprio;                         /*信号量所有者的优先级*/
    BOOLEAN    rdy;                           /*任务是否就绪的标志*/
    OS_TCB    *ptcb;                          /*任务控制块（TCB）指针*/
    OS_EVENT  *pevent2;                       /*事件控制块（ECB）指针*/
    INT8U      y;

#if OS_ARG_CHK_EN > 0u
    if (pevent == (OS_EVENT *)0) {        /*无效的ECB指针*/
```

```
        *perr = OS_ERR_PEVENT_NULL;
        return;
    }
#endif
    if (pevent->OSEventType != OS_EVENT_TYPE_MUTEX) {     /*判断ECB类型是否有效*/
        *perr = OS_ERR_EVENT_TYPE;
        return;
    }
    if (OSIntNesting > 0u) {                  /*查看是否在中断服务程序（ISR）中调用本函数 */
        *perr = OS_ERR_PEND_ISR;              /*在中断服务程序中不允许使用本函数请求互斥信号量*/
        return;
    }
    if (OSLockNesting > 0u) {     /*调度器是否加锁，如果加锁，则不允许使用本函数请求互斥信号量*/
        *perr = OS_ERR_PEND_LOCKED;
        return;
    }
    /*完成了参数检查*/
    OS_ENTER_CRITICAL();
    pip = (INT8U)(pevent->OSEventCnt >> 8u);      /*取得优先级继承优先级（PIP）*/
     /*开始查看互斥信号量是否有效*/
    /*取出 OSEventCnt 的低8位，如果为0xFF，则说明该信号量未被占用*/
    if ((INT8U)(pevent->OSEventCnt & OS_MUTEX_KEEP_LOWER_8) == OS_MUTEX_AVAILABLE)
{
        /*低8位置0，表示资源被占用。这时OSEventCnt的高8位为PIP，低8位为0*/
        pevent->OSEventCnt &= OS_MUTEX_KEEP_UPPER_8;
        /*这时OSEventCnt的高8位为PIP，低8位为任务的优先级*/
        pevent->OSEventCnt |= OSTCBCur->OSTCBPrio;
        pevent->OSEventPtr  = (void *)OSTCBCur;  /*OSEventPtr指向任务控制块地址*/
        /*PIP必须比任务的优先级数值小，否则谈不上优先级升级*/
        if(OSTCBCur->OSTCBPrio <= pip) {
            OS_EXIT_CRITICAL();
            *perr = OS_ERR_PIP_LOWER;
        } else {
            OS_EXIT_CRITICAL();
            *perr = OS_ERR_NONE;
        }
        return;
    }
    /*如果优先级被占用，则就是说互斥资源已经被占用*/
    /*取得互斥信号量所有者的优先级，赋值给mprio */
    mprio = (INT8U)(pevent->OSEventCnt & OS_MUTEX_KEEP_LOWER_8);
    ptcb  = (OS_TCB *)(pevent->OSEventPtr); /*取得互斥信号量所有者的TCB地址，赋值给ptcb*/
 /*是否需要进行优先级升级？如果互斥信号量所有者的优先级的优先级数值大于pip，则应该进行继承（升级）*/
    if (ptcb->OSTCBPrio > pip) {
        /*开始进行优先级继承（升级）*/
        /*如果mprio大于当前任务的优先级，则当前任务的优先级要高些，需要提升*/
        if (mprio > OSTCBCur->OSTCBPrio)
{
            y = ptcb->OSTCBY;               /*将互斥信号量所有者的优先级的高3位赋值给y*/
            if ((OSRdyTbl[y] & ptcb->OSTCBBitX) != 0u)  /*查看互斥信号量所有者是否就绪*/
 {                  /*互斥信号量所有者已就绪，取消其就绪*/
                   /*在就绪表中取消互斥信号量所有者的就绪标志*/
                 OSRdyTbl[y] &= (OS_PRIO)~ptcb->OSTCBBitX;
```

```
        If (OSRdyTbl[y] ==0u){   /*如果就绪表中一行都没有就绪任务，则将就绪组中对应位也清0 */
                    OSRdyGrp &= (OS_PRIO)~ptcb->OSTCBBitY;
                }
                rdy = OS_TRUE;
            } else
{/*互斥信号量所有者未就绪*/
                pevent2 = ptcb->OSTCBEventPtr;            /*pevent2指向互斥信号量ECB*/
         if (pevent2 != (OS_EVENT *)0) {           /*在任务等待表和等待组中移除该任务*/
                    y = ptcb->OSTCBY;
                    pevent2->OSEventTbl[y] &= (OS_PRIO)~ptcb->OSTCBBitX;
                    if (pevent2->OSEventTbl[y] == 0u) {
                        pevent2->OSEventGrp &= (OS_PRIO)~ptcb->OSTCBBitY;
                    }
                }
                rdy = OS_FALSE;
            }
            /*对互斥信号量所有者做优先级升级，改变TCB中所有关于优先级域*/
            ptcb->OSTCBPrio = pip;
            ptcb->OSTCBY = (INT8U)( ptcb->OSTCBPrio >> 3u);
            ptcb->OSTCBX = (INT8U)( ptcb->OSTCBPrio & 0x07u);
            ptcb->OSTCBBitY = (OS_PRIO)(1uL << ptcb->OSTCBY);
            ptcb->OSTCBBitX = (OS_PRIO)(1uL << ptcb->OSTCBX);
            if (rdy == OS_TRUE) {      /*互斥信号量所有者原来就绪*/
                /*在就绪表和就绪组中重新按提升后的优先级设置就绪标志*/
                OSRdyGrp |= ptcb->OSTCBBitY;
                OSRdyTbl[ptcb->OSTCBY] |= ptcb->OSTCBBitX;
            } else {
             /*互斥信号量所有者原来未就绪，在ECB的事件等待表和事件等待组中按新优先级重新设置事件
                    等待标志*/
                pevent2 = ptcb->OSTCBEventPtr;
                if (pevent2 != (OS_EVENT *)0) {
                    pevent2->OSEventGrp |= ptcb->OSTCBBitY;
                    pevent2->OSEventTbl[ptcb->OSTCBY] |= ptcb->OSTCBBitX;
                }
            }
            OSTCBPrioTbl[pip] = ptcb;              /*重新设置优先级指针表*/
        }
    }
    /*完成优先级升级，继续对本任务操作*/
    OSTCBCur->OSTCBStat |= OS_STAT_MUTEX;          /*设置等待互斥信号量的状态标志*/
    OSTCBCur->OSTCBStatPend  = OS_STAT_PEND_OK;
    OSTCBCur->OSTCBDly = timeout;                  /*存储超时时间*/
    OS_EventTaskWait(pevent);         /*取消本任务就绪标志，填写ECB中事件等待表和事件等待组*/
    OS_EXIT_CRITICAL(); /*本任务进入阻塞态，找到最高优先级的任务运行。因为进行了优先级提升，
互斥信号量所有者很可能得到运行*/
    OS_Sched();
 /*这里是因为互斥信号量已经有效，本任务被就绪后得到运行，之后继续开始运行了，和前面的代码在时间
上是不连续的*/
    OS_ENTER_CRITICAL();
    switch (OSTCBCur->OSTCBStatPend) {             /*查看被恢复运行的原因*/
    case OS_STAT_PEND_OK:                          /*由于互斥信号量有效*/
            *perr = OS_ERR_NONE
            break;
```

```
        case OS_STAT_PEND_ABORT:
             *perr = OS_ERR_PEND_ABORT;                              /*由于取消等待*/
             break;

        case OS_STAT_PEND_TO:                                        /*由于等待超时*/
        default:
             OS_EventTaskRemove(OSTCBCur, pevent);                   /*取消等待*/
             *perr = OS_ERR_TIMEOUT;
             break;
    }
    /*以下恢复TCB中的各种标志*/
    OSTCBCur->OSTCBStat=OS_STAT_RDY;
 OSTCBCur->OSTCBStatPend=OS_STAT_PEND_OK;    OSTCBCur->OSTCBEventPtr= (OS_EVENT  *)0;
    OS_EXIT_CRITICAL();
}
```

由于引入了优先级继承，因此这里变得比较复杂。以下3个宏定义是和代码相关的：

```
#define   OS_MUTEX_KEEP_LOWER_8((INT16U)0x00FFu)
#define   OS_MUTEX_KEEP_UPPER_8((INT16U)0xFF00u)
#define   OS_MUTEX_AVAILABLE((INT16U)0x00FFu)
```

函数首先进行参数检查，检查ECB及是否在中断服务程序中调用本函数及调度器是否上锁。

参数检查之后，接着取得优先级继承优先级（PIP）。前面提到过，优先级继承优先级（PIP）是我们在互斥信号量创建函数中设置的优先级，是如果任务要进行优先级继承的情况下所更换（升级）的优先级，将这个赋值给局部变量pip。

然后，取出OSEventCnt的低8位，如果为0xFF，即OS_MUTEX_AVAILABLE，则说明该互斥信号量未被占用，反之则已有任务占领该互斥信号量。

在互斥信号量未被占用的情况下，首先将OSEventCnt的低8位置为本任务的优先级，将ECB的指针OSEventPtr指向本任务的TCB，如果PIP小于本任务优先级，就返回正确，否则返回PIP优先级设置过低的错误信息。返回值若为正确，则本任务就可以访问互斥资源了。

在互斥信号量被占用的情况下，本任务只能因为所申请的资源得不到而被阻塞，另外还涉及对占有资源的任务进行优先级继承的相关操作，占了函数的大段代码。

首先判断是否需要进行优先级继承。取得互斥信号量所有者的优先级，赋值给mprio，取得互斥信号量所有者的TCB地址，赋值给ptcb。如果互斥信号量所有者的优先级的优先级数值mprio大于pip，则应该进行优先级继承，否则不需要。然后一整段代码都是进行优先级继承的。优先级继承又分为两种情况，一种是互斥信号量所有者处于就绪状态，称为情况1；另一种是互斥信号量所有者不处于就绪状态，称为情况2。

在情况1下，先在就绪表和就绪组中取消互斥信号量所有者的任务就绪标志，然后更改互斥信号量所有者的TCB中的优先级为PIP，相应地，更改其余和优先级有关的4项，然后按新优先级填写就绪表和就绪组，任务重新就绪。

在情况2下，先在ECB事件等待表和事件等待组中取消互斥信号量所有者的任务等待标志，然后更改互斥信号量所有者的TCB中的优先级为PIP，相应地更改其余和优先级有关的4项，然后按新优先级填写ECB中事件等待表和事件等待组。

以上操作就完成了优先级继承。

随后的操作就是针对本任务的了，本任务因为所申请的资源得不到而将被阻塞。在本任务的TCB的OSTCBStat中设置等待互斥信号量的状态标志，在OSTCBDly设置延时时间，然后调用OS_EventTaskWait取消本任务就绪标志，填写ECB中事件等待表和事件等待组。现在本任务可以休息了，调用OS_Sched使本任务暂时结束运行，找到最高优先级的任务运行。需要注意的是，因为进行了优先级提升，互斥信号量所有者很可能得到运行。

接下来的代码就是本任务在获得了互斥信号量以后，再被调度运行以后才能执行的代码了。先查看OSTCBStatPend，如果是OS_STAT_PEND_OK，是由于等待的信号量已经有效了，因此返回正确，可以去访问资源了！

如果是OS_STAT_PEND_ABORT，因为是取消等待，不能访问资源。

如果是OS_STAT_PEND_TO或其他，则表示超时，即时间到了还没有得到信号量，失败，也不能访问资源。

请求互斥信号量OSMutexPend流程图如图4.11所示。

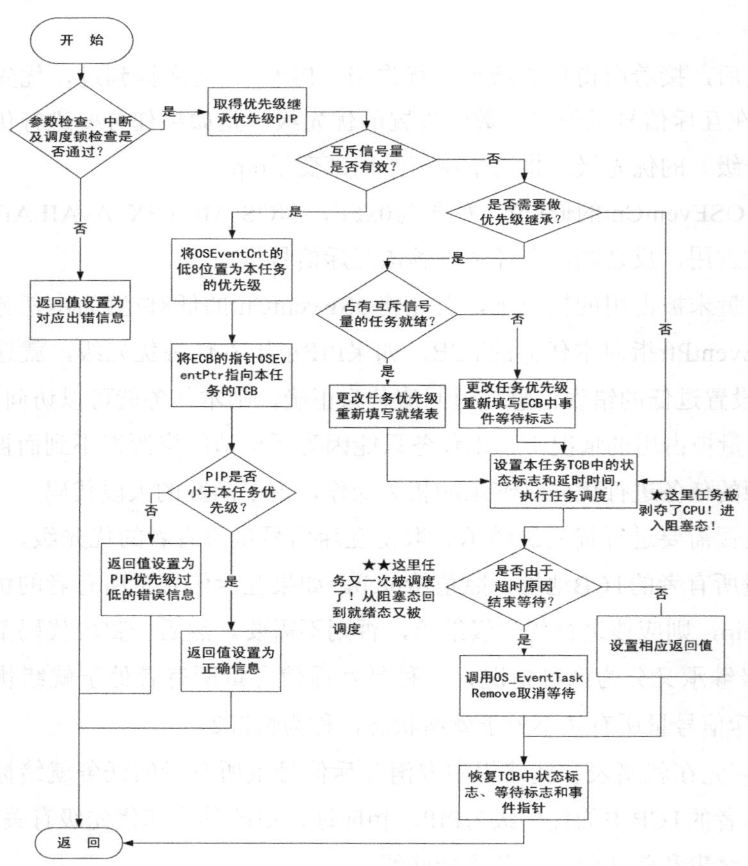

图4.11　OSMutexPend流程图

4.4.3　互斥信号量的删除

互斥信号量的删除函数是OSMutexDel，其参数同OSSemDel一样，也是ECB指针pevent、整型的删除选项opt和用来返回结果的指向整型的指针perr。其中，opt的值为 OS_DEL_NO_PEND 表示只有当没有任务等待该事件的时候才允许删除，opt的值为OS_DEL_ALWAYS 表示无论如何都删除。OSMutexDel解析如程序4.21所示。

程序4.21　删除互斥信号量函数OSMutexDel解析

```
OS_EVENT  *OSMutexDel (OS_EVENT  *pevent,
                       INT8U opt,
                       INT8U *perr)
{
    BOOLEAN    tasks_waiting;
    OS_EVENT  *pevent_return;
    INT8U      pip;             /*Priority inheritance priority 优先级继承优先级*/
    INT8U      prio;
    OS_TCB    *ptcb;
#if OS_ARG_CHK_EN > 0u
    if (pevent == (OS_EVENT *)0) {         /*无效的ECB指针*/
        *perr = OS_ERR_PEVENT_NULL;
        return (pevent);
    }
#endif
    if (pevent->OSEventType != OS_EVENT_TYPE_MUTEX) {    /*判断ECB类型是否有效 */
        *perr = OS_ERR_EVENT_TYPE;
        return (pevent);
    }
    if (OSIntNesting > 0u) {               /*查看是否是在中断服务程序ISR中调用本函数 */
        *perr = OS_ERR_DEL_ISR;            /*不能在中断服务程序ISR中删除*/
        return (pevent);
    }
    OS_ENTER_CRITICAL();
    if (pevent->OSEventGrp != 0u) {        /*查看任务是否在等待互斥信号量*/
        tasks_waiting = OS_TRUE;           /*是*/
    } else {
        tasks_waiting = OS_FALSE;          /*否*/
    }
    switch (opt) {
        case OS_DEL_NO_PEND:        /*只有在没有任务等待该互斥信号量的时候才允许删除 */
             if (tasks_waiting == OS_FALSE) { /*没有等待的任务，可以清除*/
                 pevent->OSEventName = (INT8U *)(void *)"?";
                 pip = (INT8U)(pevent->OSEventCnt >> 8u);/*在ECB取出继承优先级*/
                 /*清除优先级指针表中 PIP所对应的TCB指针*/
                 OSTCBPrioTbl[pip]    = (OS_TCB *)0;
                 pevent->OSEventType = OS_EVENT_TYPE_UNUSED;
                 pevent->OSEventPtr  = OSEventFreeList;    /*在空闲ECB链表的表头插入本ECB*/
                 pevent->OSEventCnt   = 0u;
                 OSEventFreeList      = pevent;      /*完成在空闲ECB链表的表头插入本ECB的操作*/
                 OS_EXIT_CRITICAL();
                 *perr = OS_ERR_NONE;
                 pevent_return = (OS_EVENT *)0;    /*互斥信号量已经被删除，可以返回 */
```

```
            } else {                             /*如果有任务在等待该互斥信号量，则不执行任何操作*/
                    OS_EXIT_CRITICAL();
                    *perr = OS_ERR_TASK_WAITING;
                    pevent_return = pevent;
                }
                break;

        case OS_DEL_ALWAYS:                      /*无论是否有任务等待该互斥信号量，都执行删除操作*/
                pip  = (INT8U)(pevent->OSEventCnt >> 8u);   /*取得优先级继承优先级*/
                /*取得任务原来的优先级，该优先级在OSEventCnt的低8位*/
                prio = (INT8U)(pevent->OSEventCnt & OS_MUTEX_KEEP_LOWER_8);
                ptcb = (OS_TCB *)pevent->OSEventPtr;
                if (ptcb != (OS_TCB *)0) {                  /*是否有任务占有此互斥信号量*/
                    if (ptcb->OSTCBPrio == pip) {           /*是否经过优先级继承 */
                        OSMutex_RdyAtPrio(ptcb, prio);      /*恢复任务原来的优先级*/
                    }
                }
         while (pevent->OSEventGrp != 0u) {           /*将所有等待该互斥信号量的任务就绪*/
        (void)OS_EventTaskRdy(pevent, (void *)0, OS_STAT_MUTEX, OS_STAT_PEND_OK);
                }
                pevent->OSEventName = (INT8U *)(void *)"?";
                pip = (INT8U)(pevent->OSEventCnt >> 8u);
                OSTCBPrioTbl[pip] = (OS_TCB *)0;      /*将任务优先级指针表中对应PIP的项释放*/
               /*以下初始化本事件控制块，归还给空闲事件控制块链表*/
                pevent->OSEventType = OS_EVENT_TYPE_UNUSED;
                pevent->OSEventPtr  = OSEventFreeList;
                pevent->OSEventCnt  = 0u;
                OSEventFreeList     = pevent;
                OS_EXIT_CRITICAL();

                if (tasks_waiting == OS_TRUE) {      /*如果原来有任务等待该互斥信号量 */
              OS_Sched();                            /*找到最高优先级的就绪任务并运行*/
                }
                *perr          = OS_ERR_NONE;
                pevent_return = (OS_EVENT *)0;
                break;

        default: /*当参数无效*/
                OS_EXIT_CRITICAL();
                *perr          = OS_ERR_INVALID_OPT;
                pevent_return = pevent;
                break;
    }
    return (pevent_return);
}
```

可以看到，除了对优先级继承部分的操作，删除互斥信号量与删除信号量的操作基本类似。首先要进行很多参数检查，检查传递来的参数的正确性。例如，是否是在中断中删除信号量、ECB的属性是否是信号量等。

使用局部变量tasks_waiting来保存是否有任务等待信号量。判断的方法是通过事件等待组是否为0。tasks_waiting = OS_TRUE表示有任务等待信号量，如果tasks_waiting = OS_

FALSE表示没有任务等待信号量。

然后根据选项opt决定程序的分支。如果为OS_DEL_NO_PEND，则表示只有在没有事件等待时才允许删除信号量，因此在tasks_waiting = OS_FALSE时删除互斥信号量，这里和删除信号量操作不同的是需要将PIP取出，然后清除优先级指针表中 PIP所对应的TCB指针，最后才把ECB初始化后归还给空闲ECB链表，随后返回空指针；在tasks_waiting = OS_TRUE时也不做任何事，返回该ECB的指针表示删除失败了，并在err中填写了出错的原因为OS_ERR_TASK_WAITING，之后返回。

如果opt为OS_DEL_ALWAYS，那么先取得PIP送局部变量pip，再取得任务原来的优先级送局部变量prio，将ECB中的占有互斥信号量的任务TCB的地址OSEventPtr送局部变量ptcb。如果有，通过OSMutex_RdyAtPrio来恢复任务原来的优先级。接下来循环调用OS_EventTaskRdy将所有等待该互斥信号量的任务就绪，然后把ECB初始化后归还给空闲ECB链表，还要将任务优先级指针表中对应PIP的项释放，之后执行一次任务调度。

如果opt为其他值，当然是无效的参数，则直接返回参数无效的信息。OSMutexDel流程图如图4.12所示。

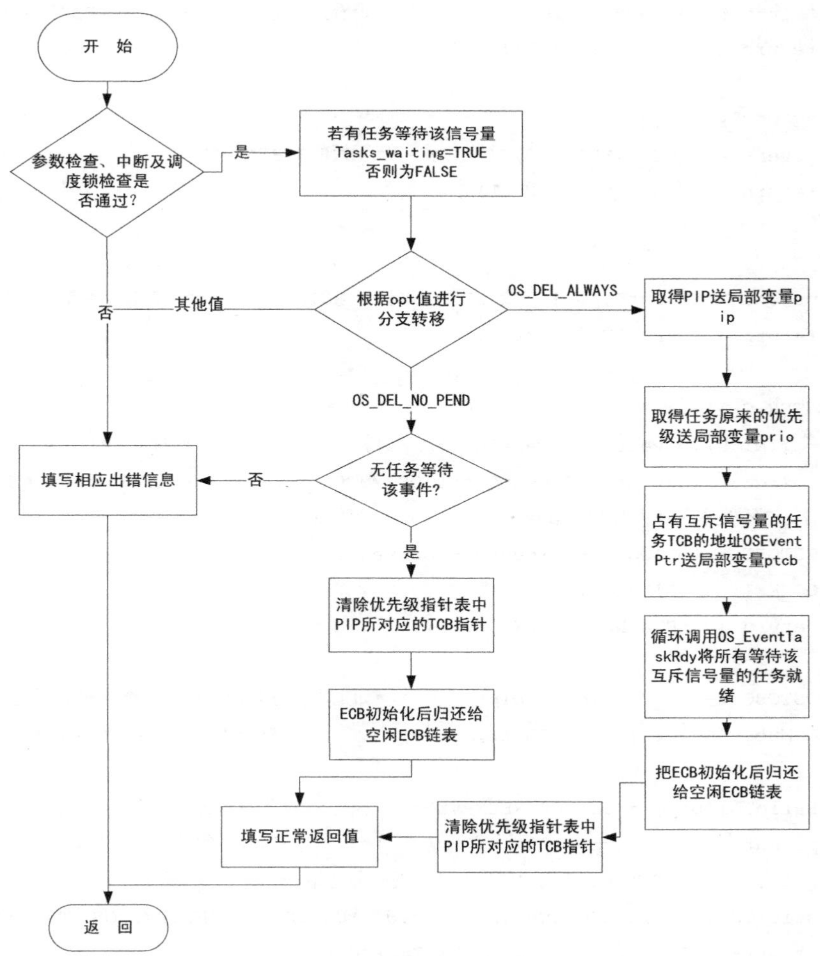

图4.12　OSMutexDel流程图

4.4.4 发互斥信号量

当任务占有互斥信号量后就可以对互斥资源进行访问了，这时ECB中的OSEventCnt高8位是优先级继承优先级，低8位占有互斥信号量的任务的优先级。任务在对互斥资源访问完成后，应调用OSMutexPost提交互斥信号量，或称发互斥信号量。这时，如果任务的优先级是经过升级的，就要恢复原来的优先级，即OSEventCnt中低8位。如果有任务等待互斥信号量，就可以恢复最高优先级的等待任务为就绪态，否则只需设置互斥信号量有效，然后返回即可。

提交信号量的函数是OSMutexPost，参数是信号量所在的ECB的指针，代码解析如程序4.22所示。

程序4.22 提交互斥信号量函数OSMutexPost解析

```
INT8U  OSMutexPost (OS_EVENT *pevent)
{
    INT8U pip;                                          /*优先级继承优先级*/
    INT8U prio;
    if (OSIntNesting > 0u) {                   /*查看是否是在中断服务程序（ISR）中调用本函数*/
        return (OS_ERR_POST_ISR);
    }
#if OS_ARG_CHK_EN > 0u
    if (pevent == (OS_EVENT *)0) {             /*无效的ECB指针*/
        return (OS_ERR_PEVENT_NULL);
    }
#endif
    if (pevent->OSEventType != OS_EVENT_TYPE_MUTEX) {     /*判断ECB类型是否有效*/
        return (OS_ERR_EVENT_TYPE);
    }
    OS_ENTER_CRITICAL();
    pip = (INT8U)(pevent->OSEventCnt >> 8u);              /*取得PIP*/
   prio = (INT8U)(pevent->OSEventCnt & OS_MUTEX_KEEP_LOWER_8);/*取得任务原来的优先级*/
    /*查看是否不是本任务占有互斥信号量，如果不是，则明显是错误的*/
    if (OSTCBCur != (OS_TCB *)pevent->OSEventPtr) {
        OS_EXIT_CRITICAL();
        return (OS_ERR_NOT_MUTEX_OWNER);
    }
    if (OSTCBCur->OSTCBPrio == pip) {      /*如果本任务是由于优先级继承机制而提高了优先级的*/
        OSMutex_RdyAtPrio(OSTCBCur, prio);          /*恢复本任务原来的优先级*/
    }
    OSTCBPrioTbl[pip] = OS_TCB_RESERVED;             /*先占有优先级指针表中PIP项*/
    if (pevent->OSEventGrp != 0u) {                  /*有任务等待互斥信号量吗？*/
        /*如果有，则应将事件等待表中优先级最高的任务就绪 */
        prio=OS_EventTaskRdy(pevent, (void *)0, OS_STAT_MUTEX, OS_STAT_PEND_OK);
        pevent->OSEventCnt &= OS_MUTEX_KEEP_UPPER_8;
```

```
    pevent->OSEventCnt |= prio;                    /*保存优先级最高的等待任务的优先级*/
        /*OSEventPtr指向新的互斥信号量所有者的TCB*/
        pevent->OSEventPtr = OSTCBPrioTbl[prio];
    if (prio <= pip) {                     /*PIP大于任务优先级，虽然不正常但还是要调度*/
            OS_EXIT_CRITICAL();
            OS_Sched();                            /*找到最高优先级的就绪任务并运行之*/
            return (OS_ERR_PIP_LOWER);             /*返回PIP大于任务优先级信息*/
        } else {                                   /*PIP小于任务优先级，正常，调度*/
            OS_EXIT_CRITICAL();
            OS_Sched();                            /*找到最高优先级的就绪任务并运行*/
            return (OS_ERR_NONE);
        }
    }
    /*没有任务等待互斥信号量时运行到这里*/
    pevent->OSEventCnt |= OS_MUTEX_AVAILABLE; /*信号量现在有效了，谁先来请求就可以得到*/
    pevent->OSEventPtr  = (void *)0;
    OS_EXIT_CRITICAL();
    return (OS_ERR_NONE);
}
```

代码中首先进行参数检查，然后取得PIP送局部变量pip，再取得任务原来的优先级送局部变量prio，然后查看是否是本任务占有互斥信号量，如果不是则返回错误信息。

如果本任务是由于优先级继承机制而提高了优先级，那么调用OSMutex_RdyAtPrio将本任务优先级恢复为原来的优先级（任务创建时的优先级），然后占有优先级指针表中PIP项。

接着，根据OSEventGrp的值判断是否有任务在等待该互斥信号量。

如果有，则调用OS_EventTaskRdy将其中最高优先级的任务就绪，保存优先级最高的等待任务的优先级到OSEventCnt的低8位，将OSEventPtr指向新的互斥信号所有者的TCB，然后调用OS_Sched()进行任务切换。其中，如果PIP 大于任务优先级，则是不正常的，需在切换后返回OS_ERR_PIP_LOWER。

如果没有任务等待该信号量，则OSEventCnt的低8位设置为全1，方法是与OS_MUTEX_AVAILABLE按位或，然后将OSEventPtr指向空地址，返回即可。这样，当有新任务申请该互斥信号量时就可获得信号量，访问互斥资源。

OSMutexPost流程图如图4.13所示。

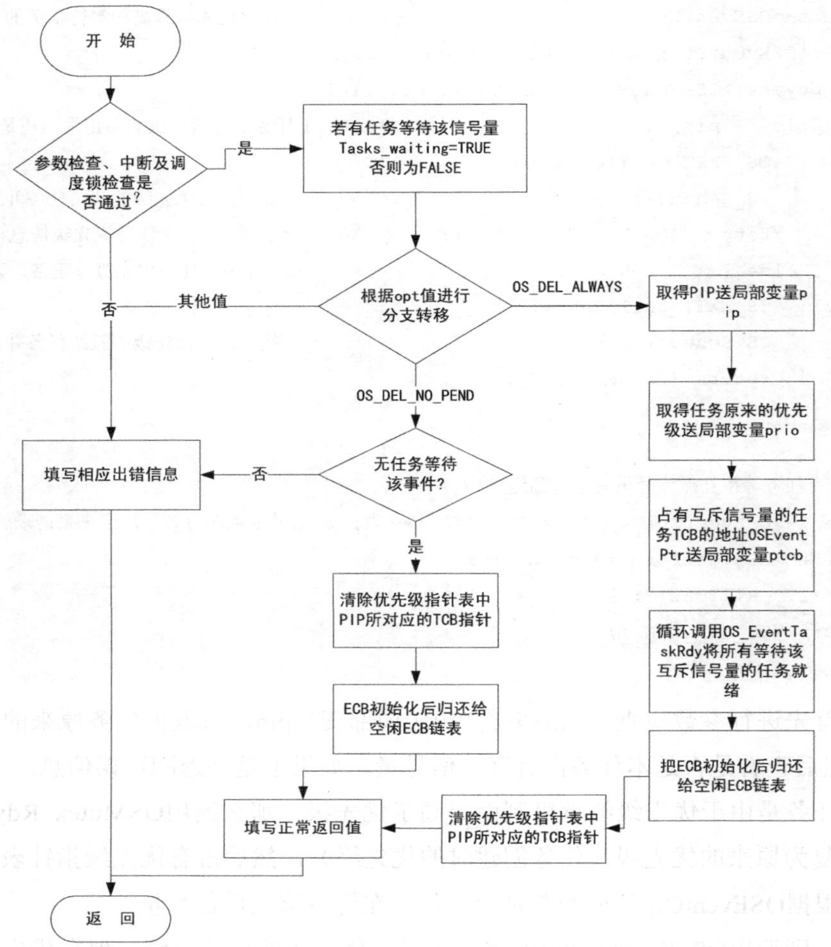

图4.13　OSMutexPost流程图

4.4.5　无等待请求互斥信号量

在有些用户任务中，需要无等待地请求互斥信号量。也就是说，使用互斥信号量请求互斥资源，当互斥资源已经被占用时，并不阻塞自己，而是继续执行其他代码。OSMutexAccept就是无等待请求互斥信号量函数，参数是请求的信号量的ECB指针，和以地址形式传递的错误码供返回错误信息。返回值是BOOLEAN型，表示是否取得资源访问权，代码分析如程序4.23所示。

程序4.23　无等待的请求互斥信号量函数OSMutexAccept解析

```
BOOLEAN  OSMutexAccept (OS_EVENT  *pevent,
                        INT8U *perr)
{
    INT8U      pip;                                  /*优先级继承优先级 (PIP) */

#if OS_ARG_CHK_EN > 0u
    if (pevent == (OS_EVENT *)0) {                   /*无效的ECB指针*/
        *perr = OS_ERR_PEVENT_NULL;
```

```
        return (OS_FALSE);
    }
#endif
    if (pevent->OSEventType != OS_EVENT_TYPE_MUTEX) {   /*判断ECB类型是否有效*/
        *perr = OS_ERR_EVENT_TYPE;
        return (OS_FALSE);
    }
    if (OSIntNesting > 0u) {                             /*不能在ISR中调用本函数 */
        *perr = OS_ERR_PEND_ISR;
        return (OS_FALSE);
    }
    OS_ENTER_CRITICAL();
   pip = (INT8U)(pevent->OSEventCnt >> 8u); /*从互斥信号量所在ECB的OSEventCnt 中获得PIP*/
    if ((pevent->OSEventCnt&OS_MUTEX_KEEP_LOWER_8)
    ==OS_MUTEX_AVAILABLE) /*如果互斥信号量有效，即未被占用*/
{
        pevent->OSEventCnt &= OS_MUTEX_KEEP_UPPER_8;     /*低8未全清0*/
        pevent->OSEventCnt |= OSTCBCur->OSTCBPrio; /*置OSEventCnt 低8位为本任务的优先级*/
        pevent->OSEventPtr  = (void *)OSTCBCur;          /*OSEventPtr指向本任务TCB */
        if (OSTCBCur->OSTCBPrio <= pip) {                /*查看PIP是否小于本任务优先级*/
            OS_EXIT_CRITICAL();
            *perr = OS_ERR_PIP_LOWER;            /*过大的PIP*/
        } else {
            OS_EXIT_CRITICAL();
            *perr = OS_ERR_NONE;
        }
        return (OS_TRUE);                        /*请求到互斥信号量，返回真*/
    }
    OS_EXIT_CRITICAL();
    *perr = OS_ERR_NONE;
    return (OS_FALSE);                           /*没有请求到互斥信号量，返回假*/
}
```

代码中首先进行参数检查，然后取得优先级继承优先级PIP，之后判断信号量是否有效，方法是查看OSEventCnt的低8位是否为全1。如果无效，则直接返回假即可。如果有效，就在OSEventCnt域设置本任务的优先级，OSEventPtr指向本任务TCB。之后，如果判断PIP大于本任务的优先级，则说明PIP不当，在perr中填写此信息。然后返回真，调用本函数的任务就可以访问互斥资源了。

4.4.6 查询互斥信号量状态

信号量状态查询将ECB中关于互斥信号量的信息复制到另一个数据结构OS_SEM_DATA，互斥信号量数据OS_MUTEX_DATA的声明如程序4.24所示。

程序4.24 查询互斥信号量状态所用的结构体OS_ MUTEX _DATA

```
typedef struct os_mutex_data {
    OS_PRIO OSEventTbl[OS_EVENT_TBL_SIZE];         /*事件等待表*/
    OS_PRIO OSEventGrp;     /*事件等待组*/
    BOOLEAN OSValue;        /*互斥信号量值（OS_FALSE 表示被占用，OS_TRUE 表示有效）*/
    INT8U OSOwnerPrio;      /*信号量所有者的优先级*/
```

```
    INT8U OSMutexPIP;              /*优先级继承优先级*/
} OS_MUTEX_DATA;
```

互斥信号量状态查询函数OSMutexQuery的代码解析如程序4.25所示。

程序4.25 查询互斥信号量状态函数OSMutexQuery解析

```
#if OS_MUTEX_QUERY_EN > 0u
INT8U  OSMutexQuery (OS_EVENT *pevent,
                     OS_MUTEX_DATA  *p_mutex_data)
{
    INT8U       i;
    OS_PRIO     *psrc;
    OS_PRIO     *pdest;
    if (OSIntNesting > 0u) {                 /*查看是否是在中断服务程序（ISR）中调用本函数 */
    return (OS_ERR_QUERY_ISR);       /*不能在中断服务程序（ISR）中调用本函数，因此返回错误信息*/
    }
#if OS_ARG_CHK_EN > 0u
    if (pevent == (OS_EVENT *)0) {                                        /*无效的ECB指针*/
        return (OS_ERR_PEVENT_NULL);
    }
    if (p_mutex_data == (OS_MUTEX_DATA *)0) {                 /*无效的OS_MUTEX_DATA指针*/
        return (OS_ERR_PDATA_NULL);
    }
#endif
    if (pevent->OSEventType != OS_EVENT_TYPE_MUTEX) {    /*判断ECB类型是否有效*/
        return (OS_ERR_EVENT_TYPE);
    }
    OS_ENTER_CRITICAL();
    /*参数检查完成，以下取得ECB中互斥信号量相关信息，填入*p_mutex_data的各个域中*/
    /* OSEventCnt的高8位是PIP值*/
    p_mutex_data->OSMutexPIP = (INT8U)(pevent->OSEventCnt >> 8u);
   p_mutex_data->OSOwnerPrio = (INT8U)(pevent->OSEventCnt & OS_MUTEX_KEEP_LOWER_8);
  /*在互斥信号量被占用的情况下，OSEventCnt的低8位是目前占有本互斥信号量的任务的优先级；反之为全1*/
    if (p_mutex_data->OSOwnerPrio == 0xFFu) {
        p_mutex_data->OSValue = OS_TRUE;                                   /*未被占用，有效*/
    } else {
        p_mutex_data->OSValue = OS_FALSE;                                  /*已被占用，无效*/
    }
    /*以下复制事件等待组和事件等待表，然后返回*/
    p_mutex_data->OSEventGrp = pevent->OSEventGrp;
    psrc = &pevent->OSEventTbl[0];
    pdest = &p_mutex_data->OSEventTbl[0];
    for (i = 0u; i < OS_EVENT_TBL_SIZE; i++) {
        *pdest++ = *psrc++;
    }
    OS_EXIT_CRITICAL();
    return (OS_ERR_NONE);
} }
```

进行参数检查之后，将ECB的OSEventCnt的内容分为两部分，将PIP复制到OS_MUTEX_DATA的OSMutexPIP，将低8位复制到OS_MUTEX_DATA的OSOwnerPrio，并根据低8位的值是否为全1，填写OS_MUTEX_DATA的OSValue，然后将ECB中的事件等待组、事件等待表和信号量值的内容完全复制到信号量数据OS_MUTEX_DATA中。

4.4.7　改变任务的优先级并重新就绪

在互斥信号量的请求和删除等部分都调用了OSMutex_RdyAtPrio函数，这个函数的功能是改变任务的优先级，并将任务按新的优先级重新就绪。该函数有两个参数，分别是任务控制块的指针和任务的优先级。改变任务的优先级并重新就绪函数OSMutex_RdyAtPrio解析如程序4.26所示。

程序4.26　改变任务的优先级并重新就绪函数OSMutex_RdyAtPrio解析

```
static  void  OSMutex_RdyAtPrio (OS_TCB   *ptcb,
                                 INT8U  prio)
{
    INT8U  y;
    Y = ptcb->OSTCBY;
    OSRdyTbl[y]  &= (OS_PRIO)~ptcb->OSTCBBitX;      /*清除就绪表中的就绪标志*/
    if (OSRdyTbl[y] == 0u) {                         /*判断是否需要清除继续组中的相应位*/
        OSRdyGrp &= (OS_PRIO)~ptcb->OSTCBBitY;      /*清除就绪组中的相应位*/
    }
    ptcb->OSTCBPrio = prio;                          /*改变任务的优先级为prio*/
    OSPrioCur = prio;      /*改变全局变量OSPrioCur，OSPrioCur 中存储当前任务的优先级*/
    /*相应地改变任务控制块TCB中和优先级有关的其他4项*/
    ptcb->OSTCBY = (INT8U)((INT8U)(prio >> 3u) & 0x07u);
    ptcb->OSTCBX = (INT8U)(prio & 0x07u);
    ptcb->OSTCBBitY = (OS_PRIO)(1uL << ptcb->OSTCBY);
    ptcb->OSTCBBitX = (OS_PRIO)(1uL << ptcb->OSTCBX);
    /*重新使任务按新的优先级就绪*/
    OSRdyGrp |= ptcb->OSTCBBitY;
    OSRdyTbl[ptcb->OSTCBY] |= ptcb->OSTCBBitX;
    OSTCBPrioTbl[prio] = ptcb;
}
```

该函数首先取消任务在就绪组和就绪表中的就绪标志，然后改变任务的优先级及TCB中和优先级相关的4项，最后根据优先级将任务重新就绪。

到这里，关于互斥信号量代码的分析就结束了。在下一节将给出使用互斥信号量的例子。

4.4.8　互斥信号量应用举例

在信号量管理部分我们给出了例子，互斥信号量管理的特点在于优先级提升，因此编写了能体现优先级提升的例子。

假设有高优先级任务TaskMutex1和低优先级任务TaskMutex2，以及中优先级任务TaskPrint。任务信息列如表4.4所示。

表4.4　3个任务的信息

任务名	优先级	说　明
TaskMutex1	5	高优先级任务，操作串口。在0时间片开始创建互斥信号量，然后延时，在第100时间片开始访问串口
TaskMutex2	60	低优先级任务，操作串口。在0时间片开始延时，在第90时间片开始访问串口
TaskPrint	20	一个和串口无关的中优先级任务。在0时间片开始延时，在第95时间片开始恢复运行

可见，TaskMutex1和TaskMutex2都要访问串口这种互斥资源，任务TaskMutex1的优先级是5，是高优先级的任务；任务TaskMutex2的优先级是60，是优先级很低的任务。但是TaskMutex2在第90个时钟周期开始访问串口，高优先级任务TaskMutex1在第100个时钟周期开始访问串口。TaskPrint是延时95秒后，在屏幕上打印一些数据，优先级20是中优先级的任务。

因为TaskMutex2先运行，先访问互斥资源串口，因此将占有串口，TaskMutex1也访问互斥资源串口，因为这时TaskMutex2占有串口，因此得不到运行而被阻塞。因为系统中还有中优先级任务TaskPrint在运行，如果不进行优先级提升，TaskMutex2的优先级比TaskPrint低，因此要等TaskPrint执行完成后才能得到运行。这样，TaskMutex1因为串口资源被TaskMutex2占用而得不到运行，而TaskPrint比TaskMutex2优先级高且没有资源冲突，反而先于TaskMutex1运行完成，出现优先级反转。

如果使用优先级提升，可以在TaskMutex1访问串口发现被占用时，将占用该资源的任务将TaskMutex2优先级提升为3，这样，TaskMutex2在使用串口时优先级高于TaskPrint，就先于TaskPrint运行完成操作串口的部分。然后TaskMutex2提交信号量，恢复自己的优先级60，就会轮到TaskMutex1运行。TaskMutex1运行完成后，才会轮到中优先级任务TaskPrint运行。在TaskPrint运行结束后，才会轮到 TaskMutex2把剩下的事情做完，这样就不会出现优先级反转的情况。

下面来看实现该过程的3个任务的代码，如表4.27所示。

程序4.27　互斥信号量管理应用例程

```
/*Mutex例子程序，使用优先级反转*/
OS_EVENT  *myMutex;
void TaskMutex1(void *pParam)
{
        INT8U *perr;
       INT8U err,i;
       INT32U j;
       perr=&err;
       err=OS_ERR_NONE;

        myMutex=OSMutexCreate(3,perr);        /*创建互斥信号量，优先级继承优先级（PIP）为9*/
       if (myMutex==(OS_EVENT  *)0)           /*检查是否创建成功*/
       {
                    printf("时间:%d，高优先级任务TaskMutex1创建互斥信号量失败,失败号%d:\n",
                            OSTimeGet(),*perr);
                OSTaskDel(OS_PRIO_SELF);   /*不成功则删除本任务*/
                    return;
```

```
    }
    printf("时间:%d，高优先级任务TaskMutex1创建互斥信号量成功.\n",OSTimeGet());
    OSTimeDly(100);                                              /*延时1s*/
    printf("时间:%d，高优先级任务TaskMutex1请求互斥信号量.\n",OSTimeGet());
    OSMutexPend(myMutex,0,perr);                         /*等待互斥信号量*/
    printf("时间:%d，高优先级任务TaskMutex1获得互斥信号量.\n",OSTimeGet());
    if (*perr == OS_ERR_NONE)
    {

            for(i=1;i<=5;i++)
            {
                    /*模拟操作I/O*/
   printf("时间%d:高优先级任务TaskMutex1向串口输出数据%d\n",OSTimeGet(),i);
                    for (j=1;j<=9999999;j++);    /*模拟操作串口*/
            }
    }
    else
    {
  printf("时间:%d，高优先级任务TaskMutex1请求信号量失败,失败号%d:\n",OSTimeGet(),*perr);
    }
    OSMutexPost(myMutex);
    for(i=1;i<=5;i++)
    {

            /*模拟操作I/O*/
   printf("时间%d:高优先级任务TaskMutex1执行提交信号量后执行其他操作%d\n",OSTimeGet(),i);
            for (j=1;j<=99999999;j++);             /*延时，表示在操作串口*/
    }
    printf("高优先级任务TaskMutex1结束运行，删除自己\n",OSTimeGet(),*perr);
    OSTaskDel(OS_PRIO_SELF);                         /*删除本任务*/
    return;

}
void TaskMutex2(void *pParam)
{
    INT8U          *perr;
    INT8U err,i;
    INT32U j;
    perr=&err;
    err=OS_ERR_NONE;
    if (myMutex==(OS_EVENT  *)0)                         /*检查是否有被创建的互斥信号量*/
    {
              printf("时间:%d，互斥信号量未创建");
              OSTaskDel(OS_PRIO_SELF);                   /*删除本任务*/
              return;
    }
    OSTimeDly(90);                                               /*延时不到1s*/
    printf("时间:%d，低优先级任务TaskMutex2请求互斥信号量\n",OSTimeGet());
    OSMutexPend(myMutex,0,perr);                         /*等待互斥信号量*/
    printf("时间:%d，任务TaskMutex2获得互斥信号量\n",OSTimeGet());
    if (*perr == OS_ERR_NONE)
    {
          printf("时间:%d，低优先级任务TaskMutex2获得互斥信号量\n",OSTimeGet());
```

```
            for(i=1;i<=5;i++)
            {

                    /*模拟操作I/O*/
                  printf("时间%d:低优先级TaskMutex2向串口输出数据%d\n",OSTimeGet(),i);
                   for (j=1;j<=99999999;j++);  /*模拟操作串口*/
            }
        }
        else
        {
      printf("时间:%d，低优先级任务TaskMutex2请求信号量失败,失败号:\n",OSTimeGet(),*perr);
        }
        OSMutexPost(myMutex);
        for(i=1;i<=5;i++)
        {
            /*模拟操作I/O*/
    printf("时间%d:低优先级TaskMutex2执行提交信号量后执行其他操作%d\n",OSTimeGet(),i);
            for (j=1;j<=99999999;j++);                  /*延时，表示在操作串口*/
        }
        printf("低优先级任务TaskMutex2结束运行，删除自己\n",OSTimeGet(),*perr);
        OSTaskDel(OS_PRIO_SELF);                    /*删除本任务*/
        return;
}

void TaskPrint(void *pParam)
{
        INT8U     *perr;
        INT8U err,i;
        INT32U j;
        perr=&err;
        err=OS_ERR_NONE;
         i=0;
         OSTimeDly(95);
        for(i=1;i<=5;i++)
        {
            /*模拟操作I/O*/
           printf("时间%d:中优先级任务TaskPrint在运行中，打印数据%d\n",OSTimeGet(),i++);
            for (j=1;j<=99999999;j++);                  /*模拟进行打印操作*/
        }
        printf("中优先级任务TaskPrint结束运行，删除自己\n");
        OSTaskDel(OS_PRIO_SELF);                    /*删除本任务*/
}
```

以上代码实现了上述设计思路。3个函数代码采用顺序流程，在最后都按操作系统的要求写出了删除自己的语句。在操作硬件部分，采用for循环代替具体的操作代码。

TaskMutex1是3个任务中最高优先级的任务，由它来完成创建互斥信号量的操作。TaskMutex1在运行时该信号量应该已经存在了，如果不存在那就是出错了，是任务控制块分配的空间不够。

3个任务的创建部分在主程序中，代码如程序4.28所示。

程序4.28 互斥信号量管理应用例程

```
/*Mutex例子程序的创建任务部分，使用优先级反转*/
OS_STK   TaskStk[OS_MAX_TASKS][TASK_STK_SIZE];
OSTaskCreate(TaskMutex1, 0, &TaskStk[6][TASK_STK_SIZE-1], 6);
OSTaskCreate(TaskMutex2, 0, &TaskStk[7][TASK_STK_SIZE-1], 60);
OSTaskCreate(TaskPrint, 0, &TaskStk[8][TASK_STK_SIZE-1], 20);
```

运行结果如图4.14所示。

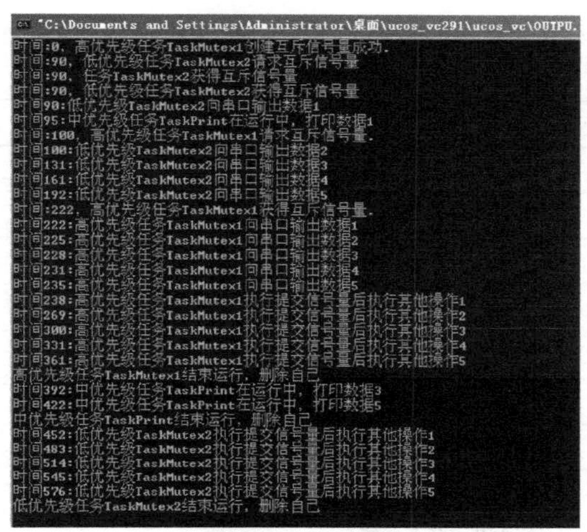

图4.14　互斥信号量管理应用例程运行结果

由运行结果可知，使用互斥信号量管理解决了优先级反转问题。

4.5 事件标志组管理

在信号量和互斥信号量的管理中，任务请求资源，如果资源未被占用就可继续运行，否则只能阻塞，等待资源释放的事件发生。这种事件是单一的事件。如果任务要等待多个事件的发生，或多个事件中的某一个事件的发生就可以继续运行，那么就应该采用本章的事件标志组管理。

举例说明，若创建一个事件标志组，这个事件标志组中的事件标志定义如图4.15所示。

位：7	6	5	4	3	2	1	0
未定义	未定义	未定义	未定义	事件D发生	事件C发生	事件B发生	事件A发生

图4.15　事件标志的一种定义

那么，当事件A和D发生的时候，事件标志应如图4.16所示。

位：7	6	5	4	3	2	1	0
0	0	0	0	1	0	0	1

图4.16　A和D事件发生

如果一个任务请求事件标志组，请求的标志为0x03，条件是全部事件发生，因为0x03是

00000011，因此要求事件A和事件B都发生才能继续运行，因此要被阻塞。只有等待图4.16中的位0和位3都为1时才能被就绪。

如果请求的标志还是0x03，但是条件是任务事件发生，那么，由于A事件已经发生，任务可以继续运行。

事件标志组就是这样一种灵活的事件管理机制，它的代码在os_flag.c中。事件标志组管理比较复杂，有自己独立的数据结构。

信号量管理的核心函数如表4.5所示。

表4.5 事件标志管理函数列表

信号量函数名	说 明
OSFlagInit	事件标志组初始化
OSFlagCreate	创建事件标志组
OSFlagPend	等待（请求）事件标志组
OSFlagDel	删除事件标志组
OSFlagPost	发出（提交）事件标志组
OSFlagAccept	不等待的请求事件标志组
OSFlagQuery	查询事件标志组的信息
OS_FlagBlock	事件标志组阻塞函数
OS_FlagTaskRdy	标志节点任务就绪

4.5.1 事件标志组数据结构

事件标志组管理的主要数据结构包括事件标志组、事件标志节点、事件标志组实体、事件标志组链表和事件标志节点链表。

1. 事件标志组OS_FLAG_GRP

事件标志组是事件标志组管理中最核心的数据结构，下面先来看它的定义，如除恶程序4.29所示。

程序4.29 事件标志组OS_FLAG_GRP定义

```
typedef struct os_flag_grp {
    INT8U OSFlagType;                    /*事件标志类型*/
    void *OSFlagWaitList;           /*指向第一个任务等待事件标志节点*/
    OS_FLAGS OSFlagFlags;           /*事件标志*/
    INT8U *OSFlagName;              /*事件标志名称*/
} OS_FLAG_GRP;
```

事件标志类型的值表示该事件标志组是否被使用，如果未被使用，那么它的值应该是OS_EVENT_TYPE_UNUSED。如果被使用，那么它的值应该是OS_EVENT_TYPE_FLAG。

OSFlagWaitList是指针，有两种用途，如果未被使用，OSFlagWaitList用来指示空闲事件标志组链表的下一个事件标志组。反之，指示事件标志节点链表的首地址。

OS_FLAGS的定义为：typedef INT8U OS_FLAGS;，需要注意的是μC/OS-II支持8位、

16位和32位的OS_FLAGS，在代码中使用条件编译指令来实现，这里为论述方便，以8位为例。OSFlagFlags就是事件标志，其中的每一位对应一种事件，每一位的意义由使用者自由定义。如果OSFlagFlags的值为0x05，即二进制的00000101，那么标志着事件0和事件2发生了。

OSFlagName是事件标志组的名称，如果有必要，可以给事件标志组命名。

2．事件标志节点OS_FLAG_NODE

事件标志节点包含等待事件标志的任务的信息，事件标志节点的定义如程序4.30所示。

程序4.30　事件标志节点OS_FLAG_NODE定义

```
typedef struct os_flag_node {          /*事件标志等待列表节点*/
    void *OSFlagNodeNext;                      /*指向下一个节点*/
    void *OSFlagNodePrev;                      /*指向前一个节点*/
    void *OSFlagNodeTCB;               /*指向等待任务的TCB*/
    void *OSFlagNodeFlagGrp;           /*指向事件标志组*/
    OS_FLAGS   OSFlagNodeFlags;                /*事件标志节点标志*/
    INT8U   OSFlagNodeWaitType;                /*等待类型，可以是如下值:*/
                                       /*与关系OS_FLAG_WAIT_AND几个事件全部发生结束等待*/
                                       /*全部发生OS_FLAG_WAIT_ALL全部事件发生结束等待*/
                                       /*或关系 OS_FLAG_WAIT_OR当某几个事件之一发生结束等待*/
                                       /*任何一个 OS_FLAG_WAIT_ANY任何一个事件发生结束等待*/
} OS_FLAG_NODE;
```

事件标志节点中的TCB指针用来找到等待事件标志的任务控制块，找到了任务控制块就能找到任务的一切信息。事件标志节点标志OSFlagNodeFlags是针对本任务说的，和OSFlagNodeWaitType相配合，指示本任务当OSFlagNodeFlagGrp指向的事件标志组中的哪些事件在什么组合条件下发生，任务就退出等待。

所有的事件标志节点链接为一个双向的链表，标志节点中OSFlagNodeNext指向下一个节点，而OSFlagNodePrev指向前一个节点。

3．事件标志组实体

事件标志组的实体是事件标志表，该表格在操作系统头文件ucos_ii.h中声明如下：

```
OS_FLAG_GRP OSFlagTbl[OS_MAX_FLAGS]
```

OS_MAX_FLAGS是宏，默认值是5。这里是生成了数组OSFlagTbl，占用了S_MAX_FLAGS* SizeOf(OS_FLAG_GRP)那么大的存储空间。

4．事件标志组链表

所有没有被使用的事件标志组连接为一个单向的链表，这个链表被称为空闲事件标志组链表。事件标志组中OSFlagWaitList用来指示空闲事件标志组链表中的下一个事件标志组。如果该事件标志组是空闲事件标志组链表中的最后一个，那么OSFlagWaitList的值就是一个空指针。

如果要创建一个事件标志组，就需要在这个链表中取出一个。

为了找到这个链表，定义了全局变量OSFlagFreeList指示该链表的表头。

5．事件标志节点链表

等待事件标志组的每个任务都要占用一个事件标志组节点，如果等待某事件标志组的任务数有N个，那么这N个事件标志组节点就要手拉手链接为一个双向链表，这个链表就是事件标志节点链表。

这时事件标志组中的OSFlagWaitList用来找到该链表，也就是指向该链表的表头。

值得注意的是，μC/OS-II的所有的链表操作、删除和添加操作都是在表头进行的。

4.5.2　事件标志组初始化

事件标志组的初始化函数在操作系统的初始化中被调用，函数名称为OS_FlagInit，代码分析如程序4.31所示。

程序4.31　事件标志组初始化函数OS_FlagInit分析

```
void  OS_FlagInit (void)
{
#if OS_MAX_FLAGS == 1u              /*如果只有一个事件标志组*/
    /*OSFlagFreeList指向事件标志组空闲链表的表头，表头为OSFlagTbl[0]*/
    OSFlagFreeList = (OS_FLAG_GRP *)&OSFlagTbl[0];
    OSFlagFreeList->OSFlagType= OS_EVENT_TYPE_UNUSED;              /*类型为未用*/
    /*OSFlagWaitList这里用于指向下一个事件标志组，因为只有一个事件标志组，所有该值为空指针*/
    OSFlagFreeList->OSFlagWaitList = (void *)0;
    OSFlagFreeList->OSFlagFlags= (OS_FLAGS)0;                      /*标志为全0*/
    OSFlagFreeList->OSFlagName = (INT8U *)"?";                     /*名称为“?”*/
#endif
#if OS_MAX_FLAGS >= 2u                                  /*如果事件标志组的数量大于1*/
   INT16U         ix;
   INT16U         ix_next;
   OS_FLAG_GRP   *pgrp1;
   OS_FLAG_GRP   *pgrp2;
   OS_MemClr((INT8U *)&OSFlagTbl[0], sizeof(OSFlagTbl));/*将所有事件标志组全部清为全0*/
    /*以下使用for循环将除最后一个事件标志组OSFlagTbl[OS_MAX_FLAGS - 1]之外的所有事件标志组初
          始化，并基本构建了单向的事件标志组空闲链表*/
for (ix = 0u; ix < (OS_MAX_FLAGS - 1u); ix++)
{
        ix_next = ix + 1u;
        pgrp1 = &OSFlagTbl[ix];
        pgrp2 = &OSFlagTbl[ix_next];
        pgrp1->OSFlagType = OS_EVENT_TYPE_UNUSED;
        pgrp1->OSFlagWaitList = (void *)pgrp2;
        pgrp1->OSFlagName = (INT8U *)(void *)"?";
    }
    /*接下来处理最后一个事件标志组*/
pgrp1 = &OSFlagTbl[ix];
    pgrp1->OSFlagType = OS_EVENT_TYPE_UNUSED;
    pgrp1->OSFlagWaitList = (void *)0;    /*这里空闲时间标志组链表完全建立完成*/
    pgrp1->OSFlagName = (INT8U *)(void *)"?";
    OSFlagFreeList = &OSFlagTbl[0];       /*OSFlagFreeList指向事件标志组空闲链表的表头*/
#endif
}
```

如果宏OS_MAX_FLAGS的值是1，那么因为采用条件编译语句，这样编译后的代码中只包含前面的条件编译块中的代码。OSFlagFreeList指向表头OSFlagTbl[0]，OSFlagWaitList在事件标志组空闲的时候被当做指向下一个事件标志组的指针使用，因此应赋值为空指针。这样就创建了一个只有一个事件标志组的事件标志组空闲链表。对事件标志组其他域的赋值为：OSFlagType为OS_EVENT_TYPE_UNUSED，OSFlagFlags为0，OSFlagName为字符“?”。

如果宏OS_MAX_FLAGS的值是大于1的，那么上面的一段代码就不会被编译器编译，只编译第2个条件编译块，流程如下：

（1）将所有事件标志组全部清为全0。

（2）使用for循环将除最后一个事件标志组OSFlagTbl[OS_MAX_FLAGS - 1]之外的所有事件标志组初始化，并基本构建了单向的事件标志组空闲链表。为什么说是基本构建了呢？因为还不完全，至少最后一个事件标志组的OSFlagWaitList还未设置。

（3）初始化最后一个事件标志组，将事件标志组空闲链表完善。

可见，事件标志组初始化程序对所有的事件标志组进行了初始化，并构建了一个单向的事件标志组空闲链表。通过全局变量OSFlagFreeList就能找到这个链表。

4.5.3 创建事件标志组

和信号量或互斥信号量的管理一样，要使用事件标志组依然需要创建。创建事件标志组就是从事件标志组空闲链表的表头取下一个事件标志组，对其各种属性进行设置。初创建事件标志组的函数名称为OSFlagCreate，参数是事件标志flags和为返回运行信息而传递的地址参数perr。创建事件标志组的函数OSFlagCreate的代码分析如程序4.32所示。

程序4.32 事件标志组创建函数OSFlagCreate分析

```
OS_FLAG_GRP  *OSFlagCreate (OS_FLAGS  flags,
                            INT8U *perr)
{
    OS_FLAG_GRP *pgrp;
    if (OSIntNesting > 0u) {        /*在ISR中不允许创建事件标志组*/
        *perr = OS_ERR_CREATE_ISR;
        return ((OS_FLAG_GRP *)0);
    }
    OS_ENTER_CRITICAL();
    pgrp = OSFlagFreeList;   /*取得事件标志组的链表首地址，pgrp指向了要使用的事件标志组*/
    if (pgrp != (OS_FLAG_GRP *)0) {                  /*链表是否不为空*/
      /*从空闲事件标志链表中取出一个使用，OSFlagFreeList指向下一个事件标志组*/
     OSFlagFreeList = (OS_FLAG_GRP *)OSFlagFreeList->OSFlagWaitList;
     pgrp->OSFlagType= OS_EVENT_TYPE_FLAG; /*事件标志组的类型变为OS_EVENT_TYPE_FLAG */
     pgrp->OSFlagFlags = flags;              /*OSFlagFlags设置为传递进来的flags值*/
        pgrp->OSFlagWaitList = (void *)0;          /*事件等待列表指针指向空地址*/
        pgrp->OSFlagName = (INT8U *)(void *)"?";
        OS_EXIT_CRITICAL();
        *perr = OS_ERR_NONE;
    } else {
        OS_EXIT_CRITICAL();
```

```
        *perr = OS_ERR_FLAG_GRP_DEPLETED;
    }
    return (pgrp);                                              /*返回事件标志组指针*/
}
```

根据对代码的分析，流程如下：

（1）判断是否在中断服务程序中调用本函数，如果是，就返回。

（2）取得事件标志组的链表首地址送pgrp。

（3）判断pgrp是否为空指针，如果是，则说明系统已经没有空闲的事件标志组可供使用，然后填写错误信息，返回空指针。

（4）从空闲事件标志组链表取下表头，对pgrp所指的事件标志组的各个域进行赋值。

（5）返回事件标志组的指针pgrp。

4.5.4　事件标志组阻塞函数

事件标志组阻塞函数OS_FlagBlock是μC/OS-II的内部函数，功能是将等待事件标志组的任务阻塞，直到请求的事件标志被设置。

事件标志阻塞函数OS_FlagBlock的定义如程序4.33所示。

程序4.33　事件标志阻塞函数OS_FlagBlock的定义

```
static  void  OS_FlagBlock (OS_FLAG_GRP   *pgrp,
                            OS_FLAG_NODE *pnode,
                            OS_FLAGS flags,
                            INT8U wait_type,
                            INT32U timeout)
```

参数解析如下。

- pgrp：事件标志组指针。
- pnode：事件标志节点指针地址。
- flags：事件标志，是位掩码，指示检查哪些位。例如，如果flags为0x05，那么就检查0位和第2位（00000101）。
- wait_type：等待类型，可以是以下值之一：
  - OS_FLAG_WAIT_CLR_ALL：等待选择的所有位都清0。
  - OS_FLAG_WAIT_SET_ALL：等待选择的所有位都置1。
  - OS_FLAG_WAIT_CLR_ANY：等待选择的任何位被清0。
  - OS_FLAG_WAIT_SET_ANY：等待选择的任何位被置1。
- timeout：超时时间。
- 返回值：无。

事件标志阻塞函数OS_FlagBlock的代码分析如程序4.34所示。

程序4.34　　事件标志阻塞函数OS_FlagBlock分析

```
static  void  OS_FlagBlock (OS_FLAG_GRP   *pgrp,
                            OS_FLAG_NODE *pnode,
```

```
                                OS_FLAGS flags,
                                INT8U wait_type,
                                INT32U timeout)
{
    OS_FLAG_NODE  *pnode_next;
    INT8U y;
    OSTCBCur->OSTCBStat|= OS_STAT_FLAG;  /*在TCB的OSTCBStat中设置事件标志组等待标志*/
    /*在TCB的OSTCBStatPend中初始化事件等待状态*/
    OSTCBCur->OSTCBStatPend = OS_STAT_PEND_OK;
    OSTCBCur->OSTCBDly = timeout;          /*在TCB中存储超时时间 */
    OSTCBCur->OSTCBFlagNode = pnode;  /*将事件标志节点地址赋值给TCB中的OSTCBFlagNode*/
    pnode->OSFlagNodeFlags = flags;        /*在节点中保存事件标志 */
    pnode->OSFlagNodeWaitType = wait_type;        /*在节点中保存等待类型*/
    pnode->OSFlagNodeTCB = (void *)OSTCBCur       /*在节点中保存当前TCB地址*/
    /*在事件标志等待链表的头部增加节点*/
pnode->OSFlagNodeNext = pgrp->OSFlagWaitList;
   pnode->OSFlagNodePrev= (void *)0;
    pnode->OSFlagNodeFlagGrp=(void *)pgrp;        /*在事件节点中保存事件标志组地址*/
    pnode_next = (OS_FLAG_NODE *)pgrp->OSFlagWaitList;  /*原来的表头变为第2个节点*/
    if (pnode_next != (void *)0) {                /*如果为空地址，那么只有一个节点 */
     pnode_next->OSFlagNodePrev = pnode; /*否则，原来第一个节点的前一个节点应该是本节点*/
    }
  pgrp->OSFlagWaitList = (void *)pnode; /*事件标志组的OSFlagWaitList指针应指向新的表头*/
   /*以下对就绪表操作，取消就绪标志，该任务被阻塞*/
    y =  OSTCBCur->OSTCBY;
    OSRdyTbl[y] &= (OS_PRIO)~OSTCBCur->OSTCBBitX;
    if (OSRdyTbl[y] == 0x00u) {
        OSRdyGrp &= (OS_PRIO)~OSTCBCur->OSTCBBitY;
    }
}
```

根据对代码的分析，流程如下：

（1）首先是针对任务控制块（TCB）的操作，在OSTCBStat中设置事件标志组等待标志，将OSTCBStatPend初始化事件等待状态，给OSTCBDly赋值为超时时间，给OSTCBFlagNode赋值为当前事件标志节点地址。

（2）然后设置节点中的各个域，包括事件标志、节点类型和TCB地址。

（3）在事件节点等待任务链表的头部插入本节点。

（4）在事件标志组中修改事件等待节点链表的首地址。

（5）取消任务的就绪标志。

该函数在下一节请求事件标志函数中将被调用。

4.5.5 请求事件标志

事件标志组请求函数OSFlagPend用于等待事件标志组中的组合条件。任务可以等待任意事件标志位被置位或复位，或所有事件标志位都被置位或复位，事件标志组请求函数OSFlagPend的函数声明如程序4.35所示。

程序4.35　事件标志组请求函数OSFlagPend的函数声明

```
OS_FLAGS  OSFlagPend (OS_FLAG_GRP  *pgrp,
                      OS_FLAGS flags,
                      INT8U wait_type,
                      INT32U timeout,
                      INT8U *perr)
```

参数解析如下。

- pgrp：事件标志组指针。
- flags：等待标志。掩码，表示事件等待哪些位。如果应用程序等待任务组中事件标志中的0和2，那么就应设置为0x05。
- wait_type：等待类型。说明是要等待所有位都被置位还是只要任务位被置位。可以从以下值中选择：
  - OS_FLAG_WAIT_CLR_ALL：等待选择的所有位都置0。
  - OS_FLAG_WAIT_SET_ALL：等待选择的所有位都置1。
  - OS_FLAG_WAIT_CLR_ANY：等待选择的任何位被置0。
  - OS_FLAG_WAIT_SET_ANY：等待选择的任何位被置1。

注意：将以上值加上OS_FLAG_CONSUME（消费标志），表示在等待成功后将这些位清除。

- timeout：等待超时时间。
- perr：任务执行信息的指针，用来获得执行过程的信息，可以是以下值：
  - OS_ERR_NONE：在超时时间内组合事件发生。
  - OS_ERR_PEND_ISR：在中断服务程序中调用本函数。
  - OS_ERR_FLAG_INVALID_PGRP：无效的事件标志组指针。
  - OS_ERR_EVENT_TYPE：无效的事件标志组类型。
  - OS_ERR_TIMEOUT：因超时结束等待。
  - OS_ERR_PEND_ABORT：退出等待。
  - OS_ERR_FLAG_WAIT_TYPE：不正确的等待类型。
- 返回值：正常情况下返回事件标志，超时或错误情况下返回0。

事件标志组请求函数OSFlagPend的分析如程序4.36所示。

程序4.36　事件标志组请求函数OSFlagPend分析

```
    OS_FLAG_NODE  node;                         /*生成了一个事件标志组节点*/            (1)
    OS_FLAGS flags_rdy;
    INT8U result;
    INT8U pend_stat;
    BOOLEAN consume;
#if OS_ARG_CHK_EN > 0u
    if (pgrp == (OS_FLAG_GRP *)0) {             /*事件标志组是否有效*/
        *perr = OS_ERR_FLAG_INVALID_PGRP;
        return ((OS_FLAGS)0);
    }
#endif
```

```
    if (OSIntNesting > 0u) {                    /*是否从ISR中调用本函数*/
        *perr = OS_ERR_PEND_ISR;
        return ((OS_FLAGS)0);
    }
    if (OSLockNesting > 0u) {                   /*调度器是否上锁*/
        *perr = OS_ERR_PEND_LOCKED;
        return ((OS_FLAGS)0);
    }
    if (pgrp->OSFlagType != OS_EVENT_TYPE_FLAG) {          /*事件标志组类型是否有效*/
        *perr = OS_ERR_EVENT_TYPE;
        return ((OS_FLAGS)0);
    }
    result = (INT8U)(wait_type & OS_FLAG_CONSUME);
    if (result != (INT8U)0) {                          /*标志是否带有消耗指示 */          (2)
        wait_type &= (INT8U)~(INT8U)OS_FLAG_CONSUME;     /*去掉消耗标志*/
        consume = OS_TRUE;                    /*consume为真表示为消耗类型，否则为非消耗*/
    } else {
        consume = OS_FALSE;
    }
    OS_ENTER_CRITICAL();
    switch (wait_type) {                                                                    (3)
      /*是否要求所有的标志都被置位，相当于当标志所指示的所有的事件都发生，才能继续运行*/
      case OS_FLAG_WAIT_SET_ALL:
      /*提取事件标志被置位的位中满足请求要求的位，这些位在flags中为1，在OSFlagFlags中也为1，将
flags_rdy中这些位置1，其他位清0*/
           flags_rdy = (OS_FLAGS)(pgrp->OSFlagFlags & flags);
         /*是否所有请求的标志都被置位。如果是，那么任务运行的条件已满足，所有要求的事件都发生了*/
            if (flags_rdy == flags) {
                if (consume == OS_TRUE) {
                   /*将事件标志组的标志位中对应位清0，消费了事件*/
                    pgrp->OSFlagFlags &= (OS_FLAGS)~flags_rdy;
                }
                OSTCBCur->OSTCBFlagsRdy = flags_rdy;      /*保存该标志到任务控制块*/
                OS_EXIT_CRITICAL();
                *perr = OS_ERR_NONE;
                 return (flags_rdy);                      /*条件满足，返回 */
            } else                                                   /*条件不满足*/
{
                OS_FlagBlock(pgrp, &node, flags, wait_type, timeout);
                /*调用OS_FlagBlock阻塞任务和做相关处理*/
                OS_EXIT_CRITICAL();
            }
            break;
      /*是否要求有任一位置1就可以，相当于请求的事件标志所指示的任一事件的发生，就可以继续运行*/
        case OS_FLAG_WAIT_SET_ANY:
      /*提取想要的位，即这些位在flags中为1，在OSFlagFlags中为1，将想要的位置1，其他位清0*/
            flags_rdy = (OS_FLAGS)(pgrp->OSFlagFlags & flags);
            if (flags_rdy != (OS_FLAGS)0) {         /*是否有任何位被置位*/
                if (consume == OS_TRUE) {
                    /*将事件标志组的标志位中对应位清0，消费了事件*/
                    pgrp->OSFlagFlags &= (OS_FLAGS)~flags_rdy;
                }
                OSTCBCur->OSTCBFlagsRdy = flags_rdy;
```

```
                OS_EXIT_CRITICAL();
                *perr = OS_ERR_NONE;
                return (flags_rdy);                              /*条件满足，返回 */
            } else {
                /*调用OS_FlagBlock阻塞任务和做相关处理*/
                OS_FlagBlock(pgrp, &node, flags, wait_type, timeout);
                OS_EXIT_CRITICAL();
            }
            break;
        case OS_FLAG_WAIT_CLR_ALL: /*是否所有请求的标志都被置0，要求这些事件都不发生！*/
        /*提取想要的位，即这些位在flags中为1，在OSFlagFlags中为0，将想要的位置1，其他位清0 */
            flags_rdy = (OS_FLAGS)~pgrp->OSFlagFlags & flags;
            if (flags_rdy == flags) {                                  /*请求得到满足*/
                if (consume == OS_TRUE) {                              /*如果消费*/
                    pgrp->OSFlagFlags |= flags_rdy;      /*这些位被置1*/
                }
                OSTCBCur->OSTCBFlagsRdy = flags_rdy;     /*在TCB中保存标志 */
                OS_EXIT_CRITICAL();                    *perr = OS_ERR_NONE;
                return (flags_rdy);                                /*因条件满足而返回*/
            } else {
                /*调用OS_FlagBlock阻塞任务和做相关处理*/
                OS_FlagBlock(pgrp, &node, flags, wait_type, timeout);
                OS_EXIT_CRITICAL();
            }
            break;
        case OS_FLAG_WAIT_CLR_ANY: /*是否所有请求的标志有一个被置0*/
        /*提取想要的位，即这些位在flags中为1，在OSFlagFlags中为0，将想要的位置1，其他位清0 */
            flags_rdy = (OS_FLAGS)~pgrp->OSFlagFlags & flags;
            if (flags_rdy != (OS_FLAGS)0) {                    /*是否有一位请求位被清0*/
             if (consume == OS_TRUE) {                         /*如果消费*/
             pgrp->OSFlagFlags |= flags_rdy; /*将事件等待组中的事件等待标志的这一位置1*/
                }
                OSTCBCur->OSTCBFlagsRdy = flags_rdy;     /*在TCB中保存标志*/
                OS_EXIT_CRITICAL();
                *perr = OS_ERR_NONE;
                return (flags_rdy);                            /*因条件满足而返回*/
          } else {                           /*Block task until events occur or timeout*/
                /*调用OS_FlagBlock阻塞任务和做相关处理*/
                OS_FlagBlock(pgrp, &node, flags, wait_type, timeout);
                OS_EXIT_CRITICAL();
            }
            break;
        default:
            OS_EXIT_CRITICAL();
            flags_rdy = (OS_FLAGS)0;
            *perr = OS_ERR_FLAG_WAIT_TYPE;                     /*无效的等待类型*/
            return (flags_rdy);
    }
    /*运行到这里的时候，本任务已经被OS_FlagBlock取消了就绪标志*/
  OS_Sched();  /*执行一次任务调度，本任务已被阻塞，就绪表中最高优先级的任务获得运行*/      (4)
    /*-------------一段时间，或长或短-------------*/
    /*当事件标志中满足本任务要求的事件发生，任务被就绪，再获得运行，将从这里继续运行*/
    OS_ENTER_CRITICAL();                                                              (5)
```

```
    /*是被取消等待或是等待超时而恢复运行的*/
    if (OSTCBCur->OSTCBStatPend != OS_STAT_PEND_OK) {
        pend_stat  = OSTCBCur->OSTCBStatPend;
        OSTCBCur->OSTCBStatPend  = OS_STAT_PEND_OK;
        OS_FlagUnlink(&node); /*该函数将节点从事件标志节点链表中删除，没有其他操作*/
        OSTCBCur->OSTCBStat=OS_STAT_RDY;          /*恢复TCB中OSTCBStat为初始值*/
        OS_EXIT_CRITICAL();
        flags_rdy = (OS_FLAGS)0;
        switch (pend_stat) {
            case OS_STAT_PEND_ABORT:
                 *perr = OS_ERR_PEND_ABORT;       /*表示是取消等待 */
                 break;

            case OS_STAT_PEND_TO:
            default:
                 *perr = OS_ERR_TIMEOUT;          /*表示是等待超时*/
                 break;
        }
        return (flags_rdy);                                   /*返回0*/
    }
    /*TCB的OSTCBFlagsRdy存储了事件等待成功时的事件标志*/
    flags_rdy = OSTCBCur->OSTCBFlagsRdy;
    if (consume == OS_TRUE) {              /*既然等待成功，如果消费还需要就标志位进行消费 */
        switch (wait_type) {
            case OS_FLAG_WAIT_SET_ALL:
            /*这两种情况应该清事件标志组中的对应位，表示该事件已经被消费*/
            case OS_FLAG_WAIT_SET_ANY:
                 pgrp->OSFlagFlags &= (OS_FLAGS)~flags_rdy;
                 break;
            case OS_FLAG_WAIT_CLR_ALL:
            /*这两种情况应该置位事件标志组中的对应位，表示该位事件的未发生已经被消费*/
            case OS_FLAG_WAIT_CLR_ANY:
                 pgrp->OSFlagFlags |=  flags_rdy;
                 break;
            default:
                 OS_EXIT_CRITICAL();
                 *perr = OS_ERR_FLAG_WAIT_TYPE;  /*无效的等待类型*/
                 return ((OS_FLAGS)0);
        }
    }
    OS_EXIT_CRITICAL();
 /*到这里，任务等待事件标志组必然经历了因标志无效而被阻塞，然后标志有效而被恢复就绪，获得执行并成功
      进行后续处理*/
    *perr = OS_ERR_NONE;
    return (flags_rdy);                                         /*返回等待成功的标志*/
```

由于该代码有一些难度，又是理解事件标志组管理的关键，需要做比较仔细的分析。可以将整个代码分为以下5个主要部分进行分析。

（1）首先要说明的是事件标志节点的声明。程序4.36中（1）处代码生成了一个事件标志组节点的实例。事件标志组在头文件中声明了事件标志组数组，但是事件标志组节点并没有在本代码外的任务代码中被实例化过。node这个局部变量在这里完成了这一操作！如果任

务请求的事件标志有效，那么node不需要被插入到事件标志节点表中，因为事件标志节点表中的节点都是等待事件为任务以后被恢复就绪而在排队。那么，本函数返回后，局部变量的空间自然被归还了。反之，如果任务请求的事件标志无效，那么node将被插入到事件标志节点表中排队，但是当任务等待的事件发生后，会回到本段代码继续执行，本函数会将该节点从事件标志节点表中删除，之后本函数返回，该节点占用的空间也会被释放。因此，在这里生成了一个事件标志组节点的实例，而不用全局变量是可行的。

（2）消费标志的提取和等待标志的提纯。和其他函数一样，OSFlagPend进行了一系列的参数、ISR、调度锁的检查。检查之后，代码中（2）处在参数wait_type中提取消费标志，然后根据是否有消费标志，给局部变量consume赋值。这里需要看一下等待类型的宏定义，如程序4.37所示。

程序4.37　等待类型的宏定义

```
#define  OS_FLAG_WAIT_CLR_ALL            0u
#define  OS_FLAG_WAIT_CLR_ANY            1u
#define  OS_FLAG_WAIT_SET_ALL            2u
#define  OS_FLAG_WAIT_SET_ANY            3u
#define  OS_FLAG_CONSUME                  0x80u
```

前面提到等待类型即wait_type的取值可以是表4.42中的前4个宏之一加上或不加OS_FLAG_CONSUME。假设我们采用OS_FLAG_WAIT_CLR_ANY + OS_FLAG_CONSUME，即0x81，表示对等待的任何事件发生，任务都继续运行，并将事件标志组中的对应事件标志清除（消费掉）。现在需要将是否消费提取出来给变量consume，在等待类型wait_type中将等待类型中去掉是否消费后的信息保留。于是将wait_type 与 OS_FLAG_CONSUME相与，这样就取出wait_type中的最高位，即消费标志。如果这个值不为0，应将consume赋值为真，反之就为假。而要得到纯粹的等待类型，方法是将wait_type与宏OS_FLAG_CONSUME按位取反（~ OS_FLAG_CONSUME）相与，即与01111111按位与，再赋值给wait_type，wait_type中保留的就是经过提纯的等待类型。wait_type因为与01111111按位与，所以从0x81变为0x01，即OS_FLAG_WAIT_CLR_ANY。

（3）根据wait_type执行不同的代码。wait_type不同，任务请求成功的条件就不相同。本书中分析第一种情况，即OS_FLAG_WAIT_SET_ALL，对于其他情况，请读者自己进行分析。假设事件标志的定义如图4.17所示。

位：7	6	5	4	3	2	1	0
未定义	未定义	未定义	未定义	事件D发生	事件C发生	事件B发生	事件A发生

图4.17　事件标志的定义

当前事件标志的值如图4.18所示。

位：7	6	5	4	3	2	1	0
0	0	0	0	1	0	0	1

图4.18　事件标志的值

也就是事件A和D已经发生，事件B和C未发生。即pgrp->OSFlagFlags为00001001。

假设要求事件C和事件A都发生才能满足任务的要求，并且在满足要求后，要消费掉事件标志，那么参数flags应为00000101，wait-type应为10000010，提纯后wait-type应为00000010，即OS_FLAG_WAIT_SET_ALL。

对flags_rdy赋值。提取事件标志被置位的位中满足请求要求的位，这些位在flags中为1，在OSFlagFlags中也为1，将flags_rdy中这些位置1，其他位清0。因为flags为00000101，pgrp->OSFlagFlags为00001001，所以flags_rdy的值为00000001，即以flags标记的请求中，事件A发生被满足了，但是事件C发生并没有被满足。flags_rdy标记了请求中被满足的那些位。在等待条件为OS_FLAG_WAIT_CLR_ALL时必须所有条件都要满足才行，因此要判断是否所有请求的标志都被置位。即当flags_rdy与flags相等的时候，条件满足。这种情况下，根据消费标志consume来判断是否需要将pgrp->OSFlagFlags已经被置位的标志清0，然后就可以返回了。很明显，当flags为00000101的时候，不是这种情况。

在条件不满足的情况下，就要调用我们前面学习过的OS_FlagBlock，因为本任务要被阻塞掉，所以OS_FlagBlock做到的工作就是在本任务的控制块中修改状态标志、延时时间等，在事件标志节点中填写信息，插入本事件标志节点到事件标志节点链表中标记事件的等待，然后取消任务的就绪标志。

（4）在以上设置完成后，执行一次任务调度，本任务将进入阻塞态。

（5）当事件标志中满足本任务要求的事件发生，即事件A和事件C都发生时，任务被重新就绪，再获得运行，进而在代码（5）处继续执行。

任务现在通过查看TCB中的OSTCBStatPend查看自己恢复运行的原因到底是什么，然后决定下一步怎么做。

如果不为OS_STAT_PEND_OK，那么因为是被取消标志等待或者等待超时而恢复运行的。总之不再等待了，将TCB中的OSTCBStatPend域恢复为OS_STAT_PEND_OK。因此在事件标志节点链表中删除本事件标志节点，恢复TCB的状态标志OSTCBStat为OS_STAT_RDY，在perr指示的存储单元填写一些信息，然后返回0，调用本任务的函数发现返回值是0，就知道请求没有成功。

否则，是由于请求被满足而恢复运行的。首先在TCB的OSTCBFlagsRdy中获得哪些请求被满足了，赋值给flags_rdy。假如OSTCBFlagsRdy为00000101，那么flags_rdy被赋值为00000101。既然等待成功了，接下来看是否要消费，消费的过程和前面是一样的。最后返回flags_rdy。调用本任务的函数发现返回值不是0，就知道请求成功了。如果想进一步查看具体是因为什么条件被满足而成功的，可以查看flags_rdy中为1的位。

到这里，对OSFlagPend的分析就告一段落了。文字分析中只针对了等待类型为OS_FLAG_WAIT_SET_ALL的类型，但代码解析中对所有的类型都有解析，读者完全可以学懂学通。如果还不是很清楚，可以试着自己举一些例子，如设置flags为00001101，设置waittype为OS_FLAG_WAIT_CLR_ANY，自己分析一下在不同的事件标志组的事件标志情况下，代码执行过程中变量的值的变化、程序的走向。

4.5.6　删除事件标志组

和其他事件的删除函数一样，OSFlagDel也要进行谨慎的操作。OSFlagDel的参数是事件标志组的指针pgrp、整型的删除选项opt和用来返回结果的指向整型的指针perr。其中，opt的值为 OS_DEL_NO_PEND 表示只有当没有任务等待该事件标志组的时候才允许删除，opt的值为 OS_DEL_ALWAYS 表示无论如何都删除。perr用于返回运行过程的一些信息。返回值OS_FLAG_GRP为事件标志组的指针。程序4.38给出了OSFlagDel的代码解析。

程序4.38　事件标志组删除函数OSFlagDel解析

```
OS_FLAG_GRP  *OSFlagDel (OS_FLAG_GRP  *pgrp,
                         INT8U opt,
                         INT8U *perr)
{
    BOOLEAN        tasks_waiting;
    OS_FLAG_NODE *pnode;
    OS_FLAG_GRP  *pgrp_return;
/*开始进行参数检查*/
#if OS_ARG_CHK_EN > 0u
    if (pgrp == (OS_FLAG_GRP *)0) {                     /*无效的事件标志组指针*/
        *perr = OS_ERR_FLAG_INVALID_PGRP;
        return (pgrp);
    }
#endif
    if (OSIntNesting > 0u) {                            /*不能在中断服务程序中使用本函数 */
        *perr = OS_ERR_DEL_ISR;
        return (pgrp);
    }
    if (pgrp->OSFlagType != OS_EVENT_TYPE_FLAG) {              /*是否是有效的事件标志组 */
        *perr = OS_ERR_EVENT_TYPE;
        return (pgrp);
    }
    OS_ENTER_CRITICAL();
    if (pgrp->OSFlagWaitList != (void *)0) {                   /*是否有任务在等待 */
        tasks_waiting = OS_TRUE;                               /*有任务在等待*/
    } else {
        tasks_waiting = OS_FALSE;                              /*没有*/
    }
    switch (opt) {
        case OS_DEL_NO_PEND:                            /*在没有任务等待的情况下可以删除*/
             if (tasks_waiting == OS_FALSE) {                  /*执行删除*/
                 pgrp->OSFlagName = (INT8U *)(void *)"?";
                 pgrp->OSFlagType = OS_EVENT_TYPE_UNUSED;
                 /*将事件标志组添加回空闲事件标志组链表*/
                 pgrp->OSFlagWaitList = (void *)OSFlagFreeList;
                 pgrp->OSFlagFlags = (OS_FLAGS)0;
                 OSFlagFreeList = pgrp;
                 OS_EXIT_CRITICAL();
```

```
                *perr = OS_ERR_NONE;
                pgrp_return = (OS_FLAG_GRP *)0;         /*返回空指针标志删除成功*/
            } else {                                    /*因为有任务等待不能删除*/
                OS_EXIT_CRITICAL();
                *perr = OS_ERR_TASK_WAITING;
                pgrp_return = pgrp;                     /*将返回本事件标志组的地址*/
            }
            break;

        case OS_DEL_ALWAYS:                             /*无论何种情况都删除 */
          pnode = (OS_FLAG_NODE *)pgrp->OSFlagWaitList; /*找到第一个事件标志节点*/
            while (pnode != (OS_FLAG_NODE *)0) {      /*将所有等待本事件标志组的任务就绪
                  /*OS_FlagTaskRdy将事件标志节点链表的第一个事件标志所代表的任务就绪*/
                (void)OS_FlagTaskRdy(pnode, (OS_FLAGS)0);
                pnode = (OS_FLAG_NODE *)pnode->OSFlagNodeNext;
            }
            pgrp->OSFlagName = (INT8U *)(void *)"?";
            pgrp->OSFlagType = OS_EVENT_TYPE_UNUSED;
            /*将事件标志组添加回空闲事件标志组链表*/
            pgrp->OSFlagWaitList = (void *)OSFlagFreeList;
            pgrp->OSFlagFlags = (OS_FLAGS)0;
            OSFlagFreeList = pgrp;
            OS_EXIT_CRITICAL();
            if (tasks_waiting == OS_TRUE) {             /*如果有任务等待*/
                OS_Sched();                             /*执行任务调度 */
            }
            *perr = OS_ERR_NONE;
            pgrp_return = (OS_FLAG_GRP *)0;             /*将返回空指针标志删除成功*/
            break;
        default:                                        /*不正确的参数*/
            OS_EXIT_CRITICAL();
            *perr = OS_ERR_INVALID_OPT;
            pgrp_return = pgrp;
            break;
    }
    return (pgrp_return);
}
```

总结一下，事件标志组的删除操作流程如下：

（1）参数检查，以及判断是否在ISR中调用，是否是有效的事件标志组类型，选项是否有效。

（2）根据标志组中OSFlagWaitList是否为空指针，判断是否有任务在等待。根据判断结果给tasks_waiting赋值。

（3）如果选项为OS_DEL_NO_PEND，若tasks_waiting为假，可删除该事件标志组。删除方法是初始化该事件标志组的各个域，然后归还给空闲事件标志组链表，然后返回0；如果tasks_waiting为真，不能删除该事件标志组，返回事件标志组的指针。

（4）如果选项为OS_DEL_NO_ALWAYS，找到第一个事件标志节点送pnode，循环调用OS_FlagTaskRdy将所有等待事件标志组的任务就绪。初始化事件标志组的各个域，将事件标志组添加回空闲事件标志组链表，然后执行一次任务调度，最后返回0。

可见，事件标志组的删除并不复杂。

4.5.7　提交事件标志组

前面的事件标志组等待函数在等待的事件组合未发生的情况下，进入阻塞状态。那么，它们是怎样又回到就绪态的呢？这个使它们复活的函数就是事件标志组提交函数OSFlagPost。

提交事件标志组函数将对事件标志组中的事件标志进行操作，并根据事件等待的标志，恢复阻塞的任务就绪。是事件标志组管理中的核心函数之一。

提交事件标志组的参数有4个，pgrp是事件标志组的指针，flags是事件标志，opt是选项，整型的指针perr用于返回一些信息。其中，opt的值可以为OS_FLAG_SET或OS_FLAG_CLR。OS_FLAG_SET表示对标志置位，OS_FLAG_CLR表示对标志清0。Flags指示哪些事件发生了，例如，事件标志组中的标志如图4.19所示。那么如果flags为00001110，且opt为OS_FLAG_SET，表示事件B、C、D发生，将对事件标志组中对应位置1；若opt为OS_FLAG_CLR，表示B、C、D未发生，将对事件标志组中对应位清0。

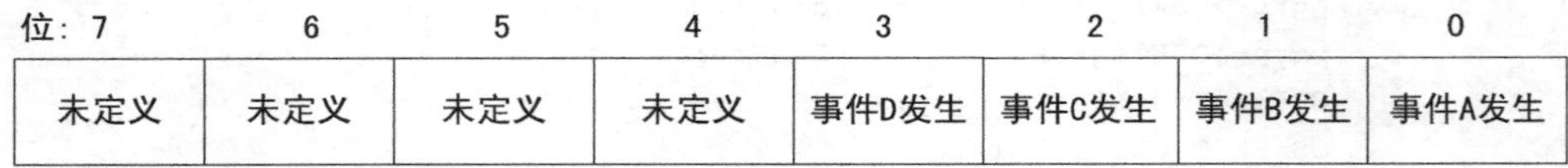

位：7	6	5	4	3	2	1	0
未定义	未定义	未定义	未定义	事件D发生	事件C发生	事件B发生	事件A发生

图4.19　事件标志的定义

然后，根据事件标志组的新标志，遍历其事件标志节点链表，将满足条件的任务就绪。

程序4.39给出了事件标志组提交函数OSFlagPost解析。

程序4.39　事件标志组提交函数OSFlagPost解析

```
OS_FLAGS  OSFlagPost (OS_FLAG_GRP  *pgrp,
                      OS_FLAGS flags,
                      INT8U opt,
                      INT8U *perr)
{
    OS_FLAG_NODE *pnode;
    BOOLEAN sched;
    OS_FLAGS flags_cur;
    OS_FLAGS flags_rdy;
    BOOLEAN rdy;

#if OS_ARG_CHK_EN > 0u
    if (pgrp == (OS_FLAG_GRP *)0) {                        /*无效的事件标志组指针*/
        *perr = OS_ERR_FLAG_INVALID_PGRP;
        return ((OS_FLAGS)0);
    }
#endif
    if (pgrp->OSFlagType != OS_EVENT_TYPE_FLAG) {          /*无效的事件标志组类型*/
        *perr = OS_ERR_EVENT_TYPE;
        return ((OS_FLAGS)0);
    }
    /*参数检查完成*/
    OS_ENTER_CRITICAL();
```

```
    switch (opt) {
        case OS_FLAG_CLR:                                    /*若选项为清除*/
             /*按flags中为1的位的序号清OSFlagFlags 的对应位*/
             pgrp->OSFlagFlags &= (OS_FLAGS)~flags;
             break;

        case OS_FLAG_SET: /*若选项为置位*/
             /*按flags中为1的位的序号置位OSFlagFlags 的对应位*/
             pgrp->OSFlagFlags |=  flags;
             break;

        default:
             OS_EXIT_CRITICAL();                                      /*无效选项*/
             *perr = OS_ERR_FLAG_INVALID_OPT;
             return ((OS_FLAGS)0);
    }
    sched = OS_FALSE;                                        /*指示不需要调度*/
    pnode = (OS_FLAG_NODE *)pgrp->OSFlagWaitList;            /*找到第一个事件标志节点*/
   while (pnode != (OS_FLAG_NODE *)0) {                      /*遍历事件标志节点链表 */
        switch (pnode->OSFlagNodeWaitType) {
            case OS_FLAG_WAIT_SET_ALL:                       /*类型为全部设置型 */
                flags_rdy= (OS_FLAGS)(pgrp->OSFlagFlags & pnode->OSFlagNodeFlags);
             if (flags_rdy == pnode->OSFlagNodeFlags) {       /*全部等待的任务都发生？*/
                rdy = OS_FlagTaskRdy(pnode, flags_rdy); /*使该事件标志节点的任务就绪*/
                    if (rdy == OS_TRUE) {
                        sched = OS_TRUE;                     /*指示需要进行调度*/
                    }
                }
                break;

      case OS_FLAG_WAIT_SET_ANY:                             /*等待类型为任意设置型*/
              flags_rdy = (OS_FLAGS)(pgrp->OSFlagFlags & pnode->OSFlagNodeFlags);
              if (flags_rdy != (OS_FLAGS)0) {
              rdy = OS_FlagTaskRdy(pnode, flags_rdy);  /*使用该事件标志节点的任务就绪*/
                    if (rdy == OS_TRUE) {
                        sched = OS_TRUE;
                    }
                }
                break;

            case OS_FLAG_WAIT_CLR_ALL:                       /*全部清零型*/
                flags_rdy = (OS_FLAGS)~pgrp->OSFlagFlags & pnode->OSFlagNodeFlags;
                if (flags_rdy == pnode->OSFlagNodeFlags) {
               rdy = OS_FlagTaskRdy(pnode, flags_rdy); /*使用该事件标志节点的任务就绪*/
                    if (rdy == OS_TRUE) {
                        sched = OS_TRUE;                     /*指示需要进行调度*/
                    }
                }
                break;

            case OS_FLAG_WAIT_CLR_ANY:                       /*任意清零型*/
                flags_rdy = (OS_FLAGS)~pgrp->OSFlagFlags & pnode->OSFlagNodeFlags;
```

```
                if (flags_rdy != (OS_FLAGS)0) {
              rdy = OS_FlagTaskRdy(pnode, flags_rdy); /*使用该事件标志节点的任务就绪*/
                    if (rdy == OS_TRUE) {
                     sched = OS_TRUE;             /*指示需要进行调度*/            }
                }
                break;
           default:                                             /*无效的参数*/
                OS_EXIT_CRITICAL();
                *perr = OS_ERR_FLAG_WAIT_TYPE;
                return ((OS_FLAGS)0);
        }
        /*指向事件标志组链表中的后一个事件标志节点*/
        pnode = (OS_FLAG_NODE *)pnode->OSFlagNodeNext;
    }
    OS_EXIT_CRITICAL();
    if (sched == OS_TRUE) {
        OS_Sched(); /*进行任务调度*/
    }
    OS_ENTER_CRITICAL();
    flags_cur = pgrp->OSFlagFlags;
    OS_EXIT_CRITICAL();
    *perr = OS_ERR_NONE;
    return(flags_cur);                                 /*返回事件标志组现在的标志*/
}
```

归纳事件标志组提交函数OSFlagPost流程如下：

（1）参数检查。

（2）根据选项进行清除或置位，设置新的事件标志组的事件标志。

（3）将sched设置为假。

（4）找到第一个事件标志节点赋值给pnode。

（5）遍历事件标志节点链表，根据事件标志节点任务的等待类型OSFlagNodeWaitType和等待标志OSFlagNodeFlags，判断该任务的等待条件是否已经满足。如果满足，就将该任务就绪，并将sched设置为真。

（6）如果sched为真，就执行一次任务调度。这时从阻塞态回到就绪态的任务有可能获得运行。

（7）返回当前事件标志的标志。

该函数中调用了OS_FlagTaskRdy，其功能为使某标志节点的任务就绪，在下一小节中将给出对该函数的分析。

4.5.8 标志节点任务就绪

标志节点任务就绪函数OS_FlagTaskRdy执行的功能比较简单，实现的功能是将事件标志节点指示的任务块进行赋值，如果该任务只等待事件标志，那么由于事件标志有效，则该任务就绪。返回是否需要调度。代码分析见程序4.40。

程序4.40　标志节点任务就绪函数OS_FlagTaskRdy代码解析

```
static  BOOLEAN  OS_FlagTaskRdy (OS_FLAG_NODE *pnode,
                                 OS_FLAGS flags_rdy)
{
    OS_TCB    *ptcb;
    BOOLEAN    sched;
    ptcb = (OS_TCB *)pnode->OSFlagNodeTCB;                    /*在标志节点中找到任务控制块*/
    ptcb->OSTCBDly = 0u;                                      /*任务延时时间设置为0*/
    ptcb->OSTCBFlagsRdy = flags_rdy;                          /*任务控制块中事件标志赋值*/
    ptcb->OSTCBStat &= (INT8U)~(INT8U)OS_STAT_FLAG;/*清除等待标志状态*/
    ptcb->OSTCBStatPend = OS_STAT_PEND_OK;                    /*等待结果初始化*/
    /*若任务没有等待其他的事件，就将操作就绪表，将该任务就绪*/
    if (ptcb->OSTCBStat == OS_STAT_RDY) {
        OSRdyGrp |= ptcb->OSTCBBitY;
        OSRdyTbl[ptcb->OSTCBY] |= ptcb->OSTCBBitX;
        sched = OS_TRUE;
    } else {
        sched = OS_FALSE;
    }
    OS_FlagUnlink(pnode);                                 /*将本节点从事件标志节点数组中删除*/
    return (sched);                                       /*返回是否需要调度*/
}
```

该函数首先在事件标志节点中找到事件控制块地址，然后对事件控制块中的一些域赋值，清除任务延迟时间。因为等待事件标志组成功，因此将OSTCBStat中的事件标志组等待标志清除。OSTCBFlagsRdy中是使任务就绪的事件标志，将参数flags_rdy赋值给它。将OSTCBStatPend赋值为OS_STAT_PEND_OK，表示等待成功结束。

然后，如果OSTCBStat == OS_STAT_RDY，即去除掉事件标志等待状态后，任务没有其他的事件等待了，那么就可以将该任务就绪。操作就绪表，将任务就绪，然后返回真，表示需要进行调度。如果OSTCBStat！= OS_STAT_RDY，那么说明事件还等待其他的任务，或者被挂起，不能将任务就绪，返回假。

4.5.9　无等待的请求事件标志

与信号量管理类似，事件标志管理中存在无等待的请求事件标志的函数，这个函数就是OSFlagAccept。OSFlagAccept的参数有4个，pgrp是事件标志组的指针，flags是事件标志，waittype是等待类型，perr用于获得任务执行信息。OSFlagAccept代码解析如程序4.41所示。

程序4.41 无等待的请求事件标志OSFlagAccept代码解析

```
OS_FLAGS  OSFlagAccept (OS_FLAG_GRP  *pgrp,
                        OS_FLAGS flags,
                        INT8U wait_type,
                        INT8U *perr)
{
    OS_FLAGS flags_rdy;
    INT8U result;
    BOOLEAN consume;
#if OS_ARG_CHK_EN > 0u
```

```
    if (pgrp == (OS_FLAG_GRP *)0) {                              /*无效的事件标志组指针*/
        *perr = OS_ERR_FLAG_INVALID_PGRP;
        return ((OS_FLAGS)0);
    }
#endif
    if (pgrp->OSFlagType != OS_EVENT_TYPE_FLAG) {               /*无效的事件标志组类型*/
        *perr = OS_ERR_EVENT_TYPE;
        return ((OS_FLAGS)0);
    }
    result = (INT8U)(wait_type & OS_FLAG_CONSUME);
    if (result != (INT8U)0) {                                    /*等待类型中是否包含消费标志*/
        wait_type &= ~OS_FLAG_CONSUME;
        consume = OS_TRUE;
    } else {
        consume = OS_FALSE;
    }
/*$PAGE*/
    *perr = OS_ERR_NONE;
    OS_ENTER_CRITICAL();
    switch (wait_type) {
        case OS_FLAG_WAIT_SET_ALL:                               /*是否要求全部置位 */
             flags_rdy = (OS_FLAGS)(pgrp->OSFlagFlags & flags);    /*有效标志位提取*/
             if (flags_rdy == flags) {                               /*请求成功*/
                 if (consume == OS_TRUE) {
                     pgrp->OSFlagFlags &= (OS_FLAGS)~flags_rdy;          /*清有效位*/
                 }
             } else {
                 *perr = OS_ERR_FLAG_NOT_RDY;
             }
             OS_EXIT_CRITICAL();
             break;

        case OS_FLAG_WAIT_SET_ANY:                               /*是否要求任一位置位 */
           flags_rdy = (OS_FLAGS)(pgrp->OSFlagFlags & flags);      /*有效标志位提取*/
             if (flags_rdy != (OS_FLAGS)0) {                     /*请求成功*/
                 if (consume == OS_TRUE) {
                     pgrp->OSFlagFlags &= (OS_FLAGS)~flags_rdy;          /*清有效位*/
                 }
             } else {
                 *perr = OS_ERR_FLAG_NOT_RDY;
             }
             OS_EXIT_CRITICAL();
             break;
      case OS_FLAG_WAIT_CLR_ALL:                                     /*是否要求全部清零*/
           flags_rdy = (OS_FLAGS)~pgrp->OSFlagFlags & flags;         /*有效标志位提取*/
             if (flags_rdy == flags) {   /*请求成功*/
                 if (consume == OS_TRUE) {
                     pgrp->OSFlagFlags |= flags_rdy;      /*置位有效位*/
                 }
             } else {
                 *perr = OS_ERR_FLAG_NOT_RDY;
             }
             OS_EXIT_CRITICAL();
```

```
            break;
        case OS_FLAG_WAIT_CLR_ANY:                            /*是否要求任一位清零*/
            flags_rdy = (OS_FLAGS)~pgrp->OSFlagFlags & flags;   /*有效标志位提取*/
            if (flags_rdy != (OS_FLAGS)0) {                   /*请求成功*/
                if (consume == OS_TRUE) {
                    pgrp->OSFlagFlags |= flags_rdy;           /*置位有效位 */
                }
            } else {
                *perr = OS_ERR_FLAG_NOT_RDY;
            }
            OS_EXIT_CRITICAL();
            break;
        default:
            OS_EXIT_CRITICAL();
            flags_rdy = (OS_FLAGS)0;
            *perr     = OS_ERR_FLAG_WAIT_TYPE;
            break;
    }
    return (flags_rdy);
}
```

该函数首先进行参数检查，然后从等待类型waittype中提取消费标志consume，以及将等待类型提纯后赋值回wait-type，然后根据waittype、请求的事件标志flags及事件标志组中的事件标志判定是否已经满足了请求的条件。如果满足了条件，根据消费标志consume判定是否进行消费，返回时perr 所指存储单元的值为 OS_ERR_NONE。如果请求的条件不满足，perr所指存储单元的值为OS_ERR_FLAG_NOT_RDY。调用该函数的任务根据perr获取是否请求成功。

4.5.10 事件标志管理应用举例

事件标志管理较信号量管理略为复杂，因为可以请求多种事件的组合条件，但也可以请求事件更为复杂的功能。本节的最后给出事件标志管理的例子。

假设有任务TaskDataProcess。任务TaskDataProcess是数据处理任务，处理的数据是由4个输入/输出（I/O）任务TaskIO1～TaskIO4每秒接收不同端口的数据，并将接收的数据分别存放在8位无符号整型数组IO[4][10]中。当4个I/O任务都将数据接收完成，任务TaskDataProcess才能进行数据处理。

事件标志正好适用于这种情况。代码如程序4.42所示。

程序4.42 无等待的请求事件标志OSFlagAccept代码解析

```
INT8U IO[4][10];
OS_FLAG_GRP  * pFlagGroupDataProcess;
void TaskDataProcess(void *pParam)
{
    INT8U     *perr;
    INT8U err,i;
    INT16U SUM;
    OS_FLAGS processflag,retflag;
```

```
        err=OS_ERR_NONE;
        perr=&err;
       processflag=0x0F;
       /*创建事件标志组，事件标志初始值0，没有事件发生*/
        pFlagGroupDataProcess=OSFlagCreate(0,perr);
        /*省略了检查是否创建成功*/
       while(1)
       {
    printf("时间:%d，任务TaskDataProcess开始请求事件标志-----------! \n",OSTimeGet());
              retflag=OSFlagPend (pFlagGroupDataProcess,
                        processflag,
                        OS_FLAG_WAIT_SET_ALL+OS_FLAG_CONSUME,
                        0,
                        perr);

              if (retflag==processflag)
              {
                          SUM=0;
                        printf("时间:%d，任务TaskDataProcess请求事件标志成功，开始处理数据!
                               \n",OSTimeGet());
                 for (i=0;i<10;i++)
                          {
                                SUM+=IO[0][i]+IO[1][i]+IO[2][i]+IO[3][i];
                          }
         printf("时间:%d，任务TaskDataProcess处理数据完成，结果为%d:\n",OSTimeGet(),SUM);
              }
       }
}
void TaskIO1(void *pParam)
{
        INT8U     *perr;
       INT8U err,i;

       OS_FLAGS rdyflag;
       OS_FLAG_GRP  * pFlagGroup;
       err=OS_ERR_NONE;
       perr=&err;
       while(1)
       {
              OSTimeDly(100);                    /*延时1s*/
          for (i=0;i<10;i++)                  /*模拟获取数据的过程*/
              {
                          IO[0][i]=1;
              }
          printf("时间:%d，任务TaskIO1获取IO数据后，准备提交事件，当前事件标志位:%d\n",
                OSTimeGet(),rdyflag);
              rdyflag=OSFlagPost (pFlagGroupDataProcess,
                        0x01,
                        OS_FLAG_SET,
                       perr);                /*提交事件标志，置位事件标志组中最后一位为0*/
              printf("时间:%d，任务TaskIO1获取IO数据后，提交事件，当前事件标志位:%d\n",
                     OSTimeGet(),rdyflag);
       }
```

```
}
void TaskIO2(void *pParam)
{
     INT8U      *perr;
     INT8U err,i;
     OS_FLAGS rdyflag;
     perr=&err;
     err=OS_ERR_NONE;
     while(1)
     {
          OSTimeDly(100);                          /*延时1s*/
        for (i=0;i<10;i++)                    /*模拟获取数据的过程*/
          {
                    IO[1][i]=2;
          }
        printf("时间:%d，任务TaskIO2获取IO数据后，准备提交事件，当前事件标志位:%d\n",
              OSTimeGet(),rdyflag);
          rdyflag=OSFlagPost (pFlagGroupDataProcess,
                0x02,
                OS_FLAG_SET,
               perr);                    /*提交事件标志，置位事件标志组中位1*/
          printf("时间:%d，任务TaskIO2获取IO数据后，提交事件，当前事件标志位:%d\n",
               OSTimeGet(),rdyflag);
     }
}
void TaskIO3(void *pParam)
{
     INT8U      *perr;
     INT8U err,i;
     OS_FLAGS rdyflag;
     perr=&err;
     err=OS_ERR_NONE;
     while(1)
     {
          OSTimeDly(100);                          /*延时1s*/
        for (i=0;i<10;i++)                    /*模拟获取数据的过程*/
          {
                    IO[2][i]=3;
          }
        printf("时间:%d，任务TaskIO3获取IO数据后，准备提交事件，当前事件标志位: %d\n",
              OSTimeGet(),rdyflag);
          rdyflag=OSFlagPost (pFlagGroupDataProcess,
                0x04,
                OS_FLAG_SET,
               perr);                    /*提交事件标志，置位事件标志组中位2*/
          printf("时间:%d，任务TaskIO3获取IO数据后，提交事件，当前事件标志位: %d\n",
               OSTimeGet(),rdyflag);
     }
}
void TaskIO4(void *pParam)
{
     INT8U      *perr;
     INT8U err,i;
```

```
        OS_FLAGS rdyflag;
        perr=&err;
        err=OS_ERR_NONE;
        while(1)
        {
            OSTimeDly(100);                          /*延时1s*/
          for (i=0;i<10;i++)                  /*模拟获取数据的过程*/
            {
                    IO[3][4]=3;
            }
          printf("时间:%d, 任务TaskIO4获取IO数据后, 准备提交事件, 当前事件标志位: %d\n",
                  OSTimeGet(),rdyflag);
            rdyflag=OSFlagPost (pFlagGroupDataProcess,
                     0x08,
                     OS_FLAG_SET,
                    perr);                   /*提交事件标志, 置位事件标志组中位3*/
            printf("时间:%d, 任务TaskIO4获取IO数据后, 提交事件, 当前事件标志位: %d\n",
                    OSTimeGet(),rdyflag);
        }
    }
```

任务TaskDataProcess创建事件标志组，将返回值即事件标志组的指针赋值给pFlagGroupDataProcess。然后等待事件的发生，也就是如果事件标志组的标志位为00001111时才能恢复运行。事件发生后，对数组的值进行累加，打印结果。然后继续请求事件标志。因为处理了一组数据后，要处理新的数据必须等待4个I/O任务再重新获取数据，因此请求的类型是消费型的和要求全部事件发生，因此请求类型参数为OS_FLAG_WAIT_SET_ALL+OS_ FLAG_CONSUME。

I/O任务均先延时1s，然后使用一个循环模拟获取数据，之后使用OSFlagPost提交事件标志。

当然，在主程序中还需要使用如程序4.43所示的代码来创建这些任务。

程序4.43　主程序中需添加的代码

```
OS_STK  TaskStk[OS_MAX_TASKS][TASK_STK_SIZE];
OSTaskCreate(TaskDataProcess, 0, &TaskStk[5][TASK_STK_SIZE-1],5);
OSTaskCreate(TaskIO1, 0, &TaskStk[6][TASK_STK_SIZE-1], 6);
OSTaskCreate(TaskIO2, 0, &TaskStk[7][TASK_STK_SIZE-1], 7);
OSTaskCreate(TaskIO3, 0, &TaskStk[8][TASK_STK_SIZE-1], 8);
OSTaskCreate(TaskIO4, 0, &TaskStk[9][TASK_STK_SIZE-1], 9);
```

需要说明的是，TaskStk是任务堆栈的数组。任务的优先级依次是5～9。代码在VC下编译成功运行，执行的结果如图4.20所示。

可见，完全按照设计的思路实现了同步。TaskDataProcess第一次请求，这时没有任务事件发生，因此被阻塞。TaskIO1的优先级在几个I/O任务中最高，延时后先运行，获取数据后调用OSFlagPost提交事件标志，事件标志组的事件标志变为00000001，但TaskDataProcess并不能就绪，因为只有一个事件发生。接着是TaskIO2将事件标志变为00000011，TaskIO3将事件标志变为00000111。当TaskIO4将事件标志变为00001111时条件满足，因此先清事件标志，然后将TaskDataProcess就绪，因为TaskDataProcess优先级更高，所以就开始运行，打印出“数据处理完成，结果为“63”，然后做下一次请求，又被阻塞。这时TaskIO4才能继续运行，打印出“事件：200，任务TaskIO4获取IO数据后，提交事件，当前事件标志位：0”。接下来会无限地运行下去。

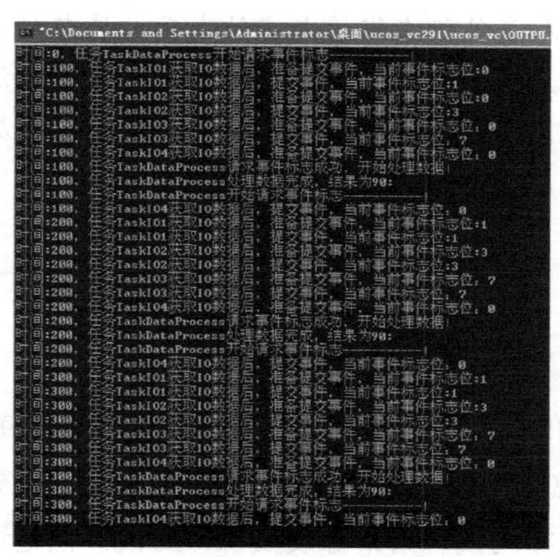

图4.20　信号标志管理示例程序运行结果

习题

1. 事件控制块的初始化过程对哪些数据结构进行了处理？都做了哪些处理？假设最大事件数量是5，画出初始化后的空闲控制块链表。

2. 解释事件等待函数OS_EventTaskWait，该函数是如何实现在事件等待表中添加任务的事件等待标志的？

3. 解释取消事件等待函数OS_EventTaskRemove，该函数是如何实现在事件等待表中取消任务的事件等待标志的？

4. 用流程图的形式画出将等待的任务就绪函数 OS_EventTaskRdy的流程。

5. 有任务A、任务B、任务C均访问资源R，资源R只能被两个任务同时访问。应该采用哪种事件处理机制来管理对R的访问，请编写这3个任务（任务的其他信息自己定义）。

6. 互斥信号量管理和信号量管理的最大区别是什么？假设有高优先级任务A、中优先级任务B、低优先级任务C均访问互斥资源源R，并有中优先级的任务D也在运行。采用信号量管理实现A、B、C对互斥资源R的独占访问，说明为什么产生优先级反转。上机验证。

7. 上题中，改用互斥信号量管理来编程，说明为什么解决了优先级反转问题。上机验证。

8. 事件标志组管理应用在什么情况下？给出例子。

第5章 消息管理

在信号量、互斥信号量和事件标志组的内容结束后，读者对事件之间如何同步、如何根据不同需要设计同步程序，应该有了深入的理解和提高。本章的消息管理中包括消息邮箱和消息队列两方面的内容，适用于任务之间的信息交流和同步。从原理上讲，消息管理也应该属于事件管理的范畴，只是为详细介绍管理消息传递的部分，所以单列一章，不能将其与第4章的事件管理割裂开来。

5.1 消息邮箱

消息邮箱是μC/OS-II中的另一种通信机制，可以使一个任务或者中断服务程序向另一个任务发送一个消息。传递这个消息的媒体是一个指针型变量，该指针指向一个包含了“消息”的某种数据结构。这就如同读者给某好友发了一封信，但是这个信上的内容却是一个地址，好友到这个地址去找，就能找到读者发给他的内容。

应用程序可以使用多个邮箱，而消息邮箱采用的数据结构就是我们在上一章中描述的事件控制块（ECB）。消息是一种事件，消息管理在任务同步与通信等方面都有广泛的应用。值得注意的是，每一个消息邮箱中所能容纳的消息数量是1。

μC/OS-II单独为消息管理编写了C语言文件os_mbox.c。

邮箱管理的核心函数如表5.1所示。

表5.1 邮箱管理函数列表

邮箱管理函数名	说明
OSMboxCreate	创建一个邮箱
OSMboxDel	删除一个邮箱
OSMboxPend	等待一个邮件
OSMboxAccept	不等待地请求消息邮箱
OSMboxPendAbort	放弃等待邮件
OSMboxPost	发出邮件
OSMboxQuery	查询邮箱的信息

邮箱通过OSMboxCreate创建，被分配一个ECB块给该邮箱。被创建的邮箱可以通过OSSemDel来删除，将事件控制块归还给系统。OSMboxQuery用于查询邮箱的信息。这4种操作针对的对象是邮箱，使用的数据结构是事件控制块（ECB）。

OSMboxPend等待或请求一个邮件，这与OSSemPend等待信号量是类似的，当得不到邮件的时候就将自己阻塞。OSMboxPendAbort放弃等待邮件。OSMboxPost是向对方发邮件，与信号量管理中的OSSemPost相比有很大不同，OSMboxPost是发邮件给指定的任务，而OSSemPost是将信号量释放，然后查看等待的最高优先级的任务，读者要体会它们的区别和相似之处。

5.1.1 建立消息邮箱

在系统初始化之后，并不存在一个消息邮箱。这时操作系统中的事件管理数据结构事件控制块（ECB）为全空，所有的事件控制块都在ECB空闲链表中排队。消息邮箱的建立函数OSMboxCreate将配置一个ECB，使其具备消息邮箱的属性。

创建消息邮箱的函数是OSMboxCreate，它的唯一参数就是指向消息的指针pmsg。创建信号量函数OSMboxCreate的代码分析如程序5.1所示。

程序5.1 创建信号量函数OSMboxCreate解析

```
OS_EVENT  *OSMboxCreate (void *pmsg)
{
    OS_EVENT  *pevent;
    if (OSIntNesting > 0u) {                    /*查看是否在中断服务程序（ISR）中调用本函数*/
        return ((OS_EVENT *)0);                 /*不允许在中断服务程序（ISR）中调用本函数*/
    }
    OS_ENTER_CRITICAL();
    pevent = OSEventFreeList;                          /*取得空闲的事件控制块（ECB）*/
    if (OSEventFreeList != (OS_EVENT *)0) {            /*是否没有可用的事件控制块（ECB）?*/
        OSEventFreeList = (OS_EVENT *)OSEventFreeList->OSEventPtr;
    }
    OS_EXIT_CRITICAL();
    if (pevent != (OS_EVENT *)0) {
        pevent->OSEventType    = OS_EVENT_TYPE_MBOX;
        pevent->OSEventCnt     = 0u;
        pevent->OSEventPtr     = pmsg;                 /*在ECB中存储消息地址*/
        pevent->OSEventName    = (INT8U *)(void *)"?";
        OS_EventWaitListInit(pevent);
    }
    return (pevent);                                   /*返回事件控制块地址*/
}
```

阅读了前面信号量管理的代码，可以发现该段代码和信号量创建函数的代码大同小异，流程如下：

（1）检查是否在中断服务程序中创建消息邮箱。与不允许在中断服务程序中创建信号量一样，操作系统μC/OS-II同样不允许在中断服务程序中创建消息邮箱。

（2）检查是否有空闲的事件控制块。将OSEventFreeList赋值给pevent，如果pevent为空指针，表示没有空闲的事件控制块，函数返回。

（3）在事件控制块空闲链表中取下表头。因为pevent现在已经是用于邮箱的事件控制块了，读者可以直接把它理解为一个邮箱。那么，需要执行的操作显然就是在事件控制块空闲链表中将它删除，这时OSEventFreeList应该指向第二个ECB。

（4）对事件控制块赋值。需要注意的是，OSEventPtr中的内容是消息的地址。赋值后的ECB应该如图5.1所示。

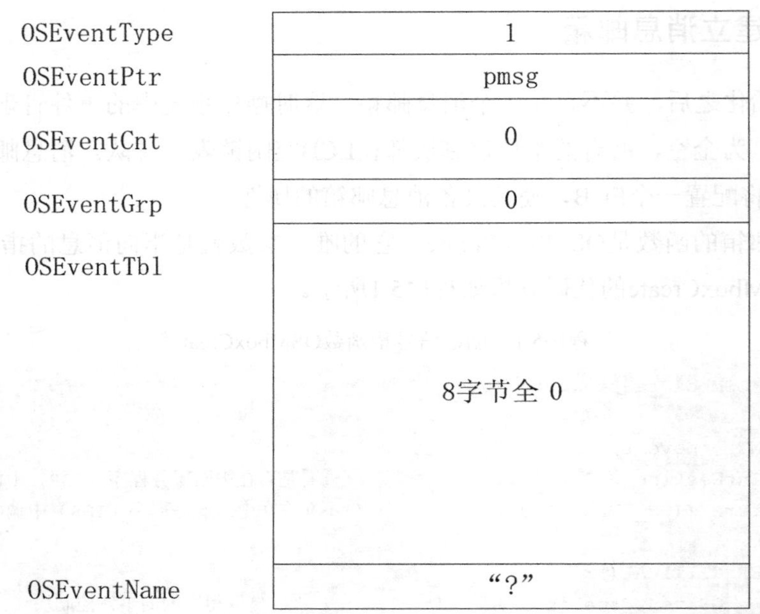

图5.1　OSSemCreate获取并配置的ECB

宏OS_EVENT_TYPE_MBOX的值是1，所以ECB中的OSEventType的值为1。假设先创建一个信号量，所有ECB状态如图5.2所示（同图4.5）。

图5.2　创建一个信号量后的ECB与ECB空闲链表

再创建一个消息邮箱，消息邮箱将使用OSEventTbl[1]，创建后ECB与ECB空闲链表将如图5.3所示。

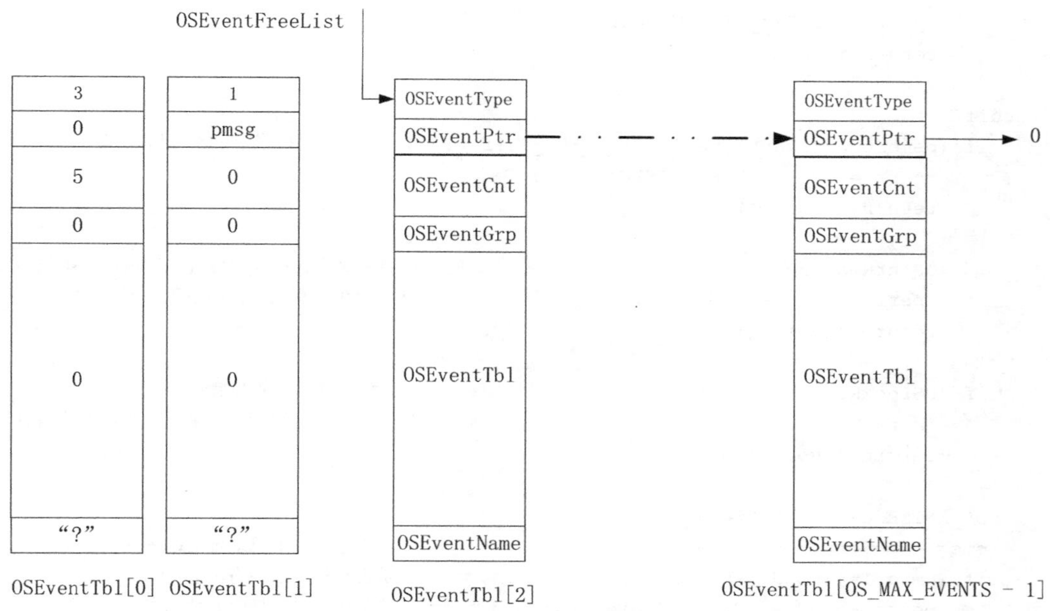

图5.3　再创建一个消息邮箱后的ECB与ECB空闲链表

可见，无论是消息邮箱还是信号量，都是用ECB这种数据结构作为自己的载体。如果是信号量，那么ECB的类型是OS_EVENT_TYPE_SEM；如果是消息邮箱，那么ECB的类型是OS_EVENT_TYPE_MBOX。在设计的时候，要综合考虑使用多少信号量、互斥信号量、消息邮箱等，以决定给ECB分配多大的空间。

（5）返回ECB地址。最后，函数返回消息邮箱的地址供调用的函数使用。

下面我们看一个任务如何等待消息。

5.1.2　等待消息

等待消息也称为请求消息。含义是当消息存在的时候获取消息，当消息不存在的时候就放弃对CPU的占有，直到有消息的时候才被唤醒。当任务后续的操作离不开消息时，这时任务就不该死死占着CPU不让其他的任务运行，而应该去休息，当消息到来的时候系统会将消息唤醒回到就绪状态，任务获得消息后继续运行。

等待消息OSMboxPend的参数为3个，分别是ECB的指针pevent、32位无符号整数超时时间timeout和用来返回结果的指向整型的指针perr。因为很多代码都是类似的，如参数检查，这里就不都加以解释了。等待消息邮箱函数OSMboxPend解析如程序5.2所示。

程序5.2　等待消息邮箱函数OSMboxPend解析

```
void  *OSMboxPend (OS_EVENT *pevent,
                   INT32U timeout,
                   INT8U *perr)
{
    void *pmsg;
#if OS_ARG_CHK_EN > 0u
    if (pevent == (OS_EVENT *)0) {                              /*事件控制块指针是否有效*/
```

```
        *perr = OS_ERR_PEVENT_NULL;
        return ((void *)0);
    }
#endif
    if (pevent->OSEventType != OS_EVENT_TYPE_MBOX) {   /*事件控制块类型是否有效*/
        *perr = OS_ERR_EVENT_TYPE;
        return ((void *)0);
    }
    if (OSIntNesting > 0u) {                          /*查看是否在中断服务程序中调用本函数*/
        *perr = OS_ERR_PEND_ISR;                      /*不能在中断服务程序中等待消息*/
        return ((void *)0);
    }
    if (OSLockNesting > 0u) {                         /*系统是否加了调度锁*/
        *perr = OS_ERR_PEND_LOCKED;                   /*当加了调度锁后不能采用本函数等待消息*/
        return ((void *)0);
    }
    OS_ENTER_CRITICAL();
    pmsg = pevent->OSEventPtr;                        /*将邮箱中的消息地址送pmsg*/
    if (pmsg != (void *)0) {                          /*是否邮箱中已经有消息*/
        pevent->OSEventPtr = (void *)0;               /*清邮箱，以便接收其他消息*/
        OS_EXIT_CRITICAL();
        *perr = OS_ERR_NONE;
        return (pmsg);                                /*返回获得的消息，成功获得了消息而返回 */
    }
                                                      /*否则，邮箱中没有消息，任务将被阻塞*/
    OSTCBCur->OSTCBStat|= OS_STAT_MBOX;               /*首先设置TCB中OSTCBStat 的邮箱等待标志*/
    OSTCBCur->OSTCBStatPend = OS_STAT_PEND_OK;
    OSTCBCur->OSTCBDly = timeout;                     /*设置超值时间*/
    OS_EventTaskWait(pevent);                 /*调用OS_EventTaskWait取消任务就绪标志*/
    OS_EXIT_CRITICAL();
    OS_Sched();                                       /*找到就绪的最高优先级任务运行*/
                                              /*任务恢复运行的时候，在这里继续执行*/
    OS_ENTER_CRITICAL();
            /*从任务控制块（TCB）的OSTCBStatPend中查看是因为什么原因而结束等待的*/
    switch (OSTCBCur->OSTCBStatPend) {
        case OS_STAT_PEND_OK:                         /*因为获得了消息*/
             /*从任务控制块（TCB）的OSTCBMsg中获取消息地址送pmsg*/
             pmsg = OSTCBCur->OSTCBMsg;
            *perr = OS_ERR_NONE;
             break;
        case OS_STAT_PEND_ABORT:                      /*取消了等待，未获得消息*/
             pmsg = (void *)0;
            *perr = OS_ERR_PEND_ABORT;                /*指示是取消了等待 */
             break;

        case OS_STAT_PEND_TO:                         /*因为等待超时不再等待*/
        default:
             /*调用OS_EventTaskRemove取消任务在事件等待表和事件等待组中的任务等待标志*/
             OS_EventTaskRemove(OSTCBCur, pevent);
             pmsg = (void *)0;
            *perr =  OS_ERR_TIMEOUT;                  /*表示任务等待邮件超时*/
             break;
    }
```

```
                                                    /*最后进行一些修复工作*/
    OSTCBCur->OSTCBStat = OS_STAT_RDY;              /*清除任务控制块中的状态标志*/
        OSTCBCur->OSTCBStatPend = OS_STAT_PEND_OK;  /*清除任务控制块中的等待状态*/
        OSTCBCur->OSTCBEventPtr = (OS_EVENT  *)0;   /*清除任务控制块中的事件控制块指针*/
        OSTCBCur->OSTCBMsg = (void *)0;             /*清除任务控制块中获得的消息*/
        OS_EXIT_CRITICAL();
        return (pmsg);                              /*返回获得的消息*/
    }
```

相比前面阅读大量代码尤其是信号量的等待函数，对于读者，该代码难度已经变得很小了，因此这里简单地给出流程。

（1）首先是参数检查，包括检查是否在中断服务程序中调用、调度器是否上锁等。

（2）将邮箱中的消息地址送pmsg。

（3）如果 pmsg不为空指针，说明已经有消息了。显然，任务不需要被阻塞，返回消息的地址pmsg。

（4）如果pmsg为空，先将TCB中的OSTCBStat打上等待消息的标志，表示本任务的状态是请求消息邮箱。OSTCBStatPend赋值为OS_STAT_PEND_OK，等待状态正常。把延时时间这个参数给OSTCBDly。

（5）调用OS_EventTaskWait取消任务就绪标志，并在ECB事件表中添加当前任务的等待标志。

（6）调用操作系统任务调度函数OS_Sched，找到就绪的最高优先级任务运行。本任务已经不就绪了，被阻塞。

（7）在本任务就绪运行的时候，已经经历了一次或多次CPU所有权的变换。这时需要查看是何种原因使本任务恢复运行的。查看OSTCBStatPend，分3种情况处理。如果是OS_STAT_PEND_OK，由于等待的消息来了（有其他任务发出了消息），因此从任务控制块（TCB）的OSTCBMsg中获取消息地址送pmsg。如果是OS_STAT_PEND_ABORT，说明是取消了等待，没有收到消息，因此只能将pmsg 赋值为空指针，在perr中填写信息为OS_ERR_PEND_ABORT表示取消了等待。如果是OS_STAT_PEND_TO，说明是等待超时了，没有收到消息，因此同样只能将pmsg 赋值为空指针，在perr中填写信息为OS_ERR_PEND_TO表示等待超时。

（8）无论如何，等待结束了，最后清理一下比较混乱的TCB中的状态标志和ECB指针，结束本函数的运行，返回pmsg。最后给出图示流程，如图5.4所示。

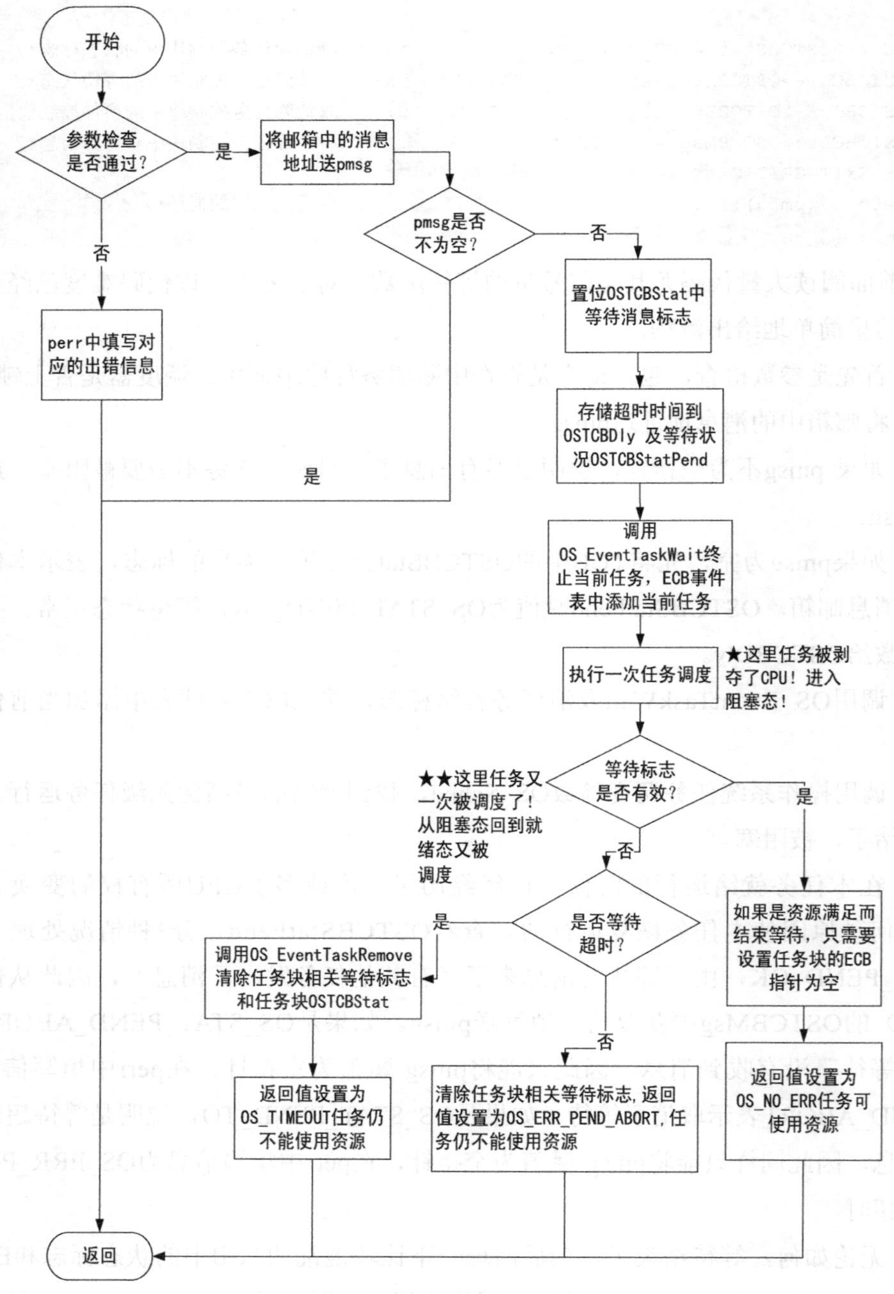

图5.4　OSMboxPend流程

5.1.3　发消息

当一个任务因为等待消息而被阻塞时，只有当其他任务发出了消息，被阻塞的任务才能被恢复到就绪态，从而获得消息后继续运行。阻塞的函数在前一节分析过了，发消息的函数为OSMboxPost，参数是消息类型的ECB指针，以及消息的地址。代码解析如程序5.3所示。

程序5.3　发消息函数OSMboxPost解析

```
INT8U  OSMboxPost (OS_EVENT *pevent,
                   void *pmsg)
{
#if OS_ARG_CHK_EN > 0u
    if (pevent == (OS_EVENT *)0) {                          /*事件控制块指针是否有效*/
        return (OS_ERR_PEVENT_NULL);
    }
    if (pmsg == (void *)0) {                                /*确保消息指针不为空*/
        return (OS_ERR_POST_NULL_PTR);
    }
#endif
    if (pevent->OSEventType != OS_EVENT_TYPE_MBOX) {        /*事件控制块类型是否有效*/
        return (OS_ERR_EVENT_TYPE);
    }
    /*参数检查到这里完成*/
    OS_ENTER_CRITICAL();
    if (pevent->OSEventGrp != 0u) {                         /*查看是否有任务等待消息*/
        /*有任务等待，应调用OS_EventTaskRdy将最高优先级的等待任务就绪*/
        (void)OS_EventTaskRdy(pevent, pmsg, OS_STAT_MBOX, OS_STAT_PEND_OK);
        OS_EXIT_CRITICAL();
        OS_Sched(); /*执行一次任务调度*/
        return (OS_ERR_NONE);
    }
    if (pevent->OSEventPtr != (void *)0) {                  /*如果邮箱中原来就有消息*/
        OS_EXIT_CRITICAL();
        return (OS_ERR_MBOX_FULL);                          /*邮箱是满的，不能发消息*/
    }
    pevent->OSEventPtr = pmsg;                              /*将邮件放在邮箱中*/
    OS_EXIT_CRITICAL();
    return (OS_ERR_NONE);
}
```

代码中首先进行参数检查，然后判断是否有任务在等待消息。如果有，就调用OS_EventTaskRdy将最高优先级的在阻塞中等待消息的任务就绪，进行任务调度之后返回。

如果没有，还要判断邮箱是否是满的，也就是说ECB中是否已经存有消息。如果是，那么发消息失败，返回。可见，一个邮箱只能容纳一条消息。

如果没有任务等待消息，而且邮箱也不满，就将消息放在邮箱中，也就是将消息地址送事件控制块的OSEventPtr。当有任务等消息的时候就能直接取走消息，该函数流程如图5.5所示。

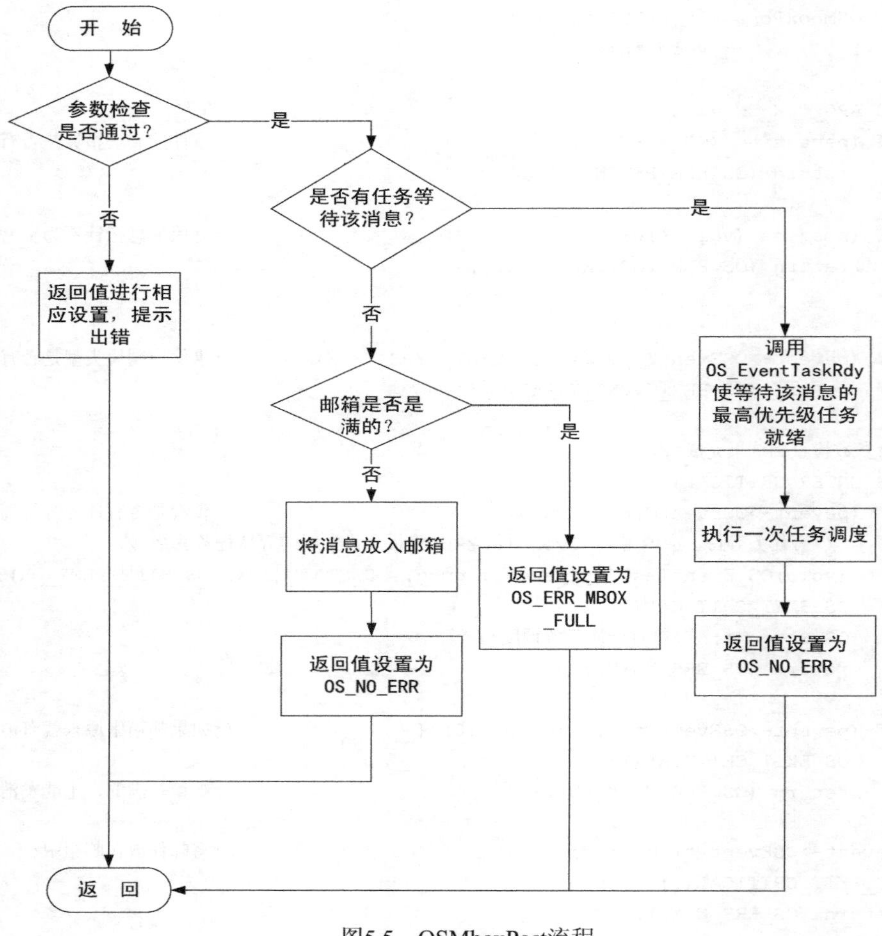

图5.5　OSMboxPost流程

5.1.4　删除消息邮箱

当消息邮箱不再使用了，就应该尽快归还给系统，即将消息占用的ECB归还给ECB空闲链表以备它用。消息邮箱的删除函数是OSMboxDel，删除一个消息也要涉及方方面面，因为可能有任务正在等待这个邮箱中的消息。

OSMboxDel的参数是ECB指针pevent、整型的删除选项opt和用来返回结果的指向整型的指针perr。其中，opt的值为OS_DEL_NO_PEND，表示只有当没有任务等待该消息邮箱的时候才允许删除，opt的值为OS_DEL_ALWAYS表示无论如何都删除。OSMboxDel解析如程序5.4所示。

程序5.4　删除消息邮箱的函数OSMboxDel解析

```
OS_EVENT  *OSMboxDel (OS_EVENT *pevent,
                      INT8U opt,
                      INT8U *perr)
{
    BOOLEAN tasks_waiting;
    OS_EVENT *pevent_return;
```

```
#if OS_ARG_CHK_EN > 0u
    if (pevent == (OS_EVENT *)0) {                          /*事件控制块指针是否有效*/
        *perr = OS_ERR_PEVENT_NULL;
        return (pevent);
    }
#endif
    if (pevent->OSEventType != OS_EVENT_TYPE_MBOX) {        /*事件控制块类型是否有效*/
        *perr = OS_ERR_EVENT_TYPE;
        return (pevent);
    }
    if (OSIntNesting > 0u) {                 /*查看是否在中断服务程序ISR中调用本函数*/
        *perr = OS_ERR_DEL_ISR;
        return (pevent);
    }
    /*参数检查完成*/
    OS_ENTER_CRITICAL();
    if (pevent->OSEventGrp != 0u) {                         /*是否有任务等待消息邮箱*/
        tasks_waiting = OS_TRUE;
 } else {
        tasks_waiting = OS_FALSE;
    }
    switch (opt) {
        case OS_DEL_NO_PEND:                        /*只有当没有任务等待邮箱的时候才删除*/
             if (tasks_waiting == OS_FALSE) {     /*没有任务等待*/
              /*以下对事件控制块初始化*/
              pevent->OSEventName = (INT8U *)(void *)"?";
              pevent->OSEventType = OS_EVENT_TYPE_UNUSED;
              pevent->OSEventPtr  = OSEventFreeList; /*将该ECB归还给ECB空闲链表*/
              pevent->OSEventCnt  = 0u;
              OSEventFreeList = pevent;    /*OSEventFreeList 指向新的ECB空闲链表表头*/
                 OS_EXIT_CRITICAL();
                 *perr = OS_ERR_NONE;
                 pevent_return = (OS_EVENT *)0;  /*邮箱成功删除*/
             } else {  /*有任务等待，因此不能删除*/
                 OS_EXIT_CRITICAL();
                 *perr = OS_ERR_TASK_WAITING;
                 pevent_return = pevent;
             }
             break;

        case OS_DEL_ALWAYS:                                  /*无论有无任务等待都要删除*/
            while (pevent->OSEventGrp != 0u) {               /*将所有等待邮箱的任务就绪*/
           (void)OS_EventTaskRdy(pevent, (void *)0, OS_STAT_MBOX, OS_STAT_PEND_OK);
              }
            /*以下对事件控制块初始化*/
             pevent->OSEventName = (INT8U *)(void *)"?";
             pevent->OSEventType = OS_EVENT_TYPE_UNUSED;
             pevent->OSEventPtr = OSEventFreeList;          /*将该ECB归还给ECB空闲链表*/
             pevent->OSEventCnt = 0u;
             OSEventFreeList = pevent;    /*OSEventFreeList 指向新的ECB空闲链表表头*/
             OS_EXIT_CRITICAL();
             if (tasks_waiting == OS_TRUE) {      /*如果原来有任务等待该邮箱*/
                 OS_Sched();                                 /*执行一次任务调度*/
```

```
            }
            *perr = OS_ERR_NONE;
            pevent_return = (OS_EVENT *)0;   /*消息邮箱已被成功删除，所有等待的任务都就绪*/
            break;
         default:
              /*参数无效才会执行到这里*/
              OS_EXIT_CRITICAL();
              *perr = OS_ERR_INVALID_OPT;
              pevent_return = pevent;
              break;
     }
     return (pevent_return);
}
```

根据对代码的分析，首先进行参数的检查。参数检查通过后，使用局部变量tasks_waiting来保存是否有任务等待邮箱。判断的方法是通过判断事件等待组是否为0。如果tasks_waiting = OS_TRUE，则表示有任务等待邮箱；如果tasks_waiting = OS_FALSE，则表示没有任务等待邮箱。

然后根据选项opt决定程序的分支。如果为OS_DEL_NO_PEND，表示只有在没有事件等待的时候才允许删除邮箱，因此在tasks_waiting = OS_FALSE时删除邮箱，也就是把ECB初始化后归还给空闲ECB链表，然后返回空指针；在tasks_waiting = OS_TRUE时不能做任何事，返回该ECB的指针表示删除失败，并在perr中填写出错的原因为OS_ERR_TASK_WAITING。

如果opt为OS_DEL_ALWAYS，那么先把ECB初始化后归还给空闲ECB链表，然后将所有等待该邮箱的任务都用OS_EventTaskRdy来就绪，采用的方法是使用while循环，只要OSEventGrp不为0，那么就循环下去，从高优先级到低优先级的任务一个一个就绪，事件等待表中的任务也一个一个减少。等到事件等待组OSEventGrp为0，循环结束了，所有等待该消息邮箱的事件除了被挂起的之外全部都就绪了。这时如果判定tasks_waiting是否为 OS_TRUE，知道有任务被就绪了，就执行一次任务调度来让高优先级的就绪任务获得运行，否则，就不需要进行任务调度了。

应该看到，这里的操作和删除信号量基本是一样的。如果对信号量掌握得很好，这里就很容易理解。

最后，如果opt不是这两个值中的一个，那就说明是错误的选项，也属于参数检查失败。因此，标记错误信息perr为OS_ERR_INVALID_OPT后，直接返回原来ECB指针pevent。

如果函数返回的是空指针，说明邮箱已经成功被删除；否则，查看perr所指存储单元的值，就能得到出错的错误码。

删除邮箱的流程图如图5.6所示。

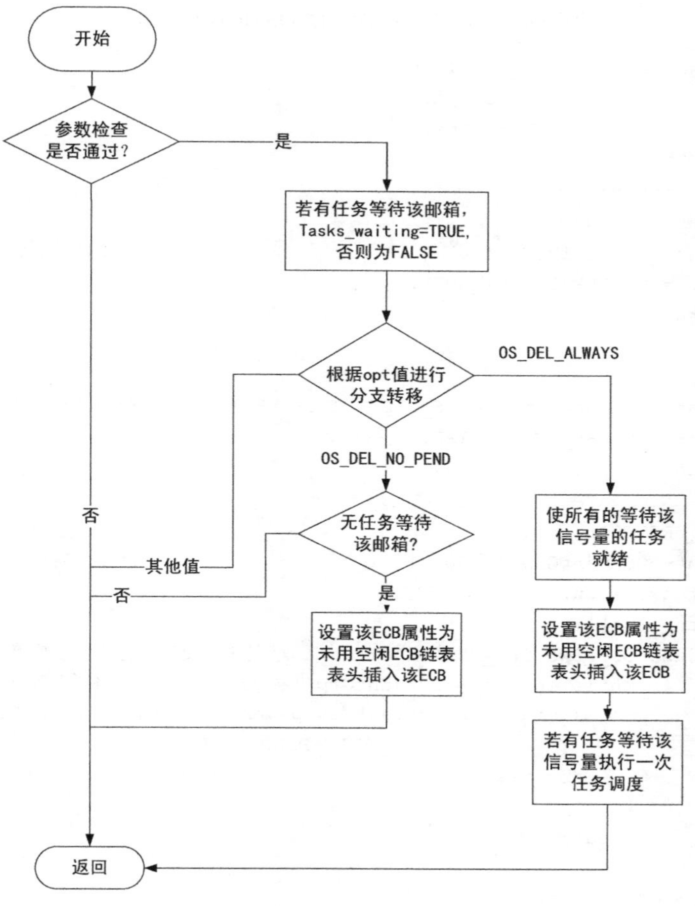

图5.6 OSMboxDel流程图

5.1.5 放弃等待邮箱

同放弃对信号量的等待类似，放弃等待邮箱也绝对不会是放弃本任务对邮箱的等待。放弃等待邮箱函数放弃的是所有等待某邮箱的任务对该邮箱的等待或等待某邮箱的优先级最高的任务对邮箱的等待。

放弃等待邮箱的第一个参数是ECB的指针，这个ECB必须是邮箱类型的。如果这个ECB的事件等待表中没有任务等待，那么也无须做什么操作，因为没有什么可放弃的。否则，根据第二个参数opt的值，分两种情况处理。一种opt的值是宏OS_PEND_OPT_BROADCAST，那么就要将等待该邮箱的所有任务就绪；另一种opt的值是OS_PEND_OPT_NONE或其他值，只将等待该邮箱的最高优先级的任务就绪。另一个参数是指向整型的指针perr，用于返回函数执行的结果，使用方法和前面类似。该函数的返回值是取消等待的任务数量。

放弃等待邮箱函数OSMboxPendAbort代码分析如程序5.5所示。

程序5.5 放弃等待邮箱函数OSMboxPendAbort解析

```
INT8U  OSMboxPendAbort (OS_EVENT *pevent,
                        INT8U opt,
                        INT8U *perr)
{
    INT8U nbr_tasks;
#if OS_ARG_CHK_EN > 0u
    if (pevent == (OS_EVENT *)0) {                          /*事件控制块指针是否有效*/
        *perr = OS_ERR_PEVENT_NULL;
        return (0u);
    }
#endif
    if (pevent->OSEventType != OS_EVENT_TYPE_MBOX) {       /*事件控制块类型是否有效*/
        *perr = OS_ERR_EVENT_TYPE;
        return (0u);
    }
    OS_ENTER_CRITICAL();
    if (pevent->OSEventGrp != 0u) {                         /*是否有任务等待邮箱*/
        nbr_tasks = 0u;
        switch (opt) {
            case OS_PEND_OPT_BROADCAST:        /*是否需要让所有等待该邮箱的任务放弃等待*/
                 while (pevent->OSEventGrp != 0u) {      /*将所有等待邮箱的任务就绪*/
                     (void)OS_EventTaskRdy(pevent, (void *)0, OS_STAT_MBOX,
                                  OS_STAT_PEND_ABORT);
                     nbr_tasks++;
                 }
                 break;

           case OS_PEND_OPT_NONE:
           default:                                    /*将等待邮箱的优先级最高的任务就绪*/
        (void)OS_EventTaskRdy(pevent, (void *)0, OS_STAT_MBOX, OS_STAT_PEND_ABORT);
                 nbr_tasks++;
                 break;
        }
        OS_EXIT_CRITICAL();
        OS_Sched();                                         /*执行一次任务调度 */
        *perr = OS_ERR_PEND_ABORT;
        return (nbr_tasks);                                 /*返回取消等待的任务数*/
    }
    OS_EXIT_CRITICAL();
    *perr = OS_ERR_NONE;
    return (0u);                                            /*取消等待的任务数是0*/
}
```

分析该函数流程如下。

（1）检查事件控制块指针是否有效及事件控制块类型是否有效。

（2）如果pevent->OSEventGrp为0，说明没有任务等待消息邮箱，取消等待的任务数是0，返回0。

（3）否则根据参数opt（选项）进行分支转移，如为OS_PEND_OPT_BROADCAST，使用while语句循环地将等待该邮箱的每个任务用OS_EventTaskRdy来取消等待并使其就绪

（除非任务还被挂起）；如果为其他值，则只将最高优先级的任务取消等待并就绪。两种情况都返回已取消等待消息的任务数。

5.1.6 无等待请求消息

在中断服务程序和有些用户任务中，需要无等待的请求消息邮箱。也就是说，到邮箱中取邮件，如果有邮件，就获得邮件；如果没有，并不阻塞自己，而是继续执行其他代码。

OSMboxAccept就是无等待的请求消息邮箱函数，参数是请求的消息邮箱的ECB指针。该函数的返回值是指向邮箱的指针，如果没有取得消息，那么就返回空指针，代码分析如程序5.6所示。

程序5.6 无等待的请求消息邮箱函数OSMboxAccept解析

```
void  *OSMboxAccept (OS_EVENT *pevent)
{
    void *pmsg;
#if OS_ARG_CHK_EN > 0u
    if (pevent == (OS_EVENT *)0) {                          /*事件控制块指针是否有效*/
        return ((void *)0);
    }
#endif
    if (pevent->OSEventType != OS_EVENT_TYPE_MBOX) {        /*事件控制块类型是否有效*/
        return ((void *)0);
    }
    OS_ENTER_CRITICAL();
    pmsg               = pevent->OSEventPtr;
    pevent->OSEventPtr = (void *)0;                                     /*清邮箱*/
    OS_EXIT_CRITICAL();
    return (pmsg);                                          /*返回获得的消息（或空指针）*/
}
```

代码中首先检查ECB是否有效，如果有效，将消息邮箱中邮件的地址OSEventPtr赋值给pmsg，然后清邮箱内容，返回获得的邮件的地址pmsg。这样，如果邮箱中有邮件，返回邮件的地址，如果没有，返回值就是空地址。

5.1.7 查询消息邮箱状态

查询消息邮箱状态将ECB中关于消息邮箱的信息复制到另一个数据结构消息邮箱数据OS_MBOX_DATA，消息邮箱数据OS_MBOX_DATA的声明如程序5.7所示。

程序5.7 查询消息邮箱状态所用的结构体OS_MBOX_DATA声明

```
typedef struct os_mbox_data {
    void   *OSMsg;                                                      /*消息指针*/
    OS_PRIO OSEventTbl[OS_EVENT_TBL_SIZE];          /*等待任务表*/
    OS_PRIO OSEventGrp;                             /*等待任务组*/
} OS_MBOX_DATA;
```

查询消息邮箱状态函数OSMboxQuery的参数是ECB地址和一个指向OS_MBOX_DATA类型的地址。ECB地址指向邮箱，OS_MBOX_DATA类型的地址指向返回结果的一个S_

MBOX_DATA类型的对象，代码解析如程序5.8所示。

程序5.8　查询消息邮箱状态函数OSMboxQuery解析

```
INT8U  OSMboxQuery (OS_EVENT *pevent,
                    OS_MBOX_DATA  *p_mbox_data)
{
    INT8U i;
    OS_PRIO *psrc;
    OS_PRIO *pdest;

#if OS_ARG_CHK_EN > 0u
    if (pevent == (OS_EVENT *)0) {                          /*事件控制块指针是否有效*/
        return (OS_ERR_PEVENT_NULL);
    }
    if (p_mbox_data == (OS_MBOX_DATA *)0) {                 /*消息邮箱数据地址是否有效*/
        return (OS_ERR_PDATA_NULL);
    }
#endif
    if (pevent->OSEventType != OS_EVENT_TYPE_MBOX) {        /*事件控制块类型是否有效*/
        return (OS_ERR_EVENT_TYPE);
    }
    OS_ENTER_CRITICAL();
    p_mbox_data->OSEventGrp = pevent->OSEventGrp;           /*复制事件等待组*/
    psrc                    = &pevent->OSEventTbl[0];              /*以下复制事件等待表*/
    pdest                   = &p_mbox_data->OSEventTbl[0];
    for (i = 0u; i < OS_EVENT_TBL_SIZE; i++) {
        *pdest++ = *psrc++;
    }
    p_mbox_data->OSMsg = pevent->OSEventPtr;                /*复制邮件地址*/
    OS_EXIT_CRITICAL();
    return (OS_ERR_NONE);
}
```

进行参数检查之后，将邮箱ECB中的事件等待组、事件等待表和消息邮箱中的内容完全复制到消息邮箱数据OS_MBOX_DATA中。

到这里，关于消息邮箱代码的分析就完全结束了。下一小节给出消息邮箱的应用举例。

5.1.8　消息邮箱的例子

假设有任务TaskMessageSen和TaskMessageRec，TaskMessageSen在时间片1创建一个邮箱，如果邮箱创建成功，每秒向邮箱发送一个消息。消息内容为从1开始的计数值，该计数值每秒加1。任务TaskMessageRec也是从时间片1开始运行，等待消息邮箱，接收到消息后打印获得的消息的内容，之后继续等待。

采用消息邮箱函数，笔者设计任务函数如程序5.9所示。

程序5.9　消息邮箱的例子

```
//消息邮箱的例子
OS_EVENT   *myMBox;
void TaskMessageSen(void *pParam)
{
```

```
        INT8U *perr;
        INT8U err,i;
        INT32U j;
        INT32U scount;
        perr=&err;
        err=OS_ERR_NONE;
        scount=0;
        myMBox=OSMboxCreate(&scount);                          /*创建邮箱*/
        if (myMBox==(OS_EVENT  *)0)                    /*检查是否创建成功*/
        {
                printf("时间:%d，TaskMessageSen创建邮箱失败\n",OSTimeGet());
            OSTaskDel(OS_PRIO_SELF);               /*不成功则删除本任务*/
                return;
        }
        printf("时间:%d，TaskMessageSen创建邮箱成功\n",OSTimeGet());
        while(1)
        {
            OSTimeDly(100);                                         /*延时1秒*/
            scount++;
         printf("时间:%d，任务TTaskMessageSen准备发消息，消息为%d\n",OSTimeGet(),scount);
            OSMboxPost(myMBox,&scount);                        /*发消息*/
        }
}
void TaskMessageRec(void *pParam)
{
        INT8U     *perr;
        INT8U err,i;
        INT32U j;
        INT32U * prcount;
        perr=&err;
        err=OS_ERR_NONE;
        if (myMBox==(OS_EVENT  *)0)                    /*检查邮箱是否存在*/
        {
                printf("时间:%d，任务TaskMessageRec判定邮箱不存在!\n",OSTimeGet());
            OSTaskDel(OS_PRIO_SELF);               /*不成功则删除本任务*/
                return;
        }

        while(1)
        {
          prcount=(INT32U * )OSMboxPend(myMBox,0,perr); /*请求消息，如果消息不存在就阻塞*/
            if (*perr==OS_ERR_NONE)
          printf("时间:%d，任务TaskMessageRec接收消息为%d\n",OSTimeGet(),*prcount);
            else
           printf("时间:%d，任务TaskMessageRec等待异常结束，错误号:%d\n",*perr);
        }
}
```

因为TaskMessageSen的优先级比TaskMessageRec高，所以TaskMessageSen先运行，创建邮箱。如果邮箱创建失败就输出出错信息，然后退出。创建邮箱时将计数值scount的地址给OSMboxCreate作为参数，这样，邮箱最开始的消息就是整数值0。然后延时100个时间片，将scount的值加1，再调用OSMboxPost向邮箱发送scount的地址，然后循环。

TaskMessageRec首先检查邮箱是否存在，如果不存在，则不能运行，输出错误信息，然后退出，否则，循环调用OSMboxPend等待消息。这里不需要延时，因为如果消息不存在，那么该任务自然就被阻塞。当消息存在时，就被唤醒，获得消息并打印出消息，也就是任务TaskMessageSen的计数值。

需要注意的是，TaskMessageSen必须在发消息后延时，因为OSMboxPost并不会将调用它的任务阻塞，而只是将等待的任务TaskMessageRec就绪，因为TaskMessageRec优先级低，那么还是得不到运行。

笔者的设计不一定是最好的，本例以让读者掌握知识为目的，抛砖引玉。这两个任务的运行结果如图5.7所示。

```
"C:\Documents and Settings\Administrator\桌面\ucos_vc291\ucos_vc\OUTPU...
时间:0,  TaskMessageSen创建邮箱成功
时间:0, 任务TaskMessageRec接收消息为1
时间:100, 任务TTaskMessageSen准备发消息, 消息为2
时间:100, 任务TaskMessageRec接收消息为2
时间:200, 任务TTaskMessageSen准备发消息, 消息为3
时间:200, 任务TaskMessageRec接收消息为3
时间:300, 任务TTaskMessageSen准备发消息, 消息为4
时间:300, 任务TaskMessageRec接收消息为4
时间:400, 任务TTaskMessageSen准备发消息, 消息为5
时间:400, 任务TaskMessageRec接收消息为5
时间:500, 任务TTaskMessageSen准备发消息, 消息为6
时间:500, 任务TaskMessageRec接收消息为6
时间:600, 任务TTaskMessageSen准备发消息, 消息为7
时间:600, 任务TaskMessageRec接收消息为7
时间:700, 任务TTaskMessageSen准备发消息, 消息为8
时间:700, 任务TaskMessageRec接收消息为8
时间:800, 任务TTaskMessageSen准备发消息, 消息为9
时间:800, 任务TaskMessageRec接收消息为9
时间:900, 任务TTaskMessageSen准备发消息, 消息为10
时间:900, 任务TaskMessageRec接收消息为10
时间:1000, 任务TTaskMessageSen准备发消息, 消息为11
时间:1000, 任务TaskMessageRec接收消息为11
时间:1100, 任务TTaskMessageSen准备发消息, 消息为12
时间:1100, 任务TaskMessageRec接收消息为12
时间:1200, 任务TTaskMessageSen准备发消息, 消息为13
时间:1200, 任务TaskMessageRec接收消息为13
```

图5.7　示例程序的运行结果

5.2　消息队列

学习了消息管理，读者可能会想：消息邮箱中只能存放一则消息，太少了，能不能像电子邮件一样，管理多条消息呢?

μC/OS为实现这一目的，设计了消息队列管理。使用消息队列管理，就允许使用可以容纳多条信息的消息队列，按照先进先出（FIFO）的原则发送和接收消息。需要注意的是，这样的队列不是操作系统提供的，而是由用户任务来提供的。操作系统提供的是对其进行管理的程序。另外，消息队列中每一条消息的内容是一个地址。

因为只使用事件控制块（ECB）无法实现消息队列管理，因此在操作系统头文件ucos_ii.h中定义了消息控制块（QCB），另外还设计了空闲消息控制块链表。

消息队列的代码单独存放在os_q.c中。

消息队列管理的核心函数如表5.2所示。

表5.2　消息队列管理函数列表

消息队列管理函数名	说　明
OS_QInit	初始化消息队列
OSQCreate	创建一个消息队列

续　表

消息队列管理函数名	说　明
OSQPost	发送消息到消息队列
OSQPend	等待消息对列中的消息
OSQDel	删除一个消息队列
OSQAccept	不等待的请求消息队列中的消息
OSQPendAbort	放弃等待消息队列中的消息
OSQQuery	查询消息队列的信息

因为消息队列使用了空闲QCB链表，因此必须初始化以构建这个链表。消息队列使用OSQCreate创建，被分配一个ECB及一个QCB给该队列。被创建的消息队列可以通过OSQDel来删除，将事件控制块（ECB）及消息控制块（QCB）归还给系统。OSQQuery查询消息队列的信息。

OSQPend等待或请求一个消息队列，只要队列中有消息，就能获得消息和结束等待，如果没有，那么就被阻塞。当消息队列中有多条消息时，就取出最早进入消息队列的消息。如果没有任务等待消息队列中的消息，OSQPost按顺序将消息存入消息队列，否则将消息发送给等待消息队列的优先级最高的任务并使该任务就绪。

掌握消息队列，必须先掌握消息队列使用的数据结构。

5.2.1　消息队列数据结构

消息队列管理的主要数据结构包括消息队列、消息队列控制块、消息控制块数组及空闲消息控制块链表。

1. 消息队列及消息控制块

同消息一样，操作系统本身并不提供消息队列，要求消息队列由用户创建，但是用户必须按照如下格式创建:

void * MessageStorage[size]

其中，MessageStorage是消息队列的名称，由消息队列的创建者自己命名。size是消息队列的大小，也就是消息队列能够容纳的消息数量。很明显，消息队列是指向任意类型的指针数组，数组中每一个元素都是一个指针，指向真正的消息。

消息队列控制块（QCB）是消息队列管理中最核心的数据结构，每个QCB将管理一个消息队列。消息队列定义在操作系统头文件ucos_ii.h中，其内容和说明如程序5.10所示。

程序5.10　消息队列控制块OS_Q定义

```
typedef struct os_q {                       /*队列控制块（QCB）*/
    struct os_q   *OSQPtr;                  /*在空闲QCB链表中，指示下一个QCB*/
    void **OSQStart;                        /*队列数据的首地址*/
    void **OSQEnd;                          /*队列数据的末地址*/
    void **OSQIn;                                   /*指示下次插入消息的位置 */
    void **OSQOut;                                  /*指示下次提取消息的位置*/
    INT16U OSQSize;                         /*队列的最大容量*/
```

```
    INT16U OSQEntries;                         /*队列中当前的消息量*/
} OS_Q;
```

OSQPtr用于链接空闲消息控制块链表，将在消息控制块链表部分说明。

OSQStart指向消息队列中的第一个元素位置，而消息队列中的每一个元素都是一个指向消息的指针，即指向任意类型的地址（void *），所以OSQStart是一个指向指针的指针（void**）。

OSQEnd并不指向消息队列中的最后一个元素，而是指向消息队列最后一个元素后边的一个存储单元，即MessageStorage[size]。

OSQIn指向下一个要保存消息的位置，当增加一个消息时它指向队列中的下一个元素。OSQOut指向下一个要提取消息的位置，当消息队列不为空时，它指向最先进入队列的消息，当取出一个消息后，它指向下一个消息。当刚刚创建消息队列时，它们都指向MessageStorage[0]。有一定数据结构基础的读者就会认出，这是一种循环队列数据结构。所以，消息队列是一种循环队列。

OSQSize为队列的最大容量，是消息队列能容纳的消息数量，OSQEntries为队列中当前的消息量。

当创建第一个消息队列时，使用的消息控制块为OSQTbl[0]，消息队列为包含容积为6的MsgS[6]（其声明为void * MsgS[6]）。图5.8所示为创建后的消息控制块和消息队列。

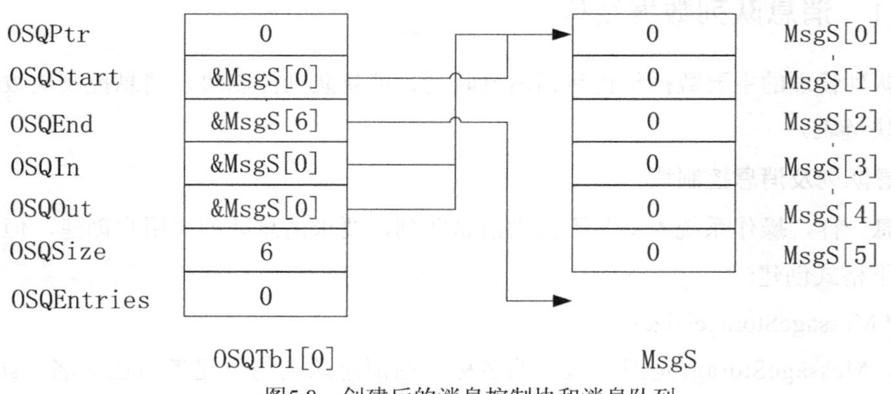

图5.8　创建后的消息控制块和消息队列

需要说明的是，MsgS[6]虽然不合情理，但是C语言仍能够处理它。消息队列MsgS的6个元素显然是MsgS[0]～MsgS[5]，&MsgS[6]指向该表后面的一个单元却没有错，只要不对该单元赋值，是没有问题的。

在图5.8的基础上，我们再发两个消息，假设消息的地址是0x00447fa0和0x00447fa4，发送完消息后消息控制块和消息队列应如图5.9所示。

可见，发送了两个消息之后，OSQIn指向了MsgS[2]，也就是说，如果要发消息到MsgS[2]，OSQOut保持不动，因为没有取走一个消息，则指向MsgS[0]。这时有两个消息，所以OSQEntries的值是2。

如果这时再取走两个消息，那么消息控制块和消息队列应如图5.10所示。

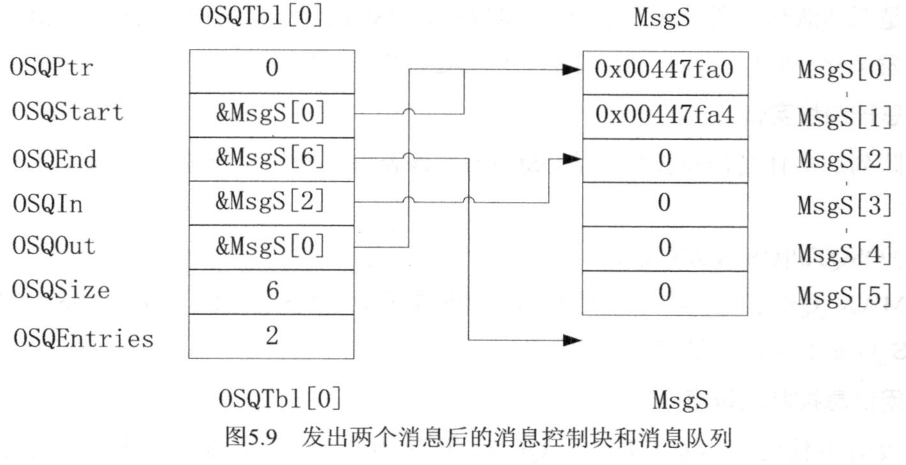

图5.9　发出两个消息后的消息控制块和消息队列

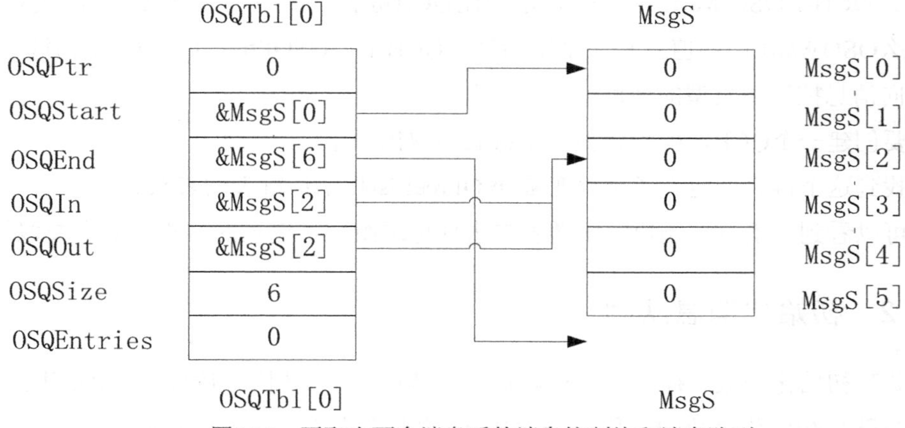

图5.10　再取出两个消息后的消息控制块和消息队列

因为是提取消息，所以QSQEnd向下移动两位，指向MsgS[2]。我们发现，这时队列为空，OSQIn= OSQOut。

这时如果仍然发5条消息，消息地址分别为0x00447fb0、0x00447fb4、0x00447fb8、0x00447fbc、0x00447fc0，结果如图5.11所示。

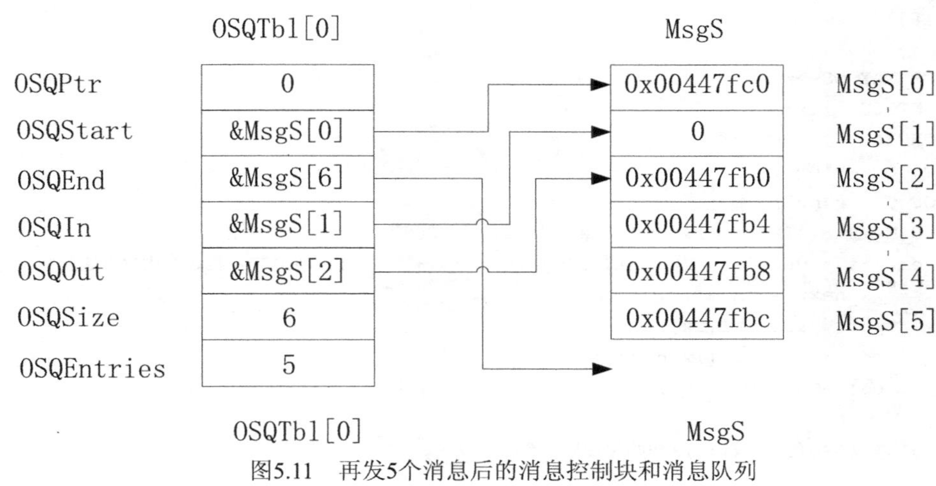

图5.11　再发5个消息后的消息控制块和消息队列

因为是循环队列，所以在发了4个消息以后，OSQIn就不能指向MsgS[6]而指向MsgS[0]了，然后发第5个消息后指向了MsgS[1]。这时还可以发一则消息。

2. 消息控制块实体

消息队列的实体是消息控制块表OSQTbl，该表格在操作系统头文件ucos_ii.h中声明如下：

OS_Q OSQTbl[OS_MAX_QS];

OS_MAX_QS是宏，默认值是4。这里生成了数组OSQTbl，占用了OS_MAX_QS*SizeOf(OS_Q)那么大的存储空间。

3. 空闲消息控制块链表

所有没有被使用的消息控制块（QCB）连接为一个单向的链表，这个链表就是空闲QCB链表。QCB中OSQWaitList用来指示空闲QCB链表中的下一个QCB。若该QCB为最后一个，那么OSQWaitList的值就是一个空指针。QCB中的OSQPtr用于连接空闲消息控制块链表，是指向消息控制块类型的地址。

如果要创建一个QCB，就需要在这个链表中取出一个。

为了找到这个链表，定义了全局变量OSQFreeList指示该链表的表头。

读者可以看到，消息控制块空闲链表与事件标志组空闲链表的结构是非常类似的。

5.2.2 初始化消息队列

消息队列初始化函数在操作系统初始化时被调用，主要用于初始化消息队列使用的数据结构。消息队列初始化函数的名称为OS_QInit，代码解析如程序5.11所示。

程序5.11 消息队列初始化函数OS_QInit解析

```
void  OS_QInit (void)
{
#if OS_MAX_QS == 1u
    OSQFreeList = &OSQTbl[0];                /*只有1个队列，OSQFreeList 指向OSQTbl[0]*/
    OSQFreeList->OSQPtr = (OS_Q *)0;         /*OSQTbl[0]的OSQPtr指向空地址*/
#endif

#if OS_MAX_QS >= 2u
    INT16U   ix;
    INT16U   ix_next;
    OS_Q     *pq1;
    OS_Q     *pq2;
    OS_MemClr((INT8U *)&OSQTbl[0], sizeof(OSQTbl));  /*清所有的队列*/
    for (ix = 0u; ix < (OS_MAX_QS - 1u); ix++) {/*初始化QCB，构建空闲QCB链表*/
        ix_next = ix + 1u;
        pq1 = &OSQTbl[ix];
        pq2 = &OSQTbl[ix_next];
        pq1->OSQPtr = pq2;
    }
    pq1 = &OSQTbl[ix]; /*初始化最后一个QCB*/
```

```
        pq1->OSQPtr = (OS_Q *)0;
        OSQFreeList = &OSQTbl[0];
#endif
}
```

如果宏OS_MAX_QS的值是1，那么因为采用条件编译语句，这样编译后的代码中只包含前面的条件编译块中的代码。OSQFreeList指向表头OSQTbl[0]，OSQPtr在QCB空闲的时候被当做指向下一个QCB的指针使用，因此应赋值为空指针。这样就创建了一个只有一个消息队列的消息队列空闲链表。

如果宏OS_MAX_QS的值是大于1的，那么上面的一段代码就不会被编译器编译，只编译第2个条件编译块，流程如下：

（1）将所有QCB全部清为全0。

（2）使用for循环将除最后一个消息控制块OSQTbl[OS_MAX_QS－1]之外的所有消息控制块初始化，构建了单向的消息队列空闲链表。

（3）初始化最后一个QCB，将消息队列空闲链表完善。

可见，消息队列初始化程序对所有的消息队列进行了初始化，并构建了一个单向的消息队列空闲链表。通过全局变量OSQFreeList就能找到这个链表。

5.2.3　建立消息队列

创建消息队列就是从ECB空闲链表中取下一个事件控制块ECB来，将其用于消息队列管理。并从QCB空闲链表的表头取下一个QCB，对其各种属性进行设置，用于指示消息的位置及提取和插入消息的位置。

创建消息队列的函数名称为OSQCreate，参数是指向指针的指针start和消息队列的尺寸size。

参数start是指向消息队列存储区的基地址，存储区必须定义为一个void类型的指针数组，或称为消息指针数组，如void * MessageStorage[size]。消息指针数组MessageStorage中每一个数组元素都是一个指向消息的指针，一共可容纳size个消息指针。这个数组必须由用户程序自己创建，是真正的消息队列实体。

创建消息队列的函数名称为OSQCreate，代码解析如程序5.12所示。

程序5.12　消息队列创建函数OSQCreate分析

```
OS_EVENT  *OSQCreate (void **start,
                      INT16U size)
{
    OS_EVENT  *pevent;
    OS_Q      *pq;
    if (OSIntNesting > 0u) {                    /*查看是否在中断服务程序ISR中调用本函数*/
        return ((OS_EVENT *)0);                 /*不允许在中断服务程序ISR中调用本函数*/
    }
    OS_ENTER_CRITICAL();
    pevent = OSEventFreeList;                   /*取得事件控制块ECB*/
    if (OSEventFreeList != (OS_EVENT *)0) {          /*是否有有效的ECB*/
```

```
        OSEventFreeList = (OS_EVENT *)OSEventFreeList->OSEventPtr;  /*摘下ECB表头*/
        }
        OS_EXIT_CRITICAL();
        if (pevent != (OS_EVENT *)0) {                     /*是否有有效的ECB*/
            OS_ENTER_CRITICAL();
            pq = OSQFreeList;                                  /*在空闲QCB链表中取一个QCB*/
            if (pq != (OS_Q *)0) {                         /*得到了有效的QCB吗? */
                OSQFreeList = OSQFreeList->OSQPtr; /*取下该QCB*/
                OS_EXIT_CRITICAL();
                pq->OSQStart = start;                      /*QCB初始化*/
                pq->OSQEnd = &start[size];
                pq->OSQIn = start;
                pq->OSQOut = start;
                pq->OSQSize = size;
                pq->OSQEntries = 0u;
                pevent->OSEventType = OS_EVENT_TYPE_Q;
                pevent->OSEventCnt = 0u;
                pevent->OSEventPtr = pq;
                pevent->OSEventName = (INT8U *)(void *)"?";
                OS_EventWaitListInit(pevent);          /*初始化事件等待表*/
         } else {                                  /*没有有效的QCB，应归还ECB到空闲ECB链表表头*/
                pevent->OSEventPtr = (void *)OSEventFreeList;
                OSEventFreeList = pevent;
                OS_EXIT_CRITICAL();
                pevent = (OS_EVENT *)0;
            }
        }
        return (pevent);
    }
```

根据对代码的分析，流程如下：

（1）判断是否在中断服务程序中调用本函数，如果是就返回。

（2）取得消息队列的链表首地址送pevent。

（3）判断pevent是否为空指针，如果是，则说明系统已经没有空闲的ECB可供使用，填写错误信息，返回空指针。

（4）从空闲ECB链表取下表头。

（5）空闲QCB链表首地址送pq。

（6）如果没有有效的空闲QCB链表，则恢复空闲ECB链表，返回空ECB指针。

（7）在空闲QCB链表中取一个pq指向的QCB，对其进行初始化。设置OSQStart为消息指针数组的首地址start。OSQEnd值为&start[size]即消息指针数组（消息队列）中最后一个指针后面的一个地址。OSQIn和OSQOut也设置为start。OSQSize的值为size。OSQEntries为0表示该队列中还没有消息。

（8）接下来对pevent指向的ECB进行初始化。OSEventType为OS_EVENT_TYPE_Q表示用于消息队列管理。OSEventCnt在这里没有用，设置为0。OSEventPtr指向QCB，即设置为pq。调用OS_EventWaitListInit初始化ECB中的事件等待表和事件等待组。

（9）返回ECB指针。

可见，创建一个消息队列，就要占用一个事件控制块（ECB）和消息控制块（QCB），通过ECB中的域OSEventPtr就可以找到QCB，找到了QCB就可以找到用户定义的消息指针数组的首地址，以及最后一个消息的位置和数组的大小等。

5.2.4　发消息到消息队列

发消息到消息队列的函数名称为OSQPost，参数是事件控制块（ECB）的地址pevent和消息的地址pmsg。

发消息到消息队列的函数OSQPost的代码解析如程序5.13所示。

程序5.13　发消息到消息队列的函数OSQPost分析

```
INT8U  OSQPost (OS_EVENT  *pevent,
                void *pmsg)
{
    OS_Q *pq;
#if OS_ARG_CHK_EN > 0u
    if (pevent == (OS_EVENT *)0) {
        return (OS_ERR_PEVENT_NULL);
    }
#endif
    if (pevent->OSEventType != OS_EVENT_TYPE_Q) {
        return (OS_ERR_EVENT_TYPE);
    }
    /*参数检查完成，确保ECB为有效的消息队列类型*/
    OS_ENTER_CRITICAL();
    if (pevent->OSEventGrp != 0u) {                 /*有任务等待消息队列*/
       /* 将高优先级的等待任务就绪，消息地址pmsg填写到TCB*/
        (void)OS_EventTaskRdy(pevent, pmsg, OS_STAT_Q, OS_STAT_PEND_OK);
        OS_EXIT_CRITICAL();
        OS_Sched();                                 /*执行一次任务调度*/
        return (OS_ERR_NONE);
    }
    /*无任务等待消息队列*/
    pq = (OS_Q *)pevent->OSEventPtr;                /*pq指示QCB*/
    if (pq->OSQEntries >= pq->OSQSize) {            /*确保队列不满*/
        OS_EXIT_CRITICAL();
        return (OS_ERR_Q_FULL);
    }
    *pq->OSQIn++ = pmsg;                    /*在队列中存入新消息，将OSQIn 指向下一个单元*/
    pq->OSQEntries++;                                                /*QCB中消息数量加1*/
    if (pq->OSQIn == pq->OSQEnd) {                  /*如果OSQIn超过了队尾，就让其指向队首*/
        pq->OSQIn = pq->OSQStart;
    }
    OS_EXIT_CRITICAL();
    return (OS_ERR_NONE);
}
```

根据对代码的分析，流程如下:

（1）首先进行参数检查，如果参数检查失败则返回。

（2）如果有任务等待消息队列中的消息，那么消息队列现在必然是空的。不需要将消息存入队列，而直接将消息给在等待的优先级最高的任务，并将其就绪。执行一次任务调度，然后返回。

（3）如果没有任务等待消息队列中的消息，那么就需要将该消息加入消息队列。如果消息队列是满的，不能容纳更多的消息，则返回出错信息。否则，在消息控制块（QCB）的OSQIn所指示的消息指针数组位置存入该消息，然后将OSQIn 指向下一个单元以便下次使用。判断OSQIn是否超过了表尾，如果超过了，将其指向队首，然后返回。

5.2.5　等待消息队列中的消息

等待消息队列的消息是消息队列管理中的又一核心函数。如果消息队列中有消息，那么就取出消息，然后返回；如果没有消息，只有在ECB中标记自己的等待，然后阻塞。

等待消息队列的函数的名称为OSQPend，参数是ECB的指针、等待超时时间和返回函数执行信息的指针perr。函数的返回值是指向消息的指针，代码解析如程序5.14所示。

程序5.14　消息队列等待函数OSQPend分析

```
void  *OSQPend (OS_EVENT  *pevent,
                INT32U timeout,
                INT8U *perr)
{
    void *pmsg;
    OS_Q *pq;

#if OS_ARG_CHK_EN > 0u
    if (pevent == (OS_EVENT *)0) {
        *perr = OS_ERR_PEVENT_NULL;
        return ((void *)0);
    }
#endif
    if (pevent->OSEventType != OS_EVENT_TYPE_Q) {
        *perr = OS_ERR_EVENT_TYPE;
        return ((void *)0);
    }
    if (OSIntNesting > 0u) {                /*查看是否在中断服务程序ISR中调用本函数*/
        *perr = OS_ERR_PEND_ISR;
        return ((void *)0);
    }
    if (OSLockNesting > 0u) {               /*查看调度器是否上锁*/
        *perr = OS_ERR_PEND_LOCKED;
        return ((void *)0);
    }
    /*参数及中断、调度锁检查完成*/
    OS_ENTER_CRITICAL();
    pq = (OS_Q *)pevent->OSEventPtr;        /*QCB指针*/
    if (pq->OSQEntries > 0u) {              /*如果有消息*/
        /*取得消息队列中OSQOut所指的消息，将OSQOut指向消息队列中的下一个元素*/
        pmsg = *pq->OSQOut++;
```

```
        pq->OSQEntries--;                                    /*消息队列中消息数量减1*/
        if (pq->OSQOut == pq->OSQEnd) {                 /*OSQOut 如果超过了表尾，指向表头*/
            pq->OSQOut = pq->OSQStart;
        }
        OS_EXIT_CRITICAL();
        *perr = OS_ERR_NONE;
        return (pmsg);                                  /*返回获得的消息*/
    }
    /*如果没有消息，任务将在ECB中标记自己等待，然后被阻塞*/
    OSTCBCur->OSTCBStat|= OS_STAT_Q;                    /*在TCB的STCBStat中添加消息队列等待标志*/
    OSTCBCur->OSTCBStatPend = OS_STAT_PEND_OK;
    OSTCBCur->OSTCBDly = timeout;          ?            /*延时时间*/
    OS_EventTaskWait(pevent);       /*调用OS_EventTaskWait添加等待标志和取消就绪标志*/
    OS_EXIT_CRITICAL();
    OS_Sched();                                         /*执行一次任务调度*/
    /*这里是任务被唤醒后，恢复运行的地方*/
    OS_ENTER_CRITICAL();
    switch (OSTCBCur->OSTCBStatPend) {      /*查看恢复运行的原因*/
        case OS_STAT_PEND_OK:                           /*取得了消息*/
             pmsg = OSTCBCur->OSTCBMsg;
            *perr = OS_ERR_NONE;
             break;

        case OS_STAT_PEND_ABORT:                        /*因为取消了等待*/
             pmsg = (void *)0;
            *perr = OS_ERR_PEND_ABORT;
             break;

        case OS_STAT_PEND_TO:                           /*因为等待超时*/
        default:
             OS_EventTaskRemove(OSTCBCur, pevent);
             pmsg = (void *)0;
            *perr = OS_ERR_TIMEOUT;
             break;
    }
    /*恢复比较混乱的TCB*/
    OSTCBCur->OSTCBStat = OS_STAT_RDY;
    OSTCBCur->OSTCBStatPend = OS_STAT_PEND_OK;
    OSTCBCur->OSTCBEventPtr = (OS_EVENT*)0;
    OSTCBCur->OSTCBMsg = (void*)0;
    OS_EXIT_CRITICAL();
    return (pmsg);                      /*如果取得了消息，则返回接收的消息；否则，返回空指针*/
}
```

根据对代码的分析，流程如下：

（1）首先，进行参数、ECB类型、中断、调度锁检查，失败则返回。

（2）取得ECB中的QCB指针，查询消息队列中是否有消息。如果有消息，那么请求直接成功，取得消息队列中OSQOut所指的消息，将OSQOut指向消息队列中的下一个元素以备下一次的消息提取。如果OSQOut指向了消息队列之外，就指向消息队列的首地址。将OSQEntries减1表示消息数量减少了一个。然后返回消息的指针。

（3）如果没有消息，那么任务就只有被阻塞。首先在TCB的STCBStat中添加消息队列等待标志，任务延时时间，初始化等待状态，然后调用OS_EventTaskWait 添加等待标志和取消就绪标志，接着调用OS_Sched执行一次任务调度。

（4）任务恢复运行后，根据TCB中的等待状态OSTCBStatPend决定程序走向。如果获得了消息，进行一些处理后返回该消息。如果退出等待，或等待超时，则分别填写没有取得消息的原因，然后返回空指针。

5.2.6 删除消息队列

当消息队列不再使用了，就应该尽快归还给系统，即将消息占用的ECB归还给ECB空闲链表以备它用，将QCB也归还给空闲QCB链表。

删除消息队列的函数名称为OSQDel，参数是ECB的指针、删除操作的选项opt和返回函数执行信息的指针perr。其中，opt的值为 OS_DEL_NO_PEND 表示只有当没有任务等待该消息队列的时候才允许删除，opt的值为OS_DEL_ALWAYS 表示无论如何都删除。

如果成功删除，则返回空指针；否则返回ECB的指针。删除消息队列的函数OSQDel代码解析如程序5.15所示。

程序5.15 消息队列删除函数OSQDel解析

```
OS_EVENT  *OSQDel (OS_EVENT  *pevent,
                   INT8U opt,
                   INT8U *perr)
{
    BOOLEAN  tasks_waiting;
    OS_EVENT  *pevent_return;
    OS_Q *pq;
#if OS_ARG_CHK_EN > 0u
    if (pevent == (OS_EVENT *)0) {                          /*事件控制块地址是否有效*/
        *perr = OS_ERR_PEVENT_NULL;
        return (pevent);
    }
#endif
    if (pevent->OSEventType != OS_EVENT_TYPE_Q) {           /*事件控制块类型是否有效*/
        *perr = OS_ERR_EVENT_TYPE;
        return (pevent);
    }
    if (OSIntNesting > 0u) {                  /*查看是否在中断服务程序ISR中调用本函数*/
        *perr = OS_ERR_DEL_ISR
        return (pevent);
    }
    OS_ENTER_CRITICAL();
    if (pevent->OSEventGrp != 0u) {                     /*是否有任务等待消息队列*/
        tasks_waiting = OS_TRUE;                        /*有任务等待*/
    } else {
        tasks_waiting = OS_FALSE;                       /*没有任务等待*/
    }
    switch (opt) {
        case OS_DEL_NO_PEND:                            /*只有在没有任务等待时才允许删除*/
            if (tasks_waiting == OS_FALSE) {            /*如果没有任务等待*/
```

```
                pevent->OSEventName = (INT8U *)(void *)"?";
                pq = (OS_Q *)pevent->OSEventPtr;                  /*取得QCB指针*/
                pq->OSQPtr = OSQFreeList;
                OSQFreeList = pq;                          /*将QCB归还给空闲QCB链表*/
                pevent->OSEventType = OS_EVENT_TYPE_UNUSED;
                pevent->OSEventPtr = OSEventFreeList; /*将ECB归还给空闲ECB链表 */
                pevent->OSEventCnt = 0u;
                OSEventFreeList = pevent;
                OS_EXIT_CRITICAL();
                *perr = OS_ERR_NONE;
                pevent_return = (OS_EVENT *)0;             /*消息队列成功删除*/
            } else {                                       /*有任务等待，不能删除*/
                OS_EXIT_CRITICAL();
                *perr = OS_ERR_TASK_WAITING;
                pevent_return = pevent;
            }
            break;

        case OS_DEL_ALWAYS:                        /*无论有无任务等待都执行删除操作*/
            while (pevent->OSEventGrp != 0u) {             /*将所有等待的任务就绪*/
           (void)OS_EventTaskRdy(pevent, (void *)0, OS_STAT_Q, OS_STAT_PEND_OK);
            }
            pevent->OSEventName = (INT8U *)(void *)"?";
            pq = (OS_Q *)pevent->OSEventPtr;    /*将QCB归还给空闲QCB链表*/
            pq->OSQPtr = OSQFreeList;
            OSQFreeList = pq;
            pevent->OSEventType = OS_EVENT_TYPE_UNUSED;
            pevent->OSEventPtr = OSEventFreeList;          /*将ECB归还给空闲ECB链表*/
            pevent->OSEventCnt = 0u;
            OSEventFreeList = pevent;
            OS_EXIT_CRITICAL();
            if (tasks_waiting == OS_TRUE) {
                OS_Sched();                                       /*执行一次任务调度*/
            }
            *perr = OS_ERR_NONE;
            pevent_return = (OS_EVENT *)0;                 /*消息队列已经被删除*/
            break;

        default:
            OS_EXIT_CRITICAL();
            *perr = OS_ERR_INVALID_OPT;
            pevent_return = pevent;
            break;
    }
    return (pevent_return);
}
```

通过对代码的分析，可得出消息队列的删除流程如下：

（1）首先进行参数的检查。参数检查通过后，使用局部变量tasks_waiting来保存是否有任务等待消息队列。判断的方法是通过判断事件等待组是否为0。tasks_waiting = OS_TRUE表示有任务等待消息队列，如果tasks_waiting = OS_FALSE，则表示没有任务等待消息队列。

（2）根据选项opt决定程序的分支。如果为OS_DEL_NO_PEND，表示只有在没有任务等待时才允许删除消息队列，因此在tasks_waiting = OS_FALSE时删除消息队列，也就是把ECB初始化后归还给空闲ECB链表，把QCB初始化后归还给空闲QCB链表，然后返回空指针；在tasks_waiting = OS_TRUE时只能不做任何事，返回该ECB的指针表示删除失败，并在perr中填写出错的原因为OS_ERR_TASK_WAITING。

如果opt为OS_DEL_ALWAYS，那么先把ECB初始化后归还给空闲ECB链表，把QCB初始化后归还给空闲QCB链表，然后将所有等待该消息队列的任务都用OS_EventTaskRdy来就绪，采用的方法是使用while循环，只要OSEventGrp不为0就循环下去，从高优先级到低优先级的任务一个一个就绪，事件等待表中的任务也一个一个减少。等到事件标志组OSEventGrp为0，循环结束了，所有等待该消息队列的事件除了被挂起的之外全部都就绪。这时如果判定tasks_waiting是否为 OS_TRUE，就知道有任务被就绪了，执行一次任务调度来让高优先级的就绪任务获得运行，否则不需要进行任务调度。

（3）如果opt不是这两个值当中的一个，那就说明是错误的选项，也属于参数检查失败。因此，标记错误信息perr为OS_ERR_INVALID_OPT后，直接返回原来ECB指针pevent。

如果函数返回的是空指针，那么说明消息队列已经成功被删除；否则，查看perr所指存储单元的值，就能得到出错的错误码。

5.2.7　取得消息队列的状态

为实现获取当前消息队列管理的状态，专门定义了数据结构消息队列数据OS_Q_DATA。因为笔者认为该数据结构是辅助性的，因此不在本节的最开始给出。该结构体的定义如程序5.16所示。

程序5.16　消息队列数据OS_Q_DATA定义

```
typedef struct os_q_data {
    void          *OSMsg;                          /*指示队列中可提取的下一条消息*/
    INT16U        OSNMsgs;                         /*消息队列中的消息数*/
    INT16U        OSQSize;                         /*消息队列的尺寸*/
    OS_PRIO       OSEventTbl[OS_EVENT_TBL_SIZE];   /*事件标志表*/
    OS_PRIO       OSEventGrp;                      /*事件标志组*/
} OS_Q_DATA;
```

消息队列数据OS_Q_DATA是为返回消息队列信息而提供的，因此，用户如果想了解消息队列的信息，要先创建OS_Q_DATA的实例，然后以消息队列所在ECB地址及该实例的地址指针为参数调用获取消息队列的状态函数OSQQuery，OSQQuery的解析如程序5.17所示。

程序5.17　获取消息队列的状态函数OSQQuery解析

```
INT8U  OSQQuery (OS_EVENT  *pevent,
                 OS_Q_DATA *p_q_data)
{
    OS_Q        *pq;
    INT8U        i;
    OS_PRIO     *psrc;
```

```
    OS_PRIO     *pdest;
#if OS_ARG_CHK_EN > 0u
    if (pevent == (OS_EVENT *)0) {                          /*无效的事件控制块地址*/
        return (OS_ERR_PEVENT_NULL);
    }
    if (p_q_data == (OS_Q_DATA *)0) {                       /*无效的消息队列数据指针*
        return (OS_ERR_PDATA_NULL);
    }
#endif
    if (pevent->OSEventType != OS_EVENT_TYPE_Q) {           /*无效的ECB类型*/
        return (OS_ERR_EVENT_TYPE);
    }
    OS_ENTER_CRITICAL();
    /*开始复制数据，从事件等待组开始，然后是事件等待表*/
    p_q_data->OSEventGrp = pevent->OSEventGrp;
    psrc = &pevent->OSEventTbl[0];
    pdest = &p_q_data->OSEventTbl[0];
    for (i = 0u; i < OS_EVENT_TBL_SIZE; i++) {
        *pdest++ = *psrc++;
    }
    pq = (OS_Q *)pevent->OSEventPtr;       /*取得消息控制块*/
    if (pq->OSQEntries > 0u) {
        p_q_data->OSMsg = *pq->OSQOut;     /*取得将被读出的消息地址送消息队列数据的OSMsg*/
    } else {
        p_q_data->OSMsg = (void *)0;
    }
    p_q_data->OSNMsgs = pq->OSQEntries;   /*消息的数量*/
    p_q_data->OSQSize = pq->OSQSize;      /*消息队列的大小*/
    OS_EXIT_CRITICAL();
    return (OS_ERR_NONE);
}
```

进行参数检查之后，就是一个填表的过程，首先取得ECB中的事件等待表和事件等待组，复制到消息队列数据的对应域OSEventTbl和 OSEventGrp，然后从QCB中取出将被读出的消息地址送消息队列数据的OSMsg，消息的数量送OSNMsgs，能容纳的消息量为OSQSize。

下面将给出消息队列的应用举例。

5.2.8　消息队列应用举例

假设有任务TaskQSen和TaskQRec，TaskQSen在时间片1创建一个消息队列，然后每秒向消息队列中发邮件，其余时间延时。TaskQRec每2秒从消息队列中取邮件，然后延时。笔者设计任务函数如程序5.18所示。

程序5.18　消息队列的例子

```
//消息队列的例子
OS_EVENT  *myQ;
void TaskQSen(void *pParam)
{
      INT8U *perr;
```

```
    INT8U err,i;
    INT32U j;
    INT8U scount;
    OS_Q_DATA myQData;                          /*消息队列数据*/
    void * myq[6];                              /*消息队列*/
    INT8U mymessage[256];
    perr=&err;
    err=OS_ERR_NONE;
     scount=0;

     myQ=OSQCreate(myq,6);                      /*创建消息队列，容积为6*/
    if (myQ==(OS_EVENT  *)0)                    /*检查是否创建成功*/
    {
            printf("时间:%d，TaskQSen创建消息队列失败\n",OSTimeGet());
          OSTaskDel(OS_PRIO_SELF);          /*不成功则删除本任务*/
            return;
    }
    printf("时间:%d，TaskQSen创建消息队列成功\n",OSTimeGet());
     for (i=0;i<=254;i++)
          mymessage[i]=i;
     mymessage[255]=i;
     while(1)
    {
         OSTimeDly(100);                                       /*延时1秒*/
        printf("时间:%d，任务TTaskQSen准备发消息，消息为%d\n",OSTimeGet(),
              mymessage[scount]);
         err=OSQPost(myQ,&mymessage[scount]);          /*发消息*/
         switch (err) {
                 case OS_ERR_Q_FULL:
            printf("时间:%d，任务TTaskQSen发消息失败，消息队列已满\n",OSTimeGet());
                     break;
           case OS_ERR_NONE:
             printf("时间:%d，任务TTaskQSen发消息成功\n",OSTimeGet());
                     break;
                 default:
          printf("时间:%d，任务TTaskQSen发消息失败，错误号：%d\n",OSTimeGet(),err);
         }
         OSQQuery(myQ,&myQData);
         printf("时间:%d，当前队列中消息数量：%d\n",OSTimeGet(),myQData.OSNMsgs);
         scount++;
    }
}

void TaskQRec(void *pParam)
{
     INT8U *perr;
    INT8U err,i;
    INT32U j;
    INT8U rcount;
    INT8U rec;
    OS_Q_DATA myQData;                          /*消息队列数据*/
    INT8U mymessage[256];
    perr=&err;
```

```
        err=OS_ERR_NONE;
        rcount=0;


        if (myQ==(OS_EVENT  *)0)                /*检查消息队列是否存在*/
        {
                printf("时间:%d, TaskQRec判定消息队列不存在\n",OSTimeGet());
              OSTaskDel(OS_PRIO_SELF);   /*不成功则删除本任务*/
                return;
        }
        while(1)
        {
            OSTimeDly(200);                          /*延时2秒*/
          printf("时间:%d, 任务TaskQRec开始等待消息\n",OSTimeGet());
            rec=*(INT32U *)OSQPend(myQ,0,perr);              /*等待消息*/
            switch (err) {
                case OS_ERR_NONE:
                    printf("时间:%d, 任务TaskQRec接收到消息%d\n",OSTimeGet(),rec);
                            break;
                    default:
             printf("时间:%d, 任务TaskQRec等待消息失败, 错误号: %d\n",OSTimeGet(),err);
            }
            OSQQuery(myQ,&myQData);
            printf("时间:%d, 当前队列中消息数量: %d\n",OSTimeGet(),myQData.OSNMsgs);
        }
    }
```

TaskQSen中myq[6]是一个消息队列。该队列最多容纳6个消息的地址，mymessage[256]是消息的实体。因为TaskQSen的优先级比TaskQRec高，所以先运行，创建消息队列。如果消息队列创建失败就输出出错信息，然后退出。TaskQSen接着对256个消息从mymessage[0]到mymessage[255]赋值，赋值结果是mymessage[i]=i。然后延时100个时间片，每个时间片10ms，所以一共是1s。接着调用OSQPost发消息。最后循环，循环第i次，发送mymessage[i]。

消息接收任务TaskQRec首先检查消息队列是否存在，如果不存在则不能运行，输出错误信息然后退出。TaskQRec每2s接收一个消息，所以延时时间是200个时间片。TaskQRec调用OSQPend接收消息，接收到后如果判定接收有效，就打印出接收到的消息。

该例子中还采用OSQQuery来读取消息队列的信息，这里是查询消息数。

因为接收的速度小于发送的速度，因此消息队列很快就应该满了。

该实例的实际运行结果如图5.12所示。

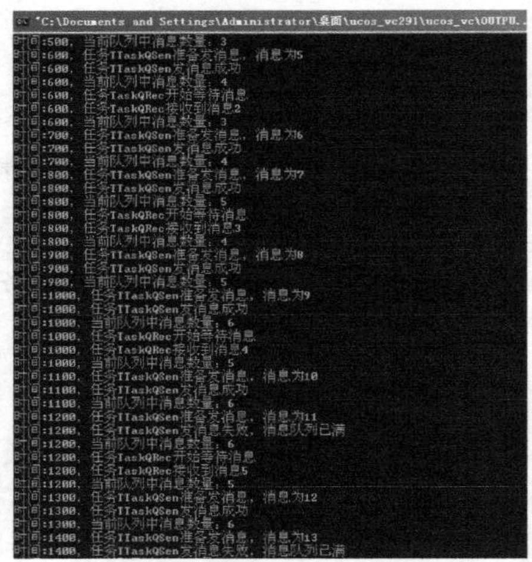

图5.12　示例程序的运行结果

由图5.12可知，多任务采用消息队列运行结果正确，在时间1200时队列已满。

习题

1．比较消息邮箱管理和信号量管理，指出它们的区别和共同点。

2．消息队列管理使用了哪些数据结构？请描述它们之间的关系。

3．请分析等待消息邮箱的过程都涉及哪些数据结构，画出消息邮箱等待的流程。

4．请分析发消息邮箱的过程都涉及哪些数据结构，画出发消息邮箱的流程。

5．请分析删除消息队列的过程都涉及哪些数据结构，画出删除消息队列的流程。

6．请分析提取消息队列信息的过程都涉及哪些数据结构，画出提取消息队列信息的流程。

7．有任务A、任务B，任务A接收屏幕上输入的数据，然后将该数据送给任务B，任务B能立刻打印出该数据。请采用消息邮箱管理编程实现任务A和任务B并上机实践。

8．有任务A、任务B，任务A接收屏幕上输入的数据，然后将该数据送给任务B，任务B每20秒打印一次这20秒内接收到的数据。请采用消息队列管理编程实现任务A和任务B并上机实践。

第6章 内存管理

μC/OS-II中的动态内存管理方式属于固定长度分区管理方式。

嵌入式系统中，内存资源是十分宝贵的，如果采用的内存分区方式不合理，经过一段时间的内存分配和释放、再分配和再释放，就会产生很多零散的内存碎块。这些零散的空间很难利用，因此怎样解决内存分配过程中产生的碎块问题是内存管理的关键问题。

μC/OS-II中，采用分区的方式管理内存，即将连续的大块内存按分区来管理，每个系统中有数个这样的分区，每个分区又包含数个相同的小内存块。这样，在分配内存的时候，根据需要从不同的分区中得到数个内存块，而在释放时，这些内存块重新释放回它们原来所在的分区。这样就不会产生内存越分越凌乱，没有整块的连续分区的问题了。

本章将研究μC/OS-II该分区技术的实现，包括数据结构和分析、代码的解析，以及示例程序的设计。

μC/OS-II中，内存管理的函数都包含于os_mem.c中，如表6.1所示。

表6.1 μC/OS-II中的内存管理函数

内存管理函数名	说 明
OS_MemInit	初始化一个内存分区，在操作系统初始化时调用
OSMemCreate	创建一个内存分区
OSMemGet	分配一个内存块
OSMemPut	释放一个内存块
OSMemQuery	查询一个内存分区的状态
OSMemNameSet	设定一个内存分区名称
OSMemNameGet	获取一个内存分区名称

表6.1中除OS_MemInit函数仅供系统调用外，其他函数用户程序均可调用。本章首先研究内存管理的数据结构，然后对内存管理的关键函数进行解析，最后通过一个例程使读者了解内存分区的管理方法。

6.1 内存管理数据结构

6.1.1 内存控制块

内存管理中最核心的数据结构就是内存控制块（MCB），系统中的每个内存分区都有它自己的内存控制块。内存控制块的数据结构如程序6.1所示。

程序6.1 内存控制块的数据结构

```
typedef struct{
void     *OSMemAddr;                    /*内存分区起始地址*/
```

```
void      *OSMemFreeList;     /*内存分区空闲内存块链表地址*/
INT32U  OSMemBlkSize;       /*内存分区中内存块的大小*/
INT32U  OSMemNBlks;         /*内存分区中内存块总数*/
INT32U  OSMemNFree;         /*内存分区中当前可获取的空余内存块数量*/
    INT8U  *OSMemName;      /*内存块名称*/
}OS_MEM;
```

内存控制块中的内存分区地址OSMemAddr是内存分区的地址。对每个分区的空闲内存块，通过一个空闲内存块链表来管理，当有新的分区请求时，将从空闲内存块中取出分区，OSMemFreeList就是该分区的空闲内存块链表首地址。OSMemBlkSize是每个内存块的大小，分区中所有内存块的大小是一致的。OSMemNBlk是内存块的总数，OSMemNFree是空闲分区的总数，也就是空闲内存块链表中内存块的数量。另外，通过OSMemName可以给内存块起一个名字。

6.1.2　内存控制块实体

内存控制块实体在操作系统头文件ucos_ii.h中定义如下：

```
OS_MEM  OSMemTbl[OS_MAX_MEM_PART];
```

宏OS_MAX_MEM_PART为分区数，默认值是5。

6.1.3　空闲内存控制块链表

在操作系统初始化时，将所有的内存控制块连接为一个单向的空闲内存块链表。该链表的首地址赋给全局变量OSMemFreeList。OSMemFreeList在操作系统头文件ucos_ii.h中定义如下：

```
OS_MEM            *OSMemFreeList;
```

初始化后该链表如图6.1所示。

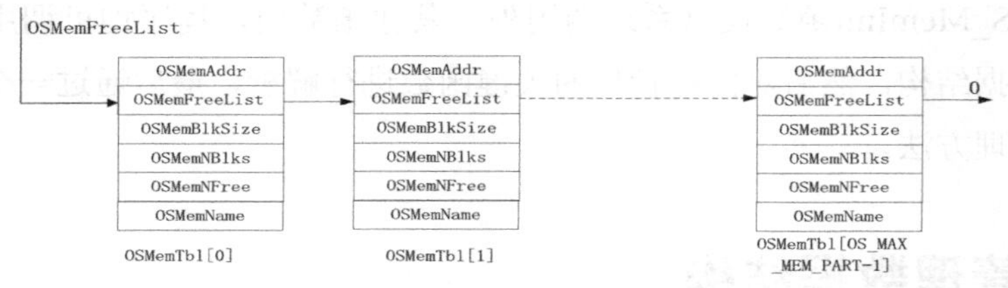

图6.1　初始化后的空闲内存控制块链表

6.1.4　内存分区

内存分区与消息队列有一点是相似的，就是必须由用户任务来创建。其实，定义一个内存分区是相当简单的一件事情，内存分区就是一个二维数组，例如：

INT32U MemBuf[10][20]

MemBuf就是一个内存分区，该分区共有800字节，分为10个内存块。使用MCB可以将该分区管理起来，实现动态分配和释放。

6.2　内存控制块初始化

如要在操作系统中使用内存管理，则需要将OS_CFG.H文件中的开关量OS_MEM_EN设置为1。这样，操作系统在启动时就会对内存管理器进行初始化，系统会自动调用OS_MemInit函数来实现，用户应用程序不允许调用此函数。此函数是无参数的系统函数。

为了解析OS_MemInit函数，我们需要先了解一个内存清零函数OS_MemClr，该函数用于对指定内存中的数据进行清零操作。OS_MemClr最大只允许清除内存中64KB的数据。用户不必担心产生清除数据量不满足要求的问题，因为这个功能的应用没有一个能接近这个限制。这个功能在一个时间点只清除1字节的数据，这是为了在任何处理器上移植该程序时都能对准内存位置。当然，如果确定了处理器类型，可以修改该函数，以提高代码的运行效率。

OS_MemClr有两个参数。第1个参数是指向8位无符号整数的指针pdest，表示将要被清零的内存的起始地址。第2个参数是16位的整型size，表示需要清零的内存大小。OS_MemClr函数很简单，将从pdest开始一个字节一个字节地将内存中的内容清零，直到清零了size个字节为止。

OS_MemClr的解析如程序6.2所示。

程序6.2　内存清零函数OS_MemClr解析

```
void  OS_MemClr (INT8U  *pdest, INT16U  size)
{
while (size > 0u) {                         /*剩余次数大于零，仍未完成清零*/
        *pdest++ = (INT8U)0;        /*执行清零并将地址加1*/
        size--;                             /*剩余次数减1*/
}
}
```

下面解析内存初始化函数OS_MemInit，如程序6.3所示。

程序6.3 内存初始化函数OS_MemInit()解析

```
void  OS_MemInit (void)
{
#if OS_MAX_MEM_PART == 1u                               /*如果最大内存分区数量为1*/
/*从内存控制块第一项地址开始，清零所有内存控制块*/
OS_MemClr((INT8U *)&OSMemTbl[0], sizeof(OSMemTbl));
/*空余内存块链表指向内存控制块第一项*/
OSMemFreeList = (OS_MEM *)&OSMemTbl[0];
    OSMemFreeList->OSMemName = (INT8U *)"?";              /*内存分区名称为“？”*/
#endif

#if OS_MAX_MEM_PART >= 2u                     /*如果最大内存分区数量大于1*/
   OS_MEM  *pmem;                                     /*定义内存控制块指针*/
   INT16U   i;
/*从内存控制块第一项地址开始，清零所有内存控制块*/
OS_MemClr((INT8U *)&OSMemTbl[0], sizeof(OSMemTbl));
/*循环OS_MAX_MEM_PART-1次，将所有内存控制块初始化，构建空闲内存控制块链表*/
   for (i = 0u; i < (OS_MAX_MEM_PART - 1u); i++) {
```

```
        pmem = &OSMemTbl[i];
        pmem->OSMemFreeList = (void *)&OSMemTbl[i + 1u];
        pmem->OSMemName  = (INT8U *)(void *)"?";        /*内存分区名称为？*/
    }
pmem = &OSMemTbl[i];                                /*将pmem指向最后一个内存控制块*/
/*空余内存控制块链表最后一项指向空地址*/
    pmem->OSMemFreeList = (void *)0;
    pmem->OSMemName = (INT8U *)(void *)"?";                 /*内存分区名称为？*/

/*空闲内存控制块指针指向空闲内存控制块第一项*/
OSMemFreeList = &OSMemTbl[0];
#endif
}
```

可见，OS_MemInit对内存控制块（MCB）进行了初始化，构建了空闲MCB链表，但并未执行创建内存分区及分配内存的操作。

6.3 创建内存分区

内存分区在操作系统初始化时并不存在。在使用一个内存分区之前，必须先定义一个二维数组，但这个二维数组仍未成为内存分区。通过调用函数OSMemCreate，使用一个MCB对其进行管理，才成为一个内存分区。OSMemCreate返回一个指向内存控制块的指针，供内存管理的其他操作函数调用。

OSMemCreate有4个参数。第1个参数是addr，就是内存分区的首地址，即从哪里开始创建内存分区，应作为分区的二维数组的首地址。第2个参数是nblks，表示需要创建的内存分区中内存块的总数。第3个参数是INT32U blksize，表示每个内存块的大小。第4个参数是指向整数的指针perr，用来返回函数运行过程中的信息。OSMemCreate函数的解析如程序6.4所示。

程序6.4 创建内存分区函数OSMemCreate解析

```
OS_MEM  *OSMemCreate (void   *addr,
                      INT32U  nblks,
                      INT32U  blksize,
                      INT8U  *perr)
{
OS_MEM   *pmem;              /*局部变量，内存控制块的地址*/
INT8U      *pblk;            /*局部变量，内存块的地址*/
void        **plink;         /*局部变量，指向内存块地址的指针*/
INT32U      loops;
INT32U      i;

#if OS_ARG_CHK_EN > 0u                         /*是否执行函数参数检查*/
    if (addr == (void *)0) {                   /*指定内存分区起始地址是否有效*/
        *perr = OS_ERR_MEM_INVALID_ADDR;
        return ((OS_MEM *)0);
    }
    if (((INT32U)addr & (sizeof(void *) - 1u)) != 0u){  /*地址指针大小是否一致*/
```

```
            *perr = OS_ERR_MEM_INVALID_ADDR;
            return ((OS_MEM *)0);
        }
        if (nblks < 2u) {                          /*创建的内存分区中是否指定只有一个内存块*/
            *perr = OS_ERR_MEM_INVALID_BLKS;
            return ((OS_MEM *)0);                  /*内存分区必须至少包括两个内存块*/
        }
        if (blksize < sizeof(void *)) {
            *perr = OS_ERR_MEM_INVALID_SIZE;
            return ((OS_MEM *)0);                  /*每个内存块至少要能容下一个指针*/
        }
    #endif
    /*参数检查完成*/
    OS_ENTER_CRITICAL();                                   /*关中断*/
    /*函数从空闲内存控制块链表中获取当前空闲内存控制块,
    注意, OSMemFreeList是一个全局变量, 而不是某个内存块结构体中的变量*/
    pmem = OSMemFreeList;                                  /*获得内存控制块*/
    /*空闲内存分区池是否为空, 如不为空, 则将OSMemFreeList指向下一个空闲内存分区*/
    if (OSMemFreeList != (OS_MEM *)0) {
        OSMemFreeList = (OS_MEM *)OSMemFreeList->OSMemFreeList;
        /*将表头从链表中摘下*/
    }
    OS_EXIT_CRITICAL();
    if (pmem == (OS_MEM *)0) {/*表示没有有效的MCB, 每个MCB管理一个分区, 可理解为没有有效的分区*/
        *perr = OS_ERR_MEM_INVALID_PART;
        return ((OS_MEM *)0);
    }
    /*开始进行分区管理*/
     plink = (void **)addr;                                /*plink获取内存分区首地址*/
     pblk = (INT8U *)addr;                     /*pblk获取内存分区的第一个块的地址*/
    loops  = nblks - 1u;
    /*循环次数设置为nblks-1次, 以下开始构建单向的空闲内存块链表*/
    for (i = 0u; i < loops; i++) {
     pblk +=  blksize;                                     /*pblk指向下一个内存块*/
          *plink = (void  *)pblk;              /*当前块的第一个元素中存储下一个块的地址*/
           plink = (void **)pblk;              /*plink指向下一个块*/
     }
    *plink = (void *)0;         /*到达最后一个内存块, *plink指向空地址, 内存块空闲链表创建完成*/

     pmem->OSMemAddr = addr;                               /*内存控制块中存储内存分区首地址*/
     pmem->OSMemFreeList=addr;                             /*分区首地址赋予空闲内存块链表首地址*/
     pmem->OSMemNFree = nblks;                             /*空闲内存块数量*/
     pmem->OSMemNBlks = nblks;                             /*内存分区中内存块总数*/
     pmem->OSMemBlkSize = blksize;             /*内存分区中内存块的大小*/
    *perr = OS_ERR_NONE;                                   /*内存分区创建成功*/
    return (pmem);                                         /*返回内存控制块地址*/
    }
```

首先，当操作系统需要创建内存分区时，调用OSMemCreate()函数，并通过参数传递需要建立内存分区的属性，包括内存分区的首地址、内存分区中内存块的数量、内存分区中内存块的大小，以及返回信息代码的地址。

其次，检查判断是否执行函数参数检查，以保证内存分区的创建成功。如果执行函数参数检查，则判断内存分区地址是否有效、内存分区地址大小是否一致、内存分区是否至少含有两个内存块、每个内存块是否起码可以容纳一个指针。

最后，执行创建内存分区的算法，创建一个内存分区，并返回内存控制块的地址，供系统调用。内存分区创建的算法是：将内存分区首地址加内存块大小得到下一个内存块地址，然后再加内存块大小得到下一个内存块地址，如此循环（内存块数量-1）次，直至最后一个内存块创建完成。在其过程中，通过指针建立内存块的链接表，并将最后一个内存控制块内的指针指向空地址，如图6.2所示。

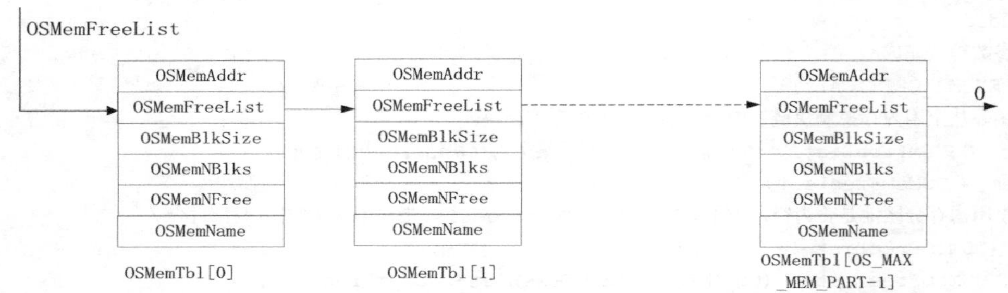

图6.2　OSMemCreate创建内存分区后MCB和空闲内存块链表

6.4　内存分区获取

创建之后，形成了一个空闲内存块链表，而该链表由内存控制块（MCB）来管理。现在就可以申请内存分区了，内存分区获取函数是OSMemGet。

当应用程序需要从已建立的内存分区中申请一个内存块时，可以调用OSMemGet函数。该函数有两个参数：第一个参数为pmem，也就是上一节讲的创建内存分区函数所返回的内存控制块的指针；另一个参数为perr，用于返回函数执行的信息。OSMemGet解析如程序6.5所示。

程序6.5　分配一个内存块OSMemGet解析

```
void  *OSMemGet (OS_MEM  *pmem,INT8U   *perr)
{
    void *pblk;

#if OS_ARG_CHK_EN > 0u                          /*是否执行函数参数检查*/
     if (pmem == (OS_MEM *)0) {     /*MCB地址是否有效 */
         *perr = OS_ERR_MEM_INVALID_PMEM;
         return ((void *)0);
     }
#endif
OS_ENTER_CRITICAL();
if (pmem->OSMemNFree > 0u) {                    /*是否有空闲内存块*/
  pblk = pmem->OSMemFreeList;                   /*pblk指向第一个内存块地址*/
  /*OSMemFreeList指向下一个块，相当于从链表中摘下表头*/
  pmem->OSMemFreeList = *(void **)pblk;
  pmem->OSMemNFree--;                                    /*空闲内存块数量减1*/
  OS_EXIT_CRITICAL();                                    /*开中断*/
```

```
    *perr = OS_ERR_NONE;
    return (pblk);                                    /*返回申请到的内存块地址*/
  }
  OS_EXIT_CRITICAL();                                 /*开中断*/
  *perr = OS_ERR_MEM_NO_FREE_BLKS; /*没有空闲内存块*/
  return ((void *)0);                                 /*返回空指针*/
}
```

根据对代码的分析，可知OSMemGet函数流程如下：

（1）首先进行参数检查，查看MCB指针是否有效。

（2）判断是否有空闲的内存块，如果没有，就设置perr为OS_ERR_MEM_NO_FREE_BLKS，然后返回空指针。

（3）从链表中摘下表头，返回取下的内存块的地址，这样就申请到了内存块。

内存块使用之后，当不再需要的时候应该还给空闲内存块链表，这可以使用内存分区释放函数实现该功能。

6.5　内存分区释放

内存分区的释放，就是将内存块归还给空闲内存块链表，也可以理解为归还给内存分区。

内存分区释放函数是OSMemPut，它有两个参数，一个是内存控制块（MCB）的地址，另一个是将释放的内存块的地址。OSMemPut返回整数型的操作过程的信息号。OSMemPut解析如程序6.6所示。

程序6.6　释放一个内存块OSMemPut解析

```
INT8U  OSMemPut (OS_MEM   *pmem,
                 void     *pblk)
{
#if OS_ARG_CHK_EN > 0u
    if (pmem == (OS_MEM *)0) {
        return (OS_ERR_MEM_INVALID_PMEM);
    }
    if (pblk == (void *)0) {
        return (OS_ERR_MEM_INVALID_PBLK);
    }
#endif
    /*参数检查完成*/
    OS_ENTER_CRITICAL();
    /*如果空闲的块数大于等于最大块数，说明分区已满不能释放*/
    if (pmem->OSMemNFree >= pmem->OSMemNBlks) {
        OS_EXIT_CRITICAL();
        return (OS_ERR_MEM_FULL);
    }
    *(void **)pblk = pmem->OSMemFreeList;   /*将释放的块归还给空闲内存块链表，插入到表头*/
    pmem->OSMemFreeList = pblk;
    pmem->OSMemNFree++;                              /*空闲块数加1*/
    OS_EXIT_CRITICAL();
```

```
    return (OS_ERR_NONE);                           /*释放成功*/
}
```

根据对代码的分析，可知OSMemPut函数流程如下：

（1）首先进行参数检查，查看MCB指针是否有效、内存块指针是否有效。

（2）检查空闲的块数是否大于或等于最大块数。如果是，则说明内存分区已经满了，不能释放。

（3）将释放的块归还给空闲内存块链表，插入到表头，然后返回。

通过本节的OSMemPut和上节的OSMemGet函数，很明显地发现它们实现了内存的动态分配，并且最少一次分配和释放一个内存块，保证了内存中不会存在很多小的碎片。

6.6 查询内存分区的状态

操作系统可以使用OSMemQuery函数来查询一个特定内存分区的信息，以获得该内存分区中内存块大小、可用内存块数目、正在使用的内存块数目等信息。获得的查询信息保存在一种以OS_MEM_DATA结构体为数据结构的变量中。OS_MEM_DATA的数据结构如程序6.7所示。

程序6.7 OS_MEM_DATA数据结构

```
typedef struct {
    void    *OSAddr;           /*指向内存分区首地址的指针*/
    void    *OSFreeList;                /*指向空闲内存块链表首地址的指针*/
    INT32U  OSBlkSize;         /*每个内存块的大小*/
    INT32U  OSNBlks;           /*内存分区中总的内存块数*/
    INT32U  OSNFree;           /*空闲内存块总数*/
    INT32U  OSNUsed;           /*正在使用的内存块总数*/
} OS_MEM_DATA;
```

使用OSMemQuery函数查询特定内存分区时，需要传递两个参数。第1个参数为pmem，是所要查询内存分区的内存控制块地址。第2个参数为指向OS_MEM_DATA类型的指针pdata，也就是所要保存查询信息变量的地址，这个变量是OS_MEM_DATA类型的结构体型的。查询内存分区函数OSMemQuery的解析如程序6.8所示。

程序6.8 查询内存分区状态函数OSMemQuery解析

```
INT8U  OSMemQuery (OS_MEM *pmem, OS_MEM_DATA *p_mem_data)
    {
    #if OS_ARG_CHK_EN > 0u                      /*是否执行函数参数检查*/
        if (pmem == (OS_MEM *)0) {                      /*内存分区是否有效*/
            return (OS_ERR_MEM_INVALID_PMEM);
    }
    if (p_mem_data == (OS_MEM_DATA *)0) {               /*查询数据存放的存储空间是否有效*/
        return (OS_ERR_MEM_INVALID_PDATA);
        }
    #endif
    OS_ENTER_CRITICAL();
    p_mem_data->OSAddr = pmem->OSMemAddr;                       /*保存内存分区首地址*/
```

```
    p_mem_data->OSFreeList = pmem->OSMemFreeList;         /*保存空闲内存块链表地址*/
    p_mem_data->OSBlkSize = pmem->OSMemBlkSize;           /*保存内存块大小*/
    p_mem_data->OSNBlks = pmem->OSMemNBlks;                      /*保存内存块总数*/
    p_mem_data->OSNFree = pmem->OSMemNFree;                      /*保存空闲内存块数量*/
    OS_EXIT_CRITICAL();
    /*保存已使用内存块数量*/
    p_mem_data->OSNUsed = p_mem_data->OSNBlks - p_mem_data->OSNFree;
    return (OS_ERR_NONE);                                        /*查询内存分区成功*/
}
```

接下来提供一个笔者编写的实例，使用内存分区管理函数，验证内存管理的正确性，加深读者对内存管理的理解。

6.7 内存管理实例

内存管理的核心是内存的动态分配和释放。本例将首先创建一个内存分区，然后分别请求内存分区和释放内存分区，代码如程序6.9所示。

程序6.9 内存分区管理例程

```
/*内存管理的例子*/
void TaskM(void *pParam)
{
     INT8U *perr;
     INT8U err,i;
      OS_MEM   *pmyMem;                         /*MCB地址*/
      INT8U myMem[3][20];                       /*用来做内存分区*/
     void    *pblk[10];                         /*内存块地址数组*/
     BOOLEAN require;
     OS_MEM_DATA mem_data;         /*用于查询内存块信息*/
     err=OS_ERR_NONE;
     perr=&err;
      require=1;
      pmyMem=OSMemCreate(myMem,3,20,perr);/*创建内存分区，包含3个块，每个块20字节*/
     if (pmyMem==(OS_EVENT  *)0)                   /*检查是否创建成功*/
     {
               printf("时间:%d,TaskM创建内存分区失败\n",OSTimeGet());
             OSTaskDel(OS_PRIO_SELF);              /*不成功则删除本任务*/
               return;
     }
     printf("时间:%d,TaskM创建内存分区成功,包含3个块, 每个块20字节\n",OSTimeGet());
     i=0;
     while(1)
     {
          if (i>5)
          {
               i=0;
          require=!require;    /*require为真表示将请求分区, 让函数循环做请求释放*/
          }
          OSTimeDly(100);                          /*延时1秒*/
          if (require)
       {
```

```
                printf("时间:%d,任务TaskM准备请求一个块->",OSTimeGet());
                pblk[i++]=OSMemGet(pmyMem,perr);       /*请求内存块*/
                switch (err) {
                        case OS_ERR_MEM_NO_FREE_BLKS:
        printf("时间:%d,任务TaskM发请求内存块失败,分区中已无可用内存块! \n",OSTimeGet());
                                break;
              case OS_ERR_NONE:
                  printf("时间:%d,任务TaskM获得内存块\n",OSTimeGet());
                                break;
                        default:
         printf("时间:%d,任务TaskM发请求内存块失败,错误号: %d\n",OSTimeGet(),err);
                }
            }else
            {
                printf("时间:%d,任务TaskM准备释放一个块->",OSTimeGet());
                err=OSMemPut(pmyMem,pblk[i++]);        /*释放内存块*/
                switch (err) {
                        case OS_ERR_MEM_FULL:
                printf("时间:%d,任务TaskM发请求内存块失败,分区已满! \n",OSTimeGet());
                                break;
              case OS_ERR_MEM_INVALID_PBLK:
          printf("时间:%d,任务TaskM发释放内存块失败,释放无效的内存块! \n",OSTimeGet());
                                break;
              case OS_ERR_NONE:
                  printf("时间:%d,任务TaskM成功释放内存块\n",OSTimeGet());
                                break;
                        default:
            printf("时间:%d,任务TaskM释放内存块失败,错误号: %d\n",OSTimeGet(),err);
                }
            }
            OSMemQuery(pmyMem,&mem_data);                  /*获取分区信息*/
     printf("时间:%d,当前分区中的已用内存块数量: %d\n",OSTimeGet(),mem_data.OSNUsed);
     printf("时间:%d,当前分区中的空闲内存块数量: %d\n",OSTimeGet(),mem_data.OSNFree);
      }
}
```

可见，代码中创建的内存分区只有3个块，申请3次后，第4次应该得不到分区了；释放过程也是这样，当内存已经满了，就不可能再释放内存块给内存了。

该例程的流程如下：

（1）创建分区，如果创建失败，则给出出错信息，删除本任务；如果创建成功，则给出成功的提示。内存分区的实体是二维数组myMem[3][20]（3个块，每个块20字节）。

（2）进入主循环。本任务是一个无限循环结构。每6次循环将局部变量require的值取反，当require为1的时候请求内存块，当require为0的时候释放内存块。这样，6次请求内存块后6次释放内存块。

（3）调用OSMemQuery提取内存分区信息，打印出来。继续循环。

最后给出运行结果，如图6.3所示。

```
时间:100, 任务TaskM准备请求一个块->时间:100, 任务TaskM获得内存块
时间:100, 当前分区中的已用内存块数量: 1
时间:100, 当前分区中的空闲内存块数量: 2
时间:200, 任务TaskM准备请求一个块->时间:200, 任务TaskM获得内存块
时间:200, 当前分区中的已用内存块数量: 2
时间:200, 当前分区中的空闲内存块数量: 1
时间:300, 任务TaskM准备请求一个块->时间:300, 任务TaskM获得内存块
时间:300, 当前分区中的已用内存块数量: 3
时间:300, 当前分区中的空闲内存块数量: 0
时间:400, 任务TaskM准备请求一个块->时间:400, 任务TaskM发请求内存块失败, 分区中已
无可用内存块!
时间:400, 当前分区中的已用内存块数量: 3
时间:400, 当前分区中的空闲内存块数量: 0
时间:500, 任务TaskM准备请求一个块->时间:500, 任务TaskM发请求内存块失败, 分区中已
无可用内存块!
时间:500, 当前分区中的已用内存块数量: 3
时间:500, 当前分区中的空闲内存块数量: 0
时间:600, 任务TaskM准备请求一个块->时间:600, 任务TaskM发请求内存块失败, 分区中已
无可用内存块!
时间:600, 当前分区中的已用内存块数量: 3
时间:600, 当前分区中的空闲内存块数量: 0
时间:700, 任务TaskM准备释放一个块->时间:700, 任务TaskM成功释放内存块
时间:700, 当前分区中的已用内存块数量: 2
时间:700, 当前分区中的空闲内存块数量: 1
时间:800, 任务TaskM准备释放一个块->时间:800, 任务TaskM成功释放内存块
时间:800, 当前分区中的已用内存块数量: 1
时间:800, 当前分区中的空闲内存块数量: 2
时间:900, 任务TaskM准备释放一个块->时间:900, 任务TaskM成功释放内存块
时间:900, 当前分区中的已用内存块数量: 0
时间:900, 当前分区中的空闲内存块数量: 3
时间:1000, 任务TaskM准备释放一个块->时间:1000, 任务TaskM发释放内存块失败, 分区已
满!
时间:1000, 当前分区中的已用内存块数量: 0
时间:1000, 当前分区中的空闲内存块数量: 3
时间:1100, 任务TaskM准备释放一个块->时间:1100, 任务TaskM发释放内存块失败, 分区已
满!
时间:1100, 当前分区中的已用内存块数量: 0
时间:1100, 当前分区中的空闲内存块数量: 3
时间:1200, 任务TaskM准备释放一个块->时间:1200, 任务TaskM发释放内存块失败, 分区已
满!
时间:1200, 当前分区中的已用内存块数量: 0
时间:1200, 当前分区中的空闲内存块数量: 3
```

图6.3　内存分区管理例程运行结果

可见，使用内存分区管理，实现了动态的内存分区。在时间400，已经没有可用的内存块了，因此不能得到内存块；同理，在时间1000，也没有可以释放的内存块，释放失败。读者可以自己编写代码进行更多的测试。

习题

1. 论述μC/OS-II的内存管理机制。

2. 请说明内存分区与内存控制块（MCB）的关系。

3. 内存管理使用循环队列管理内存块，请说明使用循环队列管理内存块的优点。

4. MCB空闲链表是在μC/OS-II的什么函数中生成的？画出该函数的流程。

5. OSMemCreate创建内存分区，请问创建内存分区的过程中有没有生成新的内存空间？为什么？画出创建内存分区的流程。

6. 如何获得一个内存分区？在什么情况下不能获得内存分区？如何判断？

7. 为什么要释放内存分区？如何释放一个内存分区？在什么情况下不能释放内存分区？如何判断？

8. 编写任务，任务A实现创建两个有任务分区P1和P2，创建后向任务B发消息，任务B接收到消息后，开始向分区P1中写满1，向分区P2中写满2，然后发消息给任务A，任务A接收到消息后将两个分区的内容打印出来。请上机实践。

第7章 移植

7.1 移植说明

μC/OS-II作为嵌入式实时操作系统，最终要应用在嵌入式系统上。为方便读者学习，本书前面6章的例子都是在Windows下的虚拟平台上运行的，也就是将μC/OS-II移植到这个平台来加以分析和实践。本章首先给出的就是说明如何移植到这个平台。接下来介绍在一个实际的嵌入式系统，基于STM32（ARM Cortex M3内核）系统下的移植。在掌握了这两个平台的移植后，移植到其他的平台都是不难实现的。

学习了前面章节的内容，从原理到代码都有了足够的了解，因此进行移植将不会有太大困难。但在前面章节中，第1章是原理的介绍，其余几章各有各的核心内容，并未将μC/OS-II的代码结构给出，读者不太容易掌握μC/OS-II的全貌，因此这里给出μC/OS-II的代码结构。

7.1.1 μC/OS-II的代码结构

μC/OS-II的代码结构如图7.1所示。

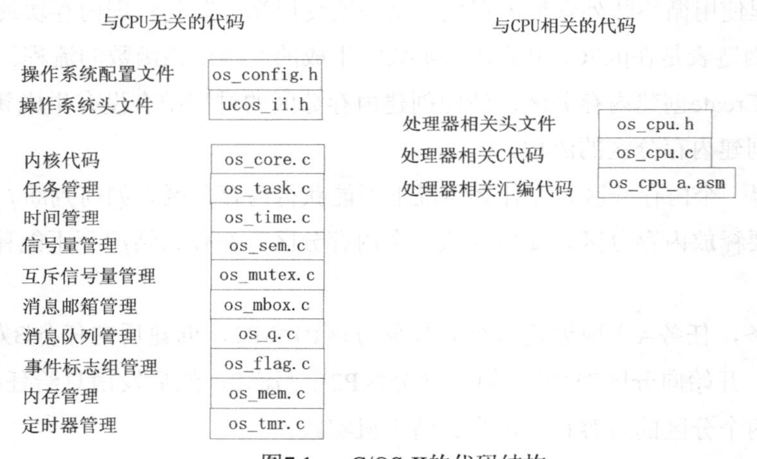

图7.1 μC/OS-II的代码结构

可见，操作系统的代码分为与CPU无关的代码和与CPU相关的代码两部分。这样，在进行移植时只需修改与CPU相关的代码部分即可。尽管如此，为详细了解μC/OS-II代码结构，需要对该结构中各个部件进行说明。

1．操作系统配置文件os_config.h

μC/OS-II是可裁剪的操作系统，最终的代码可以包含或不包含诸如各种时间管理、内存管理的代码，甚至可以选择不包含任务删除代码等。为实现这一目的，在代码中采用了很多条件编译语句。另外，条件编译语句使用的各种宏就在os_config.h文件中定义。

os_config.h是操作系统的配置文件，其中的所有代码全部是宏定义。读者可以将该文件理解为操作系统的部件选择器。如果某个部件设置未打开，那么相关的内容就会被编译出现在最终的操作系统可执行代码中，否则不会包含这部分的代码。

例如，如果将os_config.h文件中的宏OS_ARG_CHK_EN设置为0:

```
#define OS_ARG_CHK_EN              0u
```

操作系统内核中所有代码中都不会进行参数检查。

如果读者的代码不需要使用事件标志组管理，那么可以将os_config.h文件中的：

```
#define OS_FLAG_EN                 1u
```

修改为：

```
#define OS_FLAG_EN                 0u
```

即可在最后的可执行代码中不包含所有的和事件标志组有关的代码，这样可以减小内核的内存占用量。

2. 操作系统头文件ucos_ii.h

操作系统头文件ucos_ii.h中包含大量的内容，不仅包含一些有用的宏定义，还包含诸如任务控制块、事件控制块、内存控制块、就绪表等数据类型的定义，以及操作系统函数的声明。或者说，它包含了除配置信息和与CPU有关的宏和定义之外的所有需要在头文件中包含的内容。下面分类加以说明。

（1）ucos_ii.h中的第一个主要部分是一些宏定义。简单说明如下：

操作系统头文件ucos_ii.h中首先包含一些杂项的宏定义，如函数调用表示任务本身的优先级的OS_PRIO_SELF、系统中系统任务数OS_N_SYS_TASKS、统计任务的优先级OS_TASK_STAT_PRIO、事件等待表的大小OS_EVENT_TBL_SIZE等。

然后是任务状态的宏定义，包括OS_STAT_RDY、OS_STAT_SEM、OS_STAT_MBOX等。任务等待状态的宏定义，包括OS_STAT_PEND_OK、OS_STAT_PEND_TO、OS_STAT_PEND_ABORT。这些宏用来对任务控制块中的任务状态和任务等待状态赋值及进行状态查询。

接着是事件控制块类型的6个宏定义、事件标志请求类型的宏定义、事件删除类型的宏定义、事件等待及提交类型的宏定义等和事件管理有关的一些宏定义。然后是使用OSTaskCreateExt进行任务创建的选项，包括OS_TASK_OPT_NONE、OS_TASK_OPT_STK_CHK、OS_TASK_OPT_STK_CLR、OS_TASK_OPT_SAVE_FP。

我们在前面各章节经常看到参数为无符号整型的指针用来获得函数执行过程中返回执行过程中出错的信息，这些信息码的宏定义在ucos_ii.h占了很大一块，如OS_ERR_NON、OS_ERR_EVENT_TYPE、OS_ERR_PEND_ISR、OS_ERR_Q_FULL、OS_ERR_PIP_LOWER等。

（2）第二个主要部分是一些常用的类型定义，如任务优先级类型OS_PRIO、事件控制块OS_EVENT、事件标志组OS_FLAG_GRP、事件标志节点OS_FLAG_NODE、消息邮箱数据OS_MBOX_DATA、内存控制块OS_MEM、消息队列OS_Q等。然后是事件控制块OS_TCB的定义。

（3）第三个主要部分是全局变量的定义。这些全局变量是多任务共享的，访问时必须在临界区访问。因为这些全局变量非常重要，其中就包括了就绪表和就绪组。将其中最重要的部分列在表7.1中。

表7.1　操作系统头文件ucos_ii.h中包含的重要全局变量

名　称	类　型	说　　明
OSCtxSwCtr	INT32U	任务切换次数
OSEventFreeList	OS_EVENT *	空闲事件块链表指针
OSEventTbl[OS_MAX_EVENTS]	OS_EVENT	事件块实体数组
OSFlagTbl[OS_MAX_FLAGS]	OS_FLAG_GRP	事件标志块实体数组
OSFlagFreeList	OS_FLAG_GRP	空闲事件标志块链表指针
OSIntNesting	INT8U	中断嵌套层数
OSLockNesting	INT8U	调度锁层数
OSPrioCur	OS_PRIO	当前任务优先级
OSPrioHighRdy	OS_PRIO	就绪任务的最高优先级
OSRdyGrp	OS_PRIO	就绪组
OSRdyTbl[OS_RDY_TBL_SIZE]	OS_PRIO	就绪表
OSRunning	BOOLEAN	是否已启动多任务
OSTaskCtr	INT8U	创建的任务数
OSIdleCtr	volatile　INT32U	空闲计数值，类型为volatile的，即易变的，禁止编译器优化以防止取值错误
OSTCBCur	OS_TCB *	指向当前任务TCB的指针
OSTCBFreeList	OS_TCB *	指向空闲任务TCB链表的指针
OSTCBHighRdy	OS_TCB *	指向最高优先级的就绪任务指针
OSTCBPrioTbl[OS_LOWEST_PRIO + 1u]	OS_TCB *	任务优先级表
OSTCBTbl[OS_MAX_TASKS+ OS_N_SYS_TASKS]	OS_TCB	任务控制块实体数组
OSMemFreeList	OS_MEM *	空闲内存控制块链表指针
OSMemTbl[OS_MAX_MEM_PART]	OS_MEM	内存控制块实体数组
OSQFreeList	OS_Q *	消息队列控制块空闲链表指针
OSQTbl[OS_MAX_QS]	OS_Q	消息队列控制块实体数组
OSTime	volatile　INT32U	系统时间，每个时钟中断对其加1，因此定义为volatile类型

（4）第四部分是操作系统内核函数的定义。因为内核函数分布于不同的文件，因此各函数的声明都在操作系统头文件ucos_ii.h中，各文件又都包含此头文件，这样就可以互相调用了。

3. 操作系统内核C文件

如图7.1所示左半部分的C文件都是操作系统内核的C文件。

其中，os_core.c是内核中最核心的部分，包含优先级查找表OSUnMapTbl这一数组，然后是各种核心的函数。首先是各种初始化函数，包含了操作系统初始化函数OSInit、杂项全局变量初始化函数OS_InitMisc、就绪表初始化函数OS_InitRdyList、空闲任务初始化函数OS_InitTaskIdle、初始化空闲事件列表OS_InitEventList、统计任务初始化函数OS_InitTaskStat、任务控制块初始化函数OS_InitTCBList。然后是中断进入函数OSIntEnter、中断离开函数OSIntExit、调度器上锁函数OSSchedLock、调度器解锁函数OSSchedUnlock、操作系统启动多任务函数OSStart、操作系统调度函数OS_Sched中与CPU无关的部分、时钟中断服务程序中与CPU无关部分OSTimeTick等核心系统调用。os_core.c中还包含事件管理中的公用函数，如取消事件等待任务OS_EventTaskRemove、设置任务的时间等待OS_EventTaskWait、等待事件的任务就绪OS_EventTaskRdy等。最后，os_core.c还包含堆栈检查函数OS_TaskStatStkChk和两个系统任务空闲任务和统计任务的任务代码。

任务管理C文件os_task.c包含任务管理中的创建、删除、请求删除等文件。os_time.c中包含时间管理中的所有文件，如事件延时、按分秒延时、取消延时、设置和获取系统时间等。

4. 与CPU相关代码部分

操作系统中与CPU相关部分的代码包含头文件os_cpu.h和C文件os_cpu.c，并根据开发的类型，可能包含汇编文件os_cpu_a.asm。这些代码包含与CPU相关的数据类型定义，如INT8U、INS8S、WORD、LONG等。和CPU密切相关的任务切换中的堆栈操作等也在这部分代码中。

这部分代码将在7.1.2节详细论述。

7.1.2　操作系统中与CPU相关的代码解析

操作系统中与CPU相关部分的代码包含了头文件os_cpu.h和C文件os_cpu.c，并根据开发的类型，可能包含汇编文件os_cpu_a.asm。如果用户使用的编译器支持嵌入式汇编，那么可以不写os_cpu_a.asm，而将这部分代码写入os_cpu.c，否则就必须写os_cpu_a.asm。

本书假设编译器支持C代码中包含汇编文件，实际上很多编译器都支持该种方法，如果确实需要写os_cpu_a.asm，读者可以将其中部分代码分割出来写在os_cpu_a.asm。

1. 头文件os_cpu.h

os_cpu.h包含与CPU相关的不能通用的数据类型的定义、变量声明、函数代码的声明部分。因为os_cpu.h是移植部分需要修改的重要内容，所以需要详细说明。

因为对于不同的硬件，使用不同的开发工具、编译器进行开发，因此同样结构的数据类型，在不同的开发环境下定义可能是不同的。因此，这些数据类型的定义在os_cpu.h中给出。os_cpu.h中定义的数据类型在表7.2中说明。

表7.2　os_cpu.h定义的数据类型

名　称	说　明
BOOLEAN	布尔型

续 表

名 称	说 明
INT8U	8位无符号整型
INT8S	8位有符号整型
INT16U	16位无符号整型
INT16S	16位有符号整型
INT32U	32位无符号整型
INT32S	32位有符号整型
FP32	单精度浮点数
FP64	双精度浮点数
OS_STK	堆栈类型
S_CPU_SR	CPU寄存器类型
BYTE	有符号字节
UBYTE	无符号字节
WORD	有符号字
UWORD	无符号字
LONG	有符号双字
ULONG	无符号双字

举一个例子说明数据类型的定义：

```
typedef unsigned char  INT8U;
```

即在VC环境下对INT8U的定义为unsigned char。

对于不同的系统，进入临界区的方法可以不同。假设对80x86计算机，os_cpu.h中关于进入临界区的方法示例代码及其他代码如程序7.1所示。

程序7.1 os_cpu.h除类型定义外的其他代码示例

```
extern BOOLEAN FlagEn;                              /*FlagEn应在用户编写的主程序main.c中声明*/
#define  OS_CRITICAL_METHOD    1                    /*访问临界区采用方法1*/

#if       OS_CRITICAL_METHOD == 1                   /*如果采用方法1访问临界区*/
#define  OS_ENTER_CRITICAL()   FlagEn=0             /*设置全局变量FlagEn为0，禁止定时器调度*/
#define  OS_EXIT_CRITICAL()    FlagEn=1             /*设置全局变量FlagEn为1，允许定时器调度*
/#endif

#if       OS_CRITICAL_METHOD == 2                   /*如果采用方法2访问临界区*/
#define  OS_ENTER_CRITICAL()   _asm {PUSHF; CLI}    /*PSW入栈，关中断，定时器中断被禁止*/
#define  OS_EXIT_CRITICAL()    _asm  POPF           /*PSW出栈，开中断，定时器中断被允许 */
#endif

#if       OS_CRITICAL_METHOD == 3                   /*如果采用方法3访问临界区*/
/*保存CPU状态寄存器的值到局部变量，关中断，定时器中断被禁止*/
#define  OS_ENTER_CRITICAL()   (cpu_sr = OSCPUSaveSR())
/*从局部变量恢复CPU状态寄存器，开中断*/
#define  OS_EXIT_CRITICAL()    (OSCPURestoreSR(cpu_sr))
#endif
```

```
#define  OS_STK_GROWTH        1           /*堆栈从高地址向低地址增长*/

#define OS_TASK_SW() OSCtxSw()            /*宏定义，OS_TASK_SW()等同于函数OSCtxSw()*/

/*如果采用方法3保存和恢复CPU中的状态寄存器PWS，声明两个函数用于保存和恢复 */
#if OS_CRITICAL_METHOD == 3
OS_CPU_SR  OSCPUSaveSR(void);
void       OSCPURestoreSR(OS_CPU_SR cpu_sr);
#endif
```

程序7.1中除了宏OS_STK_GROWTH为堆栈增长方向的宏及OS_TASK_SW()的宏定义，其他都和临界区的访问方法相关。进入临界区有3种方法，但目的都是为了关中断和恢复中断。

方法1：定义一个全局变量FlagEn，进入临界区时中断服务程序判定该值为0，就不进行中断服务。离开临界区时将FlagEn置1。这种方法只在虚拟平台上使用。其缺点是不能进行中断嵌套。

方法2：OS_ENTER_CRITICAL()是将CPU状态寄存器（如PSW）入栈，关中断，定时器中断被禁止。OS_EXIT_CRITICAL()是退栈即可恢复CPU状态寄存器的值，这样，中断也恢复到了原来的状态。

方法3：OS_ENTER_CRITICAL()是将CPU状态寄存器（如PSW）的值保存到局部变量，关中断，定时器中断被禁止。OS_EXIT_CRITICAL()是从局部变量恢复CPU状态寄存器的值，这样，中断也恢复到了原来的状态。这需要编译器支持处理状态寄存器的值的函数。

另外一种方法是只关中断和开中断，不保存CPU状态寄存器的值，这样做也不能允许中断嵌套。

2. 包含汇编的C文件os_cpu.c

os_cpu.c是移植过程中需要修改的内容最多的一个文件。因为假设处理器支持嵌入汇编，所以不需要os_cpu_a.asm，与处理器相关的所有代码都包含于其中。该文件包含的内容如表7.3所示。

表7.3 os_cpu.c包含的内容

名 称	说 明
OSTaskStkInit	堆栈初始化函数
OSStartHighRdy	运行最高优先级的任务
OSCtxSw	执行任务切换
OSIntCtxSw	在中断情况下执行任务切换
OSTickISRuser	时钟中断服务程序

由于这些代码是移植是否成功的关键，现在分别对这些函数加以说明。

（1）OSTaskStkInit 是由OSTaskCreate或OSTaskCreateExt在创建任务时，在对控制块进行初始化之前，对任务堆栈进行初始化时调用。它实现的功能是将任务参数地址、任务函数入口地址、各CPU寄存器地址压入任务堆栈。需要注意的是，虽然这时任务还没有运行过，不需要保存当前CPU寄存器的真实值到任务堆栈，但初始化的结果是使堆栈看起来好像刚刚发生了中断一样。请参考2.4.1节和2.4.2节。

（2）OSStartHighRdy在多任务启动函数OSStart中被调用。这时没有任务在运行，OSStartHighRdy开始启动多任务。在OSStartHighRdy运行前，OSStart已将任务控制块指针OSTCBCur指向优先级最高的就绪任务的TCB，OSStartHighRdy首先将OSRunning的值设置为真，然后使用汇编语句将堆栈寄存器的值设置为该任务堆栈的地址，然后将各堆栈中的内容退栈给各寄存器，接着是任务地址和任务参数，并转到任务地址去执行。请参考2.7.4节。

（3）OSCtxSw是非中断处理情况下的任务切换函数，它在任务被阻塞、删除、创建等多种情况下被调用，直接调用它的函数是OS_Sched。OSCtxSw实现的功能如下：

① 将当前任务的运行上下文（运行地址和CPU寄存器）压入当前任务的堆栈。需注意，因为当前还在将被换出的任务中运行，因此该任务返回后将在OSCtxSw的最后一句继续运行，因此应在OSCtxSw的最后一句使用一个符号地址，这个地址就是当前任务在下一次恢复运行时候的运行地址

② 将OSTCBCur指向优先级最高的就绪任务，将优先级最高的就绪任务的优先级赋值给OSPrioCur。

③ 将堆栈指针寄存器指向优先级最高的就绪任务的任务堆栈的栈顶，然后依次弹出各CPU寄存器值到CPU寄存器进行环境恢复，最后弹出任务地址和任务参数，转到任务地址去运行。

OSCtxSw的示例代码和与OS_Sched的关系请参考2.7.2节。

（4）OSIntCtxSw是中断处理情况下的任务切换函数。例如，系统每10ms进行时钟中断，那么都要使用它进行任务切换。因为在中断产生后，PSW、CS、IP（80X86）已经被压入了堆栈（在其他硬件环境下应是不同的寄存器），而ISR首先需将其他的寄存器也压入堆栈，所以不需要再去保存环境，所以中断中任务切换和非中断的情况下是不同的。OSIntCtxSw实现的功能如下：

① 将OSTCBCur指向优先级最高的就绪任务，将优先级最高的就绪任务的优先级赋值给OSPrioCur。

② 将堆栈指针寄存器指向优先级最高的就绪任务的任务堆栈的栈顶，然后依次弹出各CPU寄存器值到CPU寄存器进行环境恢复，最后弹出任务地址和任务参数，转到任务地址去运行。

因为本书中前面的例子是关于仿真环境下的，不是真实的中断处理，所以和该流程是有差别的。

（5）用户时钟中断服务程序OSTickISRuser。用户时钟中断服务程序也就是时钟节拍服务程序，是系统的心脏跳动。用户时钟中断服务程序的执行步骤如下：

① 将除PSW、CS、IP（80X86下，在其他硬件环境下应是不同的寄存器）之外的其他

CPU寄存器压入堆栈。

② 执行OSIntNesting++，将中断嵌套数加1。

③ 调用OSTimeTick执行时钟服务（参考2.7.1节）。

④ 调用OSIntExit执行时钟任务调度（参考2.7.3节）。在OSIntExit将调用OSIntCtxSw进行任务切换。

在以上分析的基础上，下一小节给出μC/OS-II移植步骤。

7.1.3 μC/OS-II移植步骤

在掌握了μC/OS-II内核代码及整体结构后，如果想做好移植还需要掌握移植对象，如CPU结构、中断处理机制等。总结移植的步骤如下：

（1）选择合适的开发软件，为μC/OS-II操作系统建立一个目录，将操作系统内核代码复制到一个目录，最好是该目录下的一个子目录。

（2）在该目录下创建工程。加入μC/OS-II内核文件到这个工程。

（3）建立主程序，如main.c。在主文件中编写TaskStart代码，该代码能设置定时器中断。在主文件中声明用户堆栈数组，创建用户堆栈。主程序中的入口函数应先执行操作系统初始化函数os_init，然后使用OsTaskCreate或OsTaskCreateExt创建TaskStart。之后如果有用户任务，应使用OsTaskCreate或OsTaskCreateExt创建所有用户任务。然后调用OSStart()启动多任务。注意，TaskStart的优先级必须是最高的。

（4）根据7.1.2节中对os_cpu.h的说明，根据用户硬件环境修改os_cpu.h。

（5）根据7.1.2节中对os_cpu.c的说明，根据用户硬件环境修改os_cpu.c。

（6）编译，下载到硬件运行，查看结果和进行修改，直到成功。

下面两节给出两种移植的具体实现。

7.2 在Visual C++ 6.0上实现基于Windows的虚拟μC/OS-II移植

第6章的例子都是在基于Windows的虚拟平台上实现的，开发工具采用了Visual C++ 6.0。该移植的目的是提供学习的环境，只要有一台计算机就可以方便地学习μC/OS-II，在此基础上再将其移植到嵌入式系统。

7.2.1 目录结构和工程的建立

首先任意建立目录容纳所有内容。笔者在D盘创建目录ucos_vc291，在该目录下创建的子目录及复制的操作系统文件如图7.2所示。

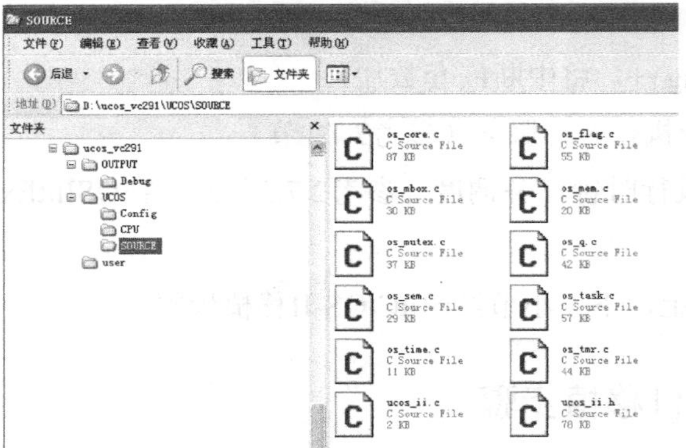

图7.2　目录结构

与CPU相关的文件存放在CPU目录下，操作系统内核文件存放在SOURCE目录下。因为本代码只供学习用，所以只有调试代码，没有Rlease目录。

user目录下为user.h和user.c，全部为笔者编写的示例程序代码。用户任务的代码就应该存放在这里。

在VC下建立工程ucos_vc，该工程的类型是WIN32 Debug，然后建立工程子目录和添加文件，并创建主程序main.C和包含文件includes.h结果，如图7.3所示。

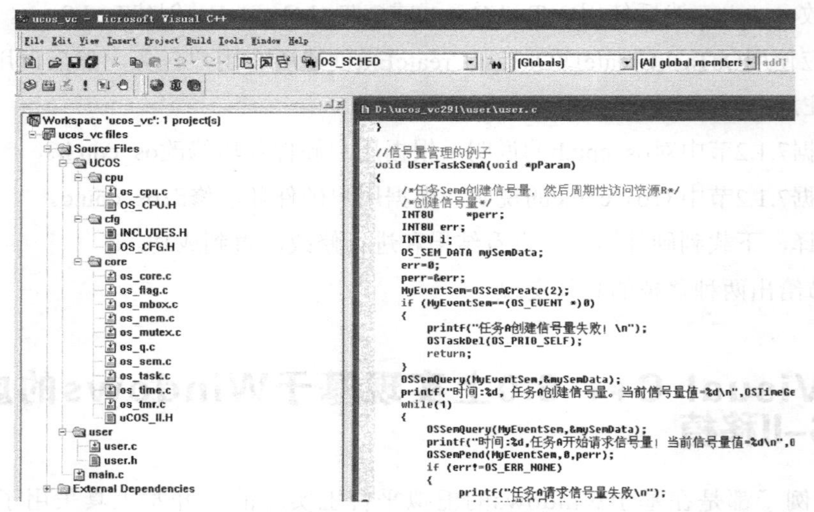

图7.3　VC下的工程信息

将工程文件和main.c保存在ucos_vc291目录下。将头文件includes.h保存在config目录下，与os_cfg.h同一目录。这样，我们就完成了开发环境的搭建工作。

7.2.2　包含文件includes.h

为实现屏幕打印、模拟定时器中断等功能，需要包含VC中的一些头文件。操作系统的C文件还需要包含ucos-ii.h、os_cfg.h及os_cpu.h，includes.h将它们都包含进来，这样用户C文件只需包含includes.h就可以访问所有的函数。包含文件includes.h代码如程序7.2所示。

程序7.2 包含文件includes.h代码

```
#include    <stdio.h>
#include    <string.h>
#include    <ctype.h>
#include    <stdlib.h>
#include   <conio.h>
#include   <windows.h>
#include   <mmsystem.h>
#include    "os_cpu.h"
#include    "os_cfg.h"
#include    "ucos_ii.h"
#include    "user.h"
```

代码中前7行是VC自带的头文件。所有的操作系统源文件，如os_core.c等不需要包含includes.h，只需包含ucos_ii.h就可以了。但是user.c及main.c需包含includes.h。

7.2.3 os_cpu.h中修改的代码

根据VC下的类型定义和虚拟的Windows平台环境，将os_cpu.h进行修改，结果如程序7.3所示。

程序7.3 移植代码os_cpu.h解析

```
#ifdef  OS_CPU_GLOBALS                  /*OS_CPU_GLOBALS在os_cpu.c定义*/
#define OS_CPU_EXT
#else
#define OS_CPU_EXT  extern
#endif

/*下面是数据类型的定义
32位系统下，VC中char是8位，short是16位，int是32位，unsigned表示无符号，singed 表示有符号*/
typedef unsigned char  BOOLEAN;
typedef unsigned char  INT8U;
typedef signed   char  INT8S;
typedef unsigned short   INT16U;
typedef signed   short   INT16S;
typedef unsigned  int  INT32U;
typedef signed    int  INT32S;
typedef float          FP32;
typedef double          FP64;
typedef unsigned int   OS_STK;
typedef unsigned int OS_CPU_SR;
#define BYTE           INT8S
#define UBYTE          INT8U
#define WORD           INT16S
#define UWORD          INT16U
#define LONG           INT32S
#define ULONG          INT32U
/*由于中断是虚拟的，采用方法1访问临界区 */
extern BOOLEAN FlagEn;                  /*采用方法1的时候使用的是全局变量，该变量在main.c中声明*/
#define  OS_CRITICAL_METHOD    1                      /*访问临界区采用方法1*/
```

```
#if      OS_CRITICAL_METHOD == 1                        /*如果采用方法1访问临界区*/
#define  OS_ENTER_CRITICAL()  FlagEn=0                  /*设置全局变量FlagEn为0，禁止定时器调度*/
#define  OS_EXIT_CRITICAL()   FlagEn=1                  /*设置全局变量FlagEn为1，允许定时器调度*
/#endif

/*以下两段条件编译语句不会被编译*/
#if      OS_CRITICAL_METHOD == 2                        /*如果采用方法2访问临界区*/
#define  OS_ENTER_CRITICAL()   _asm {PUSHF; CLI}   /*PSW入栈，关中断，定时器中断被禁止*/
#define  OS_EXIT_CRITICAL()    _asm  POPF               /*PSW出栈，开中断，定时器中断被允许*/
#endif

#if      OS_CRITICAL_METHOD == 3            /*如果采用方法3访问临界区*/
/*保存CPU状态寄存器的值到局部变量，关中断，定时器中断被禁止*/
#define  OS_ENTER_CRITICAL()   (cpu_sr = OSCPUSaveSR())
/*从局部变量恢复CPU状态寄存器，开中断*/
#define  OS_EXIT_CRITICAL()    (OSCPURestoreSR(cpu_sr))
#endif
/*以上两段条件编译语句不会被编译*/

#define  OS_STK_GROWTH        1                         /*对于80×86，堆栈从高地址向低地址增长*/
#define OS_TASK_SW() OSCtxSw()               /*宏定义，OS_TASK_SW()等同于函数OSCtxSw()*/

/*因为采用方法1，因此以下一段不会被编译*/
/*如果采用方法3 保存和恢复CPU中的状态寄存器PWS，声明两个函数用于保存和恢复 */
#if OS_CRITICAL_METHOD == 3
OS_CPU_SR  OSCPUSaveSR(void);
void        OSCPURestoreSR(OS_CPU_SR cpu_sr);
#endif
```

现在完成了所有数据类型的定义，完成了访问临界区方法的代码，设置好了堆栈的增长方向，下面开始对C文件os_cpu.c进行编程。

7.2.4 os_cpu.c中修改的代码

为将操作系统进行移植，就需要根据硬件环境实现堆栈的操作，实现任务的切换。从前面的学习，我们知道这些代码在os_cpu.c中。根据我们将操作系统移植到虚拟的Windows平台这个目标，实现os_cpu.c中各部分内容。

1. 堆栈初始化OSTaskStkInit代码实现

os_cpu.c中堆栈初始化函数在该平台下的代码如程序7.4所示。详细说明请参考2.4.1节。

程序7.4 堆栈初始化函数OSTaskStkInit在虚拟平台下的移植

```
OS_STK *OSTaskStkInit (void (*task)(void *pd), void *pdata, OS_STK *ptos, INT16U opt)
{
/*参数说明 :     task          任务代码的地址                  */
/*               pdata          任务参数                         */
/*               ptos           任务堆栈栈顶指针                */
/*               opt            堆栈初始化选项                   */
/*返回值：如果初始化成功，总是返回堆栈栈顶的地址   */
 INT32U *stk;                 /*定义指向32位宽的数据类型的地址stk，局部变量*/
  opt = opt; /*因为opt目前没有使用，这句话为的是禁止编译器报警，因为参数如果不使用编译器会警告*/
```

```
    stk = (INT32U *)ptos;                    /*stk现在指向栈顶*/
    *--stk = (INT32U)pdata;    /*先将栈顶向上（向低地址方向）移动4字节，将任务参数pdata入栈*/
    *--stk = (INT32U)0X00000000;   /*将栈顶再向上移动4字节，将0x00000000入栈*/
    *--stk = (INT32U)task;          /*栈顶再向上移4字节，将任务地址入栈*/
    *--stk= (INT32U)0x00000202;              /*压入0X00000202 EFL寄存器的假想值*/
    *--stk=(INT32U)0xAAAAAAAA;     /*压入0xAAAAAAAA EAX 寄存器的假想值*/
    *--stk=(INT32U)0xCCCCCCCC;     /*ECX=0xCCCCCCCC*/
    *--stk=(INT32U)0xDDDDDDDD;     /*EDX=0xDDDDDDDD*/
    *--stk=(INT32U)0xBBBBBBBB;     /*EBX = 0xBBBBBBBB*/
    *--stk=(INT32U)0x00000000;               /*ESP = 0x00000000*/
    *--stk=(INT32U)0x11111111;               /*EBP = 0x11111111*/
    *--stk=(INT32U)0x22222222;               /*ESI = 0x22222222*/
    *--stk=(INT32U)0x33333333;      /* EDI = 0x33333333*/
    return ((OS_STK *)stk);
}
```

2. 启动高优先级任务OSStartHighRdy代码实现

os_cpu.c中启动高优先级任务OSStartHighRdy如程序7.5所示。详细说明请参考2.7.4节。

程序7.5　启动高优先级任务函数OSStartHighRdy在虚拟平台下的移植

```
void OSStartHighRdy(void)
{
    OSTaskSwHook();                          /*这是一个钩子函数，默认为空函数*/
    OSRunning = TRUE;                /*该全局变量为真，表示启动了多任务*/
    /*那么下面的代码无论如何要启动多任务*/
    /*以下代码是嵌入式汇编代码*/
    _asm{
            /*OSTCBCur结构的第一个参数就是任务堆栈地址，将任务堆栈地址给ebx*/
            mov ebx, [OSTCBCur]
            mov esp, [ebx]           /*esp指向该任务的堆栈*/
            popad                                /*恢复所有通用寄存器，共8个，前面已经介绍过*/
            popfd                                /*恢复标志寄存器*/
            ret                                  /*在堆栈中取出该任务的地址并开始运行这个任务*/
    }
}
```

3. 任务切换OSCtxSw代码实现

因为在os_cpu.h中定义了宏#define OS_TASK_SW() OSCtxSw()，所以OS_TASK_SW()与OSCtxSw()实际上是同一个函数。OS_TASK_SW在虚拟平台下的移植如程序7.6所示。

程序7.6　OS_TASK_SW在虚拟平台下的移植

```
void OSCtxSw (void)
{
    _asm{ /*这里嵌入汇编代码，首先将各寄存器的内容保存在堆栈中，这是在为要换出的任务保存运行环境*/
            lea      eax, nextstart        ; /*将nextstart的地址送EAX寄存器
        /*任务切换回来后从地址nextstart开始*/
            push eax /*将EAX中的内容，nextstart的地址压入堆栈*/
            pushfd  /*标志寄存器的值入栈*/
    /*PUSHAD依次把EAX、ECX、EDX、EBX、ESP、EBP、ESI、EDI等压入栈中，POPAD 把栈中值依次弹
                到EDI、ESI、EBP、ESP、EBX、EDX、ECX、EAX等寄存器中*/
            pushad
```

```
      /*OSTCBCur指向当前的任务控制块，[OSTCBCur]是当前任务控制块的内容，而任务控制块的第一项
                    内容刚好是任务堆栈的地址，于是现在ebx中保存的是当前任务堆栈的地址*/
            mov ebx, [OSTCBCur]
      /*把堆栈顶的地址保存到当前TCB结构中，目前TCB中的第一项即任务堆栈指向的是新的栈顶的位置*/
            mov [ebx], esp
      }
    /*前面一段汇编代码实现了将要换出的任务的返回地址先压入堆栈，然后将其他寄存器的内容也依次压入堆栈，
  最后将堆栈指针的位置保存到该任务的控制块，实现了运行环境的保存，以便在以后该任务重新运行的时候进行恢复*/
    /*这一部分又转为C语言实现*/
    OSTaskSwHook();                        /*钩子函数，默认为空*/
    OSTCBCur = OSTCBHighRdy; /*将当前的任务块换为已设置好的新任务块——OSTCBHighRdy*/
    OSPrioCur =y; /*将当前的任务优先级块换为已设置好的新任务的优先级——OSPrioHighRdy */
    /*这两个重要的全局变量，是在这里才开始变化的*/
    /*下面又用汇编语言，开始恢复要运行的任务的环境，开始运行目标任务*/
    _asm{
            mov ebx, [OSTCBCur]     /*将目标任务堆栈的地址送ebx*/
            mov esp, [ebx]          /*得到目标任务上次保存的esp

            popad                          /*恢复所有通用寄存器，与pushad对称*/        (1)
            popfd                          /*恢复标志寄存器*/                          (2)
            ret                            /*跳转到指定任务运行*/                      (3)
    }
nextstart:                                 /*任务切换回来的运行地址*/
            return;
}
```

4. 中断中的任务切换OSIntCtxSw代码实现

在虚拟平台下的移植与在真实硬件平台下的移植的最大区别就是中断服务。因为在虚拟平台下时钟中断服务是采用timeSetEvent函数模拟产生的，因此在进入中断之后需要自己保存CPU的环境。关于上下文Context的获取，在主程序中论述，相关说明请参考2.7.3节。

OSIntCtxSw在虚拟平台下的移植如程序7.7所示。

程序7.7　OSIntCtxSw 在虚拟平台下的移植

```
void OSIntCtxSw(void)
{
    OS_STK *sp;                /*定义sp为指向任务堆栈类型的地址*/
    OSTaskSwHook();            /*默认为空的钩子函数*/
    /*在Windows虚拟平台的时钟中断中，原来任务的堆栈地址通过Context 获得，将在后续章节给出*/
    sp = (OS_STK *)Context.Esp;
    /*下面在堆栈中保存相应寄存器，注意堆栈的增长方向*/
    *--sp = Context.Eip;
    *--sp = Context.EFlags;          /
    *--sp = Context.Eax;
    *--sp = Context.Ecx;
    *--sp = Context.Edx;
    *--sp = Context.Ebx;
    *--sp = Context.Esp;
    *--sp = Context.Ebp;
    *--sp = Context.Esi;
    *--sp = Context.Edi;
    /*因为前面的压栈操作，任务块中的堆栈地址变化了，需要重新赋值*/
```

```
    OSTCBCur->OSTCBStkPtr = (OS_STK *)sp;
    OSTCBCur = OSTCBHighRdy;                          /*得到当前就绪最高优先级任务的TCB*/
    OSPrioCur = OSPrioHighRdy;                        /*得到当前就绪任务最高优先级数*/
    sp = OSTCBHighRdy->OSTCBStkPtr;          /*得到被执行的任务的堆栈指针*/

    /*以下恢复所有CPU寄存器*/
    Context.Edi = *sp++;
    Context.Esi = *sp++;
    Context.Ebp = *sp++;
    Context.Esp = *sp++;
    Context.Ebx = *sp++;
    Context.Edx = *sp++;
    Context.Ecx = *sp++;
    Context.Eax = *sp++;
    Context.EFlags = *sp++;
    Context.Eip = *sp++;

    Context.Esp = (unsigned long)sp;                  /*得到正确的esp*/
    SetThreadContext(mainhandle, &Context);           /*保存主线程上下文，进行了任务切换*/
}
```

5. 时钟中断服务OSTickISRuser代码实现

在主程序中调用timeSetEvent函数，使之在每个时钟周期OSTickISRuser被运行。因为不是真正的中断服务，所以CPU的内容并没有被保存。OSTickISRuser需先取得调用之前的CPU内容，然后执行OSTimeTick和OSIntExit进行任务调度，放弃CPU。该函数的代码如程序7.8所示。

程序7.8　OSTickISRuser 在虚拟平台下的移植

```
void_stdcall OSTickISRuser(unsigned int a,unsigned int b,unsigned long c,unsigned
long d,unsigned long e)
{
    if(!FlagEn)
        return;                      /*如果当前中断被屏蔽，则返回*/

    SuspendThread(mainhandle);       /*中止主线程的运行，模拟中断产生，但没有保存寄存器*/
    GetThreadContext(mainhandle, &Context);/*得到主线程上下文，为切换任务做准备*/
    OSIntNesting++;
    if (OSIntNesting == 1) {
        OSTCBCur->OSTCBStkPtr = (OS_STK *)Context.Esp;        /*保存当前esp*/
    }
    OSTimeTick();                    /*ucos内部定时*/
    OSIntExit();                     /*由于不能使用中断返回指令，所以此函数是要返回的*/
    ResumeThread(mainhandle);        /*模拟中断返回，主线程得以继续执行*/
```

7.2.5　主程序代码实现

主程序中的第一件事就是声明一些需要的全局变量，声明启动函数TaskStart，然后是主程序代码和TaskStart的代码。主程序全部代码如程序7.9所示。

程序7.9　虚拟平台下的移植中主程序的实现

```
#include "includes.h"
#define  TASK_STK_SIZE  512                           /*任务堆栈设置为512字节*/
```

```
#define TaskStart_Prio     1
OS_STK  TaskStk[OS_MAX_TASKS][TASK_STK_SIZE];      /*这里为任务堆栈分配了空间*/
HANDLE mainhandle;                                  /*主线程句柄*/
CONTEXT Context;                                    /*主线程切换上下文*/
BOOLEAN FlagEn = 1;                                 /*增加一个全局变量，作为时钟调度的标志*/
void TaskStart(void * pParam) ;
int main(int argc, char **argv)
{
    HANDLE cp,ct;
    Context.ContextFlags = CONTEXT_CONTROL;                                        (1)
    cp = GetCurrentProcess();                       /*得到当前进程句柄*/
    ct = GetCurrentThread();                        /*得到当前线程伪句柄*/
    DuplicateHandle(cp, ct, cp, &mainhandle, 0, TRUE, 2);                          (2)
/*伪句柄转换，得到线程真句柄*/
    OSInit();
     OSTaskCreate(TaskStart, 0, &TaskStk[1][TASK_STK_SIZE-1], TaskStart_Prio);
    OSTaskCreate(TaskM, 0, &TaskStk[6][TASK_STK_SIZE-1], 6);
    OSStart();                       /*启动多任务，第一个获得运行的任务应是TaskStart*/
    return 0;
}
void TaskStart(void * pParam)
{
    char err;
    OS_EVENT *sem1;

    /*模拟设置定时器中断。开启一个定时器线程，每秒中断100次，中断服务程序OSTickISRuser*/
    timeSetEvent(1000/OS_TICKS_PER_SEC, 0, OSTickISRuser, 0, TIME_PERIODIC);  (3)
    OSStatInit();                                /*统计任务初始化*/
    sem1 = OSSemCreate(0);
    OSSemPend(sem1, 0, &err);        /*等待事件发生，被阻塞*/
}
```

CONTEXT数据类型在VC的winnt.h中定义，（1）处将全局变量context定义为用于CPU上下文切换；（2）处将当前线程的句柄赋值给全局变量mainhandle。接下来运行OSInit进行操作系统的初始化工作，我们知道这将创建两个任务——空闲任务和统计任务，但并没有任务得到运行。随后创建的TaskStart的优先级是1，使用了堆栈TaskStk[1]。TaskM是user.c中的一个用户任务，在user.h中有声明，优先级是6，使用了堆栈TaskStk[6]。

OSStart()执行后，OSRunning的值变为1，多任务被启动。这时最高优先级的任务是TaskStart，进入TaskStart运行。

在（3）处TaskStart调用timeSetEvent，结果是将以10ms每次的频率执行时钟中断服务程序OSTickISRuser。TaskStart的使命完成了，这里采用了让其等待信号量的方法将其阻塞。

7.2.6 移植测试

以上工作完成之后，对整个工程进行编译。编译通过之后，运行结果如图6.3所示。因为TaskM就是我们在第6章内存管理的一个实例。试着将第4章和第5章的例子程序加入运行，看是否能得到正确的结果。

本移植是为方便学习μC/OS-II操作系统，通过学习掌握了移植的方法和步骤。实际应用中，需要将μC/OS-II移植到嵌入式环境中去，下一节就是关于这方面的内容。

7.3 μC/OS-II在ARM Cortex M3下的移植

本节讨论将μC/OS-II移植到STM32单片机为核心的目标系统下，具备较强的应用价值和学习价值。要在STM32下进行移植，除需要掌握μC/OS-II移植的相关知识，还需要对STM32的内核ARM Cortex系列处理器核有一定的了解，这里选择STM32F103VET6为具体目标，因此内核为ARM Cortex M3。最终，使用本节的移植代码，笔者在亮点STM32开发板上成功实现了μC/OS-II移植，并以此为基础实现了例程和项目应用。

7.3.1 与移植相关的ARM Cortex M3研究

ARM Cortex M3是专注于嵌入式单片机应用的构建与ARMv7架构上的成功的处理器核，因此支持全部的Thumb指令和部分的Thumb2指令。对它的研究可以从寄存器组开始。

1. ARM Cortex M3寄存器组

如图7-4所示为ARM Cortex M3寄存器组。

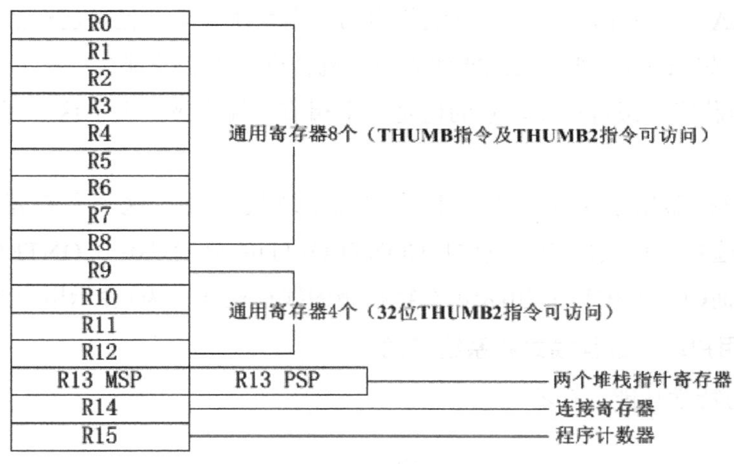

图7.4 ARM Cortex M3寄存器组

R0～R12都是通用寄存器，区别是R9～R12只能被32位的Thumb 2指令访问。

R13寄存器实质上有两个，一个是主堆栈指针MSP，另一个是进程堆栈指针PSP。当用户的应用程序在不使用操作系统时，实际上一直在使用MSP堆栈指针。PSP在操作系统在ARM Cortex M3下的移植中发挥了巨大的作用，在了解了移植代码后，读者可以深入体会这一点。

R14是连接寄存器，当调用子程序的时候，R14中保存了回家的路（返回地址）。但是，在中断服务程序中，R14就开始变形了。在中断服务程序中，它被称为EXC_

RETURN，含义和在用户程序中是完全不同。位31到位4全为1表示无意义，低4位中位3为1表示返回后进入用户级线程模式，为0表示返回后进入特权级线程模式（关于线程模式和特权模式在本节后续部分）。位2为1表示返回后使用进程堆栈PSP，为0表示返回为使用主堆栈MSP。位1在M3处理器下必须为0，因为位0为1表示返回Thumb状态，为1则表示返回ARM状态，而M3处理器是没有ARM状态的。不了解这一点，就无法读懂移植代码或进行移植。

R15是程序寄存器，里面是程序的地址。如果对它进行修改，就改变了程序的走向。

2. 特殊功能寄存器

除了寄存器组之外，特殊功能寄存器也移植必须掌握的关键，如图7.5所示。

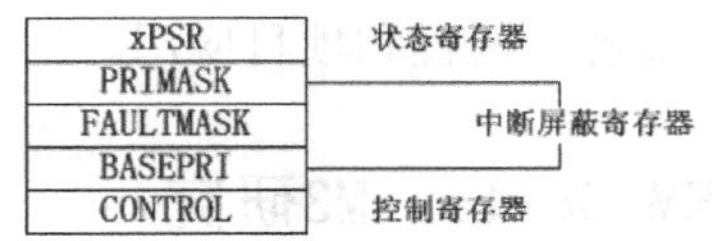

图7.5　特殊功能寄存器

在特殊功能寄存器中，xPSR中保存了CPU工作的状态。例如，当加法溢出的时候，就要置为进位标志。

中断屏蔽寄存器包含了PRIMASK、FAULTMASK、BASEPRI。

PRIMASK是1位的寄存器，被置位后，可以屏蔽除不可屏蔽中断NMI之外的所有中断。

FAULTMASK是1位的寄存器被置位后，可以屏蔽除NMI之外的所有的异常（包括中断和fault）。FAULTMASK是专门留给操作系统使用的，当系统中某个任务崩溃的时候，通常会引发很多fault，暂时关闭fault的处理功能能使系统有机会进行善后处理。

BASEFRI是屏蔽优先级寄存器，它的值是一个阀值，优先级号大于这个阀值的中断统统被关闭。

CONTROL寄存器用于定义特权级和使用哪个堆栈指针。这个寄存器只有2位，其中CONTROL[1]为0选择主堆栈MSP，复位后CONTROL[1]的值就是0；CONTROL[1]为1表示使用进程堆栈PSP。而CONTROL[0]为0表示在特权级的线程模式；为1表示用户级的线程模式。

3. 特权级和用户级，线程模式和系统模式

如图7.6所示为特学功能寄存器

	特权级	用户级
异常处理代码	处理者模式	错误用法
用户程序代码	线程模式	线程模式

图7.6　特殊功能寄存器

当ARM Cortex M3处于异常处理程序中时，是处理者模式，在这种模式下可以访问所有的寄存器，使用所有的指令，因此是处于特权级。例如，串口中断服务程序就是在特权级下的处理者模式下运行的。

在用户程序中运行时，是处 于线程模式。线程模式下，既可以运行于特权级，也可以运行于用户级。在用户级下，是不能够访问特殊功能寄存器的，因此也就无法直接由用户级下通过修改CONTROL寄存器回到特权级，必须通过触发中断，由中断服务程序来完成。而在中断服务程序中，除了修改CONTROL寄存器设置用户程序的运行级别，还可以通过修改前面提到的EXC_RETURN寄存器来做到。

4. Systick和PendSv中断

ARM Cortex M3的系统滴答定时器Systick仿佛天生就是为操作系统服务的，有STM32开发经验的读者都知道Systick非常简单易用，而操作系统的时钟滴答服务默认就是用Systick中断来引发。这是因为系统滴答定时器Systick地理位置独特，它处于ARM Cortex M3内核中，因此只要是使用了这个内核的单片机，当使用操作系统代码的时候，就不需要修改这里的代码了。

PendSv是为系统设备而设置的“可悬挂请求”。使用它做操作系统的任务切换是符合潮流的，也是设计者设置它的初衷。移植时，设置该中断的优先级为最低，当Systick中断服务中的操作系统滴答服务发现需要做任务切换的时候，不是直接去进行任务切换而是触发该中断，让它来完成任务切换的工作。为什么呢？因为该中断的优先级最低，当在Systick中断服务的时候如果有其他中断到来，如串口接收到数据而使串口中断服务也被挂起的时候，就轮不到PendSv中断服务而有限制性串口中断服务，当串口中断服务完成后，才进入PendSv中断服务程序进行任务切换，这样就保证了对外中断的及时反应，否则系统是实时性就打了很大的折扣。

7.3.2　os_cpu.h代码解析

下面我们对移植代码进行解析，首先是os_cpu.h，如程序7.10所示。

程序7.10　os_cpu.h中的代码

```
//1 宏定义
#ifdef   OS_CPU_GLOBALS
#define  OS_CPU_EXT
#else
#define  OS_CPU_EXT  extern
#endif
#ifndef  OS_CPU_EXCEPT_STK_SIZE
#define  OS_CPU_EXCEPT_STK_SIZE     128u //异常堆栈大小为128字节
#endif

//2 类型定义
typedef unsigned char  BOOLEAN;
typedef unsigned char  INT8U;
typedef signed   char  INT8S;
typedef unsigned short INT16U;
typedef signed   short INT16S;
typedef unsigned int   INT32U;
typedef signed   int   INT32S;
typedef float         FP32;
typedef double         FP64;
typedef unsigned int   OS_STK;
```

```
typedef unsigned int   OS_CPU_SR;
//3临界区管理
#define  OS_CRITICAL_METHOD   3u
#if OS_CRITICAL_METHOD == 3u
#define  OS_ENTER_CRITICAL()  {cpu_sr = OS_CPU_SR_Save();}
#define  OS_EXIT_CRITICAL()   {OS_CPU_SR_Restore(cpu_sr);}
#endif
//4 杂项
#define  OS_STK_GROWTH        1u
#define  OS_TASK_SW()         OSCtxSw()
//5 全局变量定义
//OS_CPU_EXT  OS_STK   OS_CPU_ExceptStk[OS_CPU_EXCEPT_STK_SIZE];
//OS_CPU_EXT  OS_STK  *OS_CPU_ExceptStkBase;

//6 函数声明
#if OS_CRITICAL_METHOD == 3u
OS_CPU_SR  OS_CPU_SR_Save(void); //进入临界区
void       OS_CPU_SR_Restore(OS_CPU_SR cpu_sr); //退出临界区
#endif
void       OSCtxSw(void); //任务切换
void       OSIntCtxSw(void);  //中断中任务切换
void       OSStartHighRdy(void); //运行最高优先级的任务
void       OS_CPU_PendSVHandler(void); //PendSV中断服务程序
void       OS_CPU_SysTickHandler(void); //SysTick中断服务程序
void       OS_CPU_SysTickInit(void);  //SysTick初始化程序
INT32U   OS_CPU_SysTickClkFreq(void); //返回SysTick时钟频率
void TaskStart(void * pParam) ;
```

整个代码可以分成6个组成部分。

1. 宏定义

OS_CPU_GLOBALS在OS_CPU.C中被定义，因此#define OS_CPU_EXT有效，#define OS_CPU_EXT extern无效。包含OS_CPU_EXT的代码，例如OS_CPU_EXT int a;实际上就是int a而已。也就是说，OS_CPU_EXT对变量的声明没有任何的影响。

2. 类型声明

这部分内容根据ARM Cortex M3处理器的数据类型进行相关定义。

3. 临界区管理

OS_CRITICAL_METHOD被定义为3，因此采用进入临界区的方法3，这是ARM Cortex M3处理器下常规的临界区管理方法。即在进入临界区的时候，保存寄存器的值到变量，然后关中断；在离开临界区的时候，开中断，然后将变量的值送回寄存器。

在调用OS_ENTER_CRITICAL()的时候，将执行OS_CPU_SR_Save()函数，这个函数要用汇编语言来写，于是，将在os_cpu_a.s这个汇编文件中实现。OS_CPU_SR_Restore()函数离开临界区的时候被调用，也在os_cpu_a.s这个汇编文件中实现。

4. 杂项

OS_STK_GROWTH是非常重要的宏，其值为1是表示向低地址方向增长。

接下来的#define OS_TASK_SW() OSCtxSw()，即在调用OS_TASK_SW()进行任务切换的时候，实际上是调用的OSCtxSw()来实现。

5. 全局变量定义

这里原来有声明了1个用于处理异常的堆栈OS_CPU_ExceptStk，以及指向堆栈的指针OS_CPU_ExceptStkBase。这些代码没有用，被笔者注释掉了。

6. 函数的声明

这里包含了需要移植的代码的所有函数的声明。这些函数有些在os_cpu_c.c文件中实现，有些在os_cpu_a.s这个汇编文件中实现。

7.3.3 os_cpu_c.c移植代码解析

os_cpu_c.c包含移植中可以在C语言的环境下实现的代码。在该C文件中，包含很多的钩子（hook）函数，这些hook函数的声明是在ucos_ii.h中。举一个例子，创建任务后会调用OS_TCBInit来对任务TCB进行初始化，在OS_TCBInit可以看到OSTaskCreateHook被调用，用户可以在其中写一些自己独特的代码。因此，这些钩子函数是空的，在移植的时候只要实现一个空函数就可以了。

除了这些钩子函数，在os_cpu_c.c中，还要实现以下一些函数：

1. 任务堆栈初始化函数OSTaskStkInit

当有新的任务被创建的时候，需调用OSTaskStkInit对任务的堆栈进行初始化。因为涉及堆栈的操作，对于不同的CPU代码是不同的，所以这部分代码在移植部分实现。OSTaskStkInit在OSTaskCreate函数中被调用，位置是在任务控制块初始化函数OS_TCBInit被调用之前。

该函数的参数如下：

void (*task)(void *p_arg) 任务的代码地址。

void *p_arg：任务的参数地址。

OS_STK *pto：任务堆栈栈顶指针。

INT16U opt：选项。

选项的取值范围如下：

OS_TASK_OPT_NONE：无选项。

OS_TASK_OPT_STK_CHK：使能堆栈检查。

OS_TASK_OPT_STK_CLR：当任务创建的时候清空堆栈。

OS_TASK_OPT_SAVE_FP：保存浮点运算寄存器的上下文。

程序7.11所示os_cpu_c.c中函数OSTaskStkInit的移植代码。

程序7.11 OSTaskStkInit 移植代码

```
OS_STK *OSTaskStkInit (void (*task)(void *p_arg), void *p_arg, OS_STK *ptos, INT16U opt)
{
```

```
    OS_STK *stk;            //定义堆栈指针stk
    (void)opt;              //如未使用选项，该句可以避免编译器警告，无其他用处
    stk       = ptos;   //stk现在指向栈顶

    *(stk)   = (INT32U)0x01000000uL; //程序状态字寄存器xPSR入栈

    *(--stk)   = (INT32U)task;          //任务地址入栈
    *(--stk)   = (INT32U)OS_TaskReturn;   //R14入栈的值是函数OS_TaskReturn的地址，
刚创建的任务是不能够返回的，因此如果返回，应删除自己。OS_TaskReturn函数实现的是任务删除自己的操作
    *(--stk)   = (INT32U)0x12121212uL;//R12入栈
    *(--stk)   = (INT32U)0x03030303uL;//R3入栈
    *(--stk)   = (INT32U)0x02020202uL;//R2入栈
    *(--stk)   = (INT32U)0x01010101uL;//R1入栈
    *(--stk)   = (INT32U)p_arg;          //R0中存储的是任务的参数，R0入栈
    //下面的寄存器是是由任务自己保存到堆栈
    *(--stk)   = (INT32U)0x11111111uL; //R11入栈
    *(--stk)   = (INT32U)0x10101010uL;//R10入栈
    *(--stk)   = (INT32U)0x09090909uL;//R9入栈
    *(--stk)   = (INT32U)0x08080808uL;//R8入栈
    *(--stk)   = (INT32U)0x07070707uL;//R7入栈
    *(--stk)   = (INT32U)0x06060606uL;//R6入栈
    *(--stk)   = (INT32U)0x05050505uL;//R5入栈
    *(--stk)   = (INT32U)0x04040404uL; //R4入栈
    return (stk);
}
```

在中断发生时，xPSR、PC、LR、R12，R3～R0会被自动保存到栈中，R11～R4如果需要保存，只能编程保存。因此,OSTaskStkInit首先模拟中断发生的过程将xPSR、PC、LR、R12、R3～R0按顺序入栈，然后将R11～R4入栈。因为在任务创建的时候，R1-R12的值是没意义的，所以只要保存一个值去占一个地方就可以了。保存特异的值，是为方便调试。

那么，在任务创建的时候，调用了OSTaskStkInit之后，任务的堆栈就准备好了，当操作系统调度该任务运行的时候，这些值会被弹出。因为任务的地址和参数都被压到堆栈里了，所以就有办法让该任务运行。

2. SysTick中断服务函数OS_CPU_SysTickHandler

在STM32系统中，一般用系统滴答定时器SysTick做操作系统时钟中断函数。这是因为SysTick在Cortex M3内部，如果用不同的STM32芯片，只要是M3内核，这一部分都不需要被修改。要使用OS_CPU_SysTickHandler做中断服务程序，需要在启动代码startup_stm32f10x_hd.s中进行修改，将SysTick Handler替换为OS_CPU_SysTickHandler。设置SysTick中断的发生时间可以通过调用STM32库函数来实现或者直接写寄存器。OS_CPU_SysTickHandler的实现代码如程序7.12所示。

程序7.12 中断服务程序OS_CPU_SysTickHandler 代码

```
Void  OS_CPU_SysTickHandler (void)
{
    OS_CPU_SR  cpu_sr;
//led_turn4;          //加上这句可以让LED闪烁，标志操作系统时钟滴答服务在运行
    OS_ENTER_CRITICAL();//进入临界区
```

```
    OSIntNesting++;        //中断嵌套层数加1
    OS_EXIT_CRITICAL(); //离开临界区
    OSTimeTick();          //调用uC/OS的时钟系统服务函数OSTimeTick()
    OSIntExit();           //告诉uC/OS-II将离开中断服务程序，可能执行调度
}
```

3. SysTick中断设置函数OS_CPU_SysTickInit

对SysTick的设置很简单，只需要调用库函数SysTick_Config就可以了。为了避免错误，这个函数必须在硬件的初始化及OSStart() 和之后被调用。OS_CPU_SysTickInit代码如程序7.13所示。

程序7.13　中断服务程序OS_CPU_SysTickHandler 代码

```
void  OS_CPU_SysTickInit  (void)
{
    SysTick_Config(FCLK / OS_TICKS_PER_SEC);
}
```

FCLK这个宏在整个工程的配置文件的头文件中定义了，是系统的时钟，这里是72000000（72MHz）,读者也可以直接用72000000来代替。OS_TICKS_PER_SEC在操作系统配置文件os_cfg.h中定义，如果设置系统滴答服务是1毫秒1次，那么每秒是1000次，应配置OS_TICKS_PER_SEC为1000；如果是10毫秒一次，则应配置为100。

到这里os_cpu_c.c的移植代码就写好了，其他的移植代码需要在汇编代码os_cpu_a.asm里实现。

7.3.4　os_cpu_a.asm移植代码解析

在os_cpu_a.asm中，首先是公共函数引入和引出部分，然后是常量的定义，最后是各个函数的实现。

1. 引入和引出

汇编代码要使用其他C文件已经声明了的全局变量，使用EXTERN来引入；汇编中实现的函数，要在其他C文件中调用，需要用EXPORT来引出。这一部分就是实现了这样的功能，如程序7-14所示。

程序7.14　引入和引出

```
//使用的外部全局变量的声明
EXTERN  OSRunning
    EXTERN  OSPrioCur
    EXTERN  OSPrioHighRdy
    EXTERN  OSTCBCur
    EXTERN  OSTCBHighRdy
    EXTERN  OSIntNesting
    EXTERN  OSIntExit
    EXTERN  OSTaskSwHook
    //本程序中实现的函数引出，使外部代码可以使用
    EXPORT  OS_CPU_SR_Save                                          ;
    EXPORT  OS_CPU_SR_Restore
```

```
    EXPORT  OSStartHighRdy
    EXPORT  OSCtxSw
    EXPORT  OSIntCtxSw
EXPORT  OS_CPU_PendSVHandler
```

2. 常量定义部分

这一部分使用汇编伪指令EQU语句定义常量，类似于C语言的define，如程序7.15所示。

程序7.15 常量定义

```
NVIC_INT_CTRL   EQU     0xE000ED04    // 0xE000ED04为中断控制及状态寄存器ICSR地址
NVIC_SYSPRI14   EQU     0xE000ED22    // E000_ED22为PendSV优先级寄存器地址
NVIC_PENDSV_PRI EQU           0xFF    // PendSV优先级，255为最低
NVIC_PENDSVSET  EQU     0x10000000    // 该数值位28为1
NVIC_INT_CTRL是中断控制状态寄存器的地址；NVIC_SYSPRI14是系统优先级寄存器的地址；
NVIC_PENDSV_PRI是将设置的PendSV优先级；NVIC_PENDSVSET是PendSV异常地址。
```

3. 进入临界区函数OS_CPU_SR_Save和退出临界区函数OS_CPU_SR_Restore

STM32进入和退出临界区采用模式3，即在进入临界区的时候，需要保存和恢复状态寄存器如程序7.16所示。

程序7.16 保存和恢复状态寄存器

```
OS_CPU_SR_Save
    MRS     R0, PRIMASK  //中断屏蔽寄存器RPIMASK值送R0
    CPSID   I              //PRIMASK=1关中断
    BX      LR           //注意，这里的BX LR
OS_CPU_SR_Restore
    MSR     PRIMASK, R0
BX      LR
```

先用MRSR0， PRIMASK将PRIMASK这个只有1位的寄存器的值给R0,然后CPSID I将PRIMASK置1，关闭了所有的可屏蔽中断。简单解释一下：PRIMASK置1 时，就关掉所有可屏蔽的异常，只剩下NMI和硬fault 可以响应。CPSID I实现的就是将PRIMASK置1的功能。随后的BX LR就返回原来调用处的下一条语句继续执行(且将R0的值返回)。结合进入临界区的代码OS_ENTER_CRITICAL()，即cpu_sr = OS_CPU_SaveSR(); 我们可以分析 ，实际上进入临界区的过程就是将当前的PRIMASK 的值赋给了cpu_sr，然后关中断。

随后的OS_CPU_SR_Restore代码就容易读了，这里将R0的值（等于传递进来的参数）赋给了PRIMASK，然后返回了。因为OS_EXIT_CRITICAL()的代码是OS_CPU_RestoreSR(cpu_sr)，参数在R0中，因此将cpu_sr的值又赋给了PRIMASK，然后返回即可。

进入临界区和离开临界区是要成对出现的，因此如果在进入前中断是打开的，那么离开后，中断也是打开的；如果在进入前是关闭的，离开后也是关闭的。

3. 运行优先级最高的任务函数OSStartHighRdy

OSStartHighRdy这个函数运行当前就绪的、优先级最高的任务， 我们先来看代码， 如程序7.17所示。

程序7.17 启动最高级别优先级的任务OSStartHighRdy

```
OSStartHighRdy
    LDR     R0, =NVIC_SYSPRI14;伪指令，将PendSV优先级寄存器地址给R0
    LDR     R1, =NVIC_PENDSV_PRI;R1中是将设置的PendSV优先级255
    STRB    R1, [R0];将R1的值255给PendSV优先级寄存器
    MOVS    R0, #0 ;将立即数0赋值给R0
    MSR     PSP, R0 ;将R0的值给进程堆栈寄存器PSP，现在PSP为0
    LDR     R0, =OSRunning    ; 全局变量OSRunning的地址给R0
    MOVS    R1, #1             ; R1=1
    STRB    R1, [R0]           ;OSRunning=1,表示多任务已经开始运行了
    LDR     R0, =NVIC_INT_CTRL    ;中断控制寄存器地址送R0
    LDR     R1, =NVIC_PENDSVSET   ;将值0x10000000赋给R1
    STR     R1, [R0]                 ;设置中断控制寄存器值为0x10000000
    ;代码结构和本函数代码前三句完全相同，将NVIC_PENDSVSET的值给中断控制寄存器。实际上，
就是将10000000写入ICSR，而ICSR位28，写1以产生PendSV中断。因此这里会产生PendSV中断。
    CPSIE   I ;在处理器级别使能中断
OSStartHang
    B       OSStartHang ;这是死循环，不应该运行到这里
```

OSStartHighRdy()在OSStart()用，因此在这之前，并没有运行任何的任务。在调用OSStartHighRdy()之前，OSStart()已经通过调用OS_SchedNew()找到了最高优先级的就绪任务，然后对OSPrioCur、STCBHighRdy、OSTCBCur进行了赋值，可以说做足了准备活动。

在进入OSStartHighRdy之后，先将PendSV优先级设置为最低的255，然后设置PSP寄存器为0，设置OSRunning为1，触发PendSV中断。在PendSV中断服务程序中，是真正实现了任务的切换！

4. 任务切换函数OSCtxSw

任务切换函数OSCtxSw 实现了任务的切换，那么前面说了“在PendSV中断服务程序中，是真正实现了任务的切换！”，因此，OSCtxSw必然会触发PendSV中断，如程序7.18所示。

程序7.18 任务切换函数OSCtxSw

```
OSCtxSw
    LDR     R0, =NVIC_INT_CTRL
    LDR     R1, =NVIC_PENDSVSET
    STR     R1, [R0]
    BX      LR
```

这3行代码在启动最高级别优先级的任务OSStartHighRdy中出现过，最后一句是返回。OSCtxSw的确是通过调用PendSV中断来做任务切换的。

5. 中断中任务切换函数OSIntCtxSw

中断中任务切换函数OSIntCtxSw 也实现了任务的切换，不过是在中断中实现的。 那么前面说了“在PendSV中断服务程序中，是真正实现了任务的切换！”，因此，OSIntCtxSw也必然会触发PendSV中断，如程序7.19所示。

程序7.19 中断中任务切换函数OSIntCtxSw

```
OSIntCtxSw
```

```
    LDR      R0, =NVIC_INT_CTRL
    LDR      R1, =NVIC_PENDSVSET
    STR      R1, [R0]
    BX       LR
```

6. PendSV中断服务程序OS_CPU_PendSVHandler

“在PendSV中断服务程序中，是真正实现了任务的切换！”，那么，为什么要在PendSV中断中做任务切换呢？

我们有一个中断叫SysTick，在该中断发生的时候，唤起了操作系统时钟滴答服务，在其中就有可能进行任务切换。但是，有可能SysTick把其他的中断抢占了，就是说也许在其他中断发生的时候，被SysTick把CPU抢去了。如果在这时进行任务切换，由于任务切换又是花了时间的，就可能让系统的实时性打了折扣。因此，我们用Cortex M3给我们设计好的思路，将PendSV的优先级设置到最低的255，然后让PendSV中断服务程序去做任务切换，任务切换函数OSCtxSw和OSIntCtxSw只是去触发这个中断就返回了。如果SysTick确实是抢占了别的中断服务而进入的，那么中断返回后，由于PendSV优先级最低，会回到原来的中断服务程序继续执行，然后才是PendSV服务程序；如果没有抢占，那PendSV服务程序会执行。这就是秋后算账、延迟切换。而且，使用PendSV服务程序来进行任务切换，还不需要去自己保存一些寄存器，因为“在中断发生的时候，，xPSR，PC，LR，R12，R3-R0 会被自动保存到栈中”。

PendSV服务程序在本文件中实现了，而且改了名字。那么同SysTick中断一样，需要同样在启动文件中动点手脚。在启动代码startup_stm32f10x_hd.s中，将PendSVHandler改为OS_CPU_PendSVHandler，如程序7.20所示。

程序7.20　中断服务程序OS_CPU_PendSVHandler

```
OS_CPU_PendSVHandler
    CPSID    I      ; PRIMASK=1 关中断
    MRS      R0, PSP      ; PSP值送,因为操作特殊功能寄存器，必须采用MRS指令
    CBZ      R0, OS_CPU_PendSVHandler_nosave                          (1)
;这是一条条件跳转指令，如果为R0为0，说明PSP为0，说明是第一次进行任务切换,之前没有运行任何的任务，跳到OS_CPU_PendSVHandler_nosave执行。第一次执行没有任务需要保存上下文，因此跳过下面的上下文保存
;如果没有跳转到OS_CPU_PendSVHandler_nosave，因为中断的发生，现在R0指向要被请出CPU的任务当前任务的堆栈的栈顶了（因为将进程堆栈PSP的值赋给了R0），而且xPSR，PC，LR，R12，R3-R0 共8个寄存器已经入栈了！现在需要把剩下的寄存器R4-R11共8个寄存器压栈
    SUBS     R0, R0, #0x20;现在将R0又向低地址方向移动了8个字，一共是0x20(32)个字节
    STM      R0, {R4-R11}; 将R4-R11入栈了，因为我们向上移动了8个字，正好将R4-R10存在这8个32位的堆栈里面！现在R0是指向压入R4-R11后的堆栈的栈顶
    ；既然堆栈的栈顶变了，现在需要更新TCB的堆栈指针了
    LDR      R1, =OSTCBCur; 将OSTCBCur的地址给R1,相当于R1=& OSTCBCur
    LDR      R1, [R1]      ;相当于R1=*R1=*(&OSTCBCur)= OSTCBCur
    STR      R0, [R1]      ;将R0的值赋给*OSTCBCur。TCB中的第一项为任务堆栈的地址，因此这一句改写为新的栈顶地址，改为R0的值
    ; 现在，上下文保存的操作完成了，开始进行恢复的操作
OS_CPU_PendSVHandler_nosave
    LDR      R0, =OSPrioCur   将全局变量OSPrioCur的地址给R0，R0=&OSPrioCur
    LDR      R1, =OSPrioHighRdy; 将全局变量 OSPrioCur的地址给R1,R1= &OSPrioCur
```

```
    LDRB     R2, [R1]; R2=*R1= OSPrioCur
    STRB     R2, [R0]; OSPrioCure=*R0= OSPrioHighRdy
    ;以上4句将OSPrioCur修改为OSPrioHighRdy
    LDR      R0, =OSTCBCur ; 将全局变量OSTCBCur的地址给R0, R0=&OSTCBCur
    LDR      R1, =OSTCBHighRdy;将全局变量 OSTCBHighRdy的地址给R1,R1= &OSTCBHighRdy
    LDR      R2, [R1];将R1指向的存储单元内容送R2, 现在R1中是&OSTCBHighRdy,因此R2的值就是
OSTCBHighRdy。等同于R2=*R1= OSTCBHighRdy
    STR      R2, [R0]; 将R2的值赋给R0表示的存储丹云, 也就是OSTCBCur= OSTCBHighRdy
;以上4句将OSTCBCur修改为OSTCBHighRdy,现在R2中的值是优先级最高的任务就绪任务的控制块地址
    ;现在, R2中是OSTCBHighRdy,是要恢复运行的任务的TCB地址
    LDR      R0, [R2] ; 既然R2的值是优先级最高的任务就绪任务的控制块地址, 而堆栈指针是TCB的第一个
域, [R2]就是优先级最高的任务的堆栈地址。因此, 将优先级最高的任务的堆栈地址送R0。
;R0是要运行的任务的SP; SP = OSTCBHighRdy->OSTCBStkPtr;
    LDM      R0, {R4-R11}; 将R4到R11的值从堆栈中恢复出来
    ADDS     R0, R0, #0x20; 既然出栈, 地址增加, 因此R0向高地址方向移动
    MSR      PSP, R0; PSP=R0,新的PSP
    ORR      LR, LR, #0x04; LR=LR|0X04将位2强行设置为1。在中断服务程序中LR的用法被重新解释, 其
值也被更新成一种特殊的值, 称为“EXC_RETURN”, 并且在返回时使用。EXC_RETURN的二进制值除了最低4位外
全为1, 它的位2为1表示从进程堆栈中做出栈操作, 返回后使用PSP。
    CPSIE    I ;开中断
    BX       LR ;将LR(EXC_RETURN)送给PC, CM3会识别, 然后执行一系列返回动作。首先,会将xPSR, PC,
LR, R12, R3-R0 共8个寄存器从堆栈PSP中恢复出来, 然后会更新更新NVIC寄存器。因为PC值被弹回, 所以, 接
下来将跳转到就绪的最高优先级的任务去运行了。
    ; 因为是从堆栈中返回了, 所以将脱离PendSV中断, 而在线程模式下去执行任务了。
    END
OS_CPU_PendSVHandler
    CPSID    I
    MRS      R0, PSP
    CBZ      R0, OS_CPU_PendSVHandler_nosave
    SUBS     R0, R0, #0x20
    STM      R0, {R4-R11}
    LDR      R1, =OSTCBCurPtr
    LDR      R1, [R1]
    STR      R0, [R1]
OS_CPU_PendSVHandler_nosave
    PUSH     {R14}                              ; Save LR exc_return value
    LDR      R0, =OSTaskSwHook                       ; OSTaskSwHook();
    BLX      R0
    POP      {R14}

    LDR      R0, =OSPrioCur                     ; OSPrioCur    = OSPrioHighRdy;
    LDR      R1, =OSPrioHighRdy
    LDRB     R2, [R1]
    STRB     R2, [R0]

    LDR      R0, =OSTCBCurPtr                       ; OSTCBCurPtr = OSTCBHighRdyPtr;
    LDR      R1, =OSTCBHighRdyPtr
    LDR      R2, [R1]
    STR      R2, [R0]

    LDR      R0, [R2]              ; R0 is new process SP; SP = OSTCBHighRdyPtr->StkPtr;
    LDM      R0, {R4-R11}             ; Restore r4-11 from new process stack
    ADDS     R0, R0, #0x20
```

```
    MSR     PSP, R0                 ; Load PSP with new process SP
    ORR     LR, LR, #0x04           ; Ensure exception return uses process stack
    CPSIE   I
    BX      LR                      ; Exception return will restore remaining context
    END
```

这里的注释比较详细，因为这里的确是关键之所在。进入OS_CPU_PendSVHandler中断服务程序有两种情况，一种是操作系统刚刚启动，还没有一个任务运行，这时，PSP的值应该是0，这个0是我们在前面的OSStartHighRdy函数中填写的；一种是操作系统已经运行了，有任务已经曾将被操作系统调度过，这时，PSP的值绝对不是0。

如果是前一种情况，因为没有当前的任务的，所以也不需要将当前任务的上下文入栈了，这时语句（1）的原因。

分析一下第一个任务被调度的过程：

（1）OS_SchedNew(); 找到优先级最高的任务，填写OSPrioHighRdy

（2）设置OSPrioCur、OSTCBHighRdy、OSTCBCur。

（3）调用OSStartHighRdy将PendSV优先级设置为最低，设置PSP寄存器为0，设置OSRunning为1，触发PendSV中断。

（4）PendSV服务程序被调用，xPSR，PC，LR，R12，R3-R0 共8个寄存器入栈，开中断，判断出PSP寄存器为0，不会将其他寄存器入栈。

（5）将OSPrioCur修改为OSPrioHighRdy；OSTCBCur修改为OSTCBHighRdy。

（6）将新的栈顶从TCB中取出来。

（7）将R4到R11的值从这个堆栈中恢复出来。注意对照任务创建的代码，在任务创建的时候，已经将任务的地址，参数这些放在堆栈里了，因此这里是把它们取出来。但是这里取出的R4-R11的值都是没有用的，可以对照前一节的OSTaskStkInit。有用的如任务地址，要到中断服务程序返回的时候才会取出。

（8）将PSP更新。因为用的不是POP指令，PSP要手动更新。

（9）将位2强行设置为1。在中断服务程序中LR的用法被重新解释，其值也被更新成一种特殊的值，称为“EXC_RETURN”，并且在返回时使用。EXC_RETURN的二进制值除了最低4位外全为1，且低4位被自动设置。它的位2为1表示从进程堆栈中做出栈操作，返回后使用PSP。

（10）开中断。

（11）BX LR ;将LR(EXC_RETURN)送给PC，CM3会识别，然后执行一系列返回动作。首先,会将xPSR，PC，LR，R12，R3-R0 共8个寄存器从堆栈中恢复出来，然后会更新更新NVIC寄存器。因为PC值被弹回，所以，接下来将跳转到就绪的最高优先级的任务去运行了。

那么，如果不是这种情况，而是有任务在运行的时候，执行了一次任务切换呢？例如一个任务A调用了OSTimeDly会触发OS_Sched, 这时另一个就绪的最高优先级的任务是任务B,流程应该为：

（1）OS_Sched会调用OS_SchedNew()找到优先级最高的就绪任务B。

（2）OSTCBHighRdy被赋值，将指向优先级最高的就绪任务B。

（3）将优先级最高的就绪任务B的TCB的OSTCBCtxSwCtr加1表示记录其被调度的次数。将OSCtxSwCtr加1表示操作系统做任务切换的次数又增加了1次。

（4）调用OS_TASK_SW做任务切换，也就是调用OSCtxSw函数，因为OS_TASK_SW就是个宏，实质就是OSCtxSw。

（5）OSCtxSw触发PendSV中断。

（6）PendSV服务程序被调用，xPSR，PC，LR，R12，R3-R0 共8个寄存器入A的栈，判断出PSP寄存器为非0(为任务A新的栈顶)，将其他8个寄存器入A的栈。这样就保存好了A任务的运行环境，再将A的TCB的第一个域（堆顶地址）修改为新的栈顶地址。

（7）将OSPrioCur修改为OSPrioHighRdy；OSTCBCur修改为OSTCBHighRdy。现在OSPrioCur是B的优先级，OSTCBCur指向B的TCB。

（8）将B栈顶从B的TCB中取出来。

（9）将R4到R11的从B的堆栈中恢复出来。如果B曾经运行过，那么现在R4-R11的值都是上次B被剥夺CPU的时候保存下来的，因此必须恢复！

（10）将PSP更新。因为用的不是POP指令，PSP要手动更新。

（11）将位2强行设置为1。在中断服务程序中LR的用法被重新解释，其值也被更新成一种特殊的值，称为“EXC_RETURN”，并且在返回时使用。EXC_RETURN的二进制值除了最低4位外全为1，且低4位被自动设置。它的位2为1表示从进程堆栈中做出栈操作，返回后使用PSP。

（12）开中断。

（13）BX　　LR ;将LR(EXC_RETURN)送给PC，CM3会识别，然后执行一系列返回动作。首先,会将xPSR，PC，LR，R12，R3-R0 共8个寄存器从堆栈中恢复出来，然后会更新NVIC寄存器。因为PC值被弹回，所以，接下来将跳转到就绪的任务B去运行了。

7.3.5 移植后的目录结构

这些移植代码是在MDK Keil环境下编写的，在工程中加入了全部μC/OS操作系统的代码，并将做好的三个移植文件加入到工程中。到这里，在STM32下的移植也讲解完毕，该移植代码成功在使用ARM Cortex M3内核的亮点STM32开发板上运行和测试成功，μC/OS部分目录结构如图7.7所示。

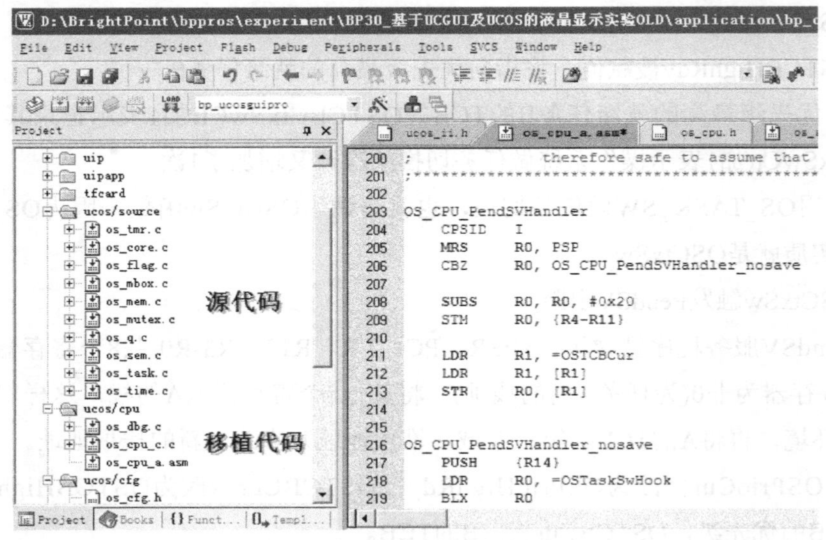

图7.7 移植成功后的工程组

下一章将进入在嵌入式环境下的工程实践环节，在工程实践环节将使用已经移植好的工程。

习题

1．操作系统移植部分需要改动的代码有哪些？为什么？

2．论述操作系统移植的步骤。

3. 论述在STM32下移植μC/OS的过程。

4．分析OSStartHighRdy在ARM Cortex M3下的移植代码。

5. 参考OSStartHighRdy在ARM Cortex M3下的移植代码，查找ARM Cortex M4相关资料，编写在ARM Cortex M4环境下的OSStartHighRdy移植代码。

6．分析中断服务程序OS_CPU_PendSVHandler代码，说明PSP的值的判断的原理。

7．分析说明使用PendSV进行任务切换的原理。

8. 分析在ARM Cortex M3下的R13寄存器，并指出在使用μC/OS操作系统的情况下，在什么情况下使用的是两个R13寄存器中的哪一个，为什么？

9. 分析在ARM Cortex M3下的R14寄存器，并指出R14寄存器在PendSV中断进行任务切换中的关键作用。

10.实践题。从μC/OS官方网站下载μC/OS源码，移植到STM32F103系列的开发板中，并编写一个多任务分别点亮不同LED的程序运行程序测试移植的正确性。

第8章　工程实践

本章的内容是基于μC/OS-II的工程开发示例，具有极强的实际价值和学习价值。读者在研究该示例工程开发的过程后，可以深入掌握基于μC/OS项目的开发方法，以开发实际的工程项目。

8.1　工程需求说明

该工程项目为一个测控系统，测控4台电源和一个功率设备组成的仪器，使整个系统成为一套智能设备。被测控设备如下：

1. 电源A

- 被检测信号：电压，电流，过流。
- 控制信号：开关。
- 电压值0～100V，电流值0～10A，测量精度（1%）。

2. 电源B

- 被检测信号：电压，电流，过流
- 控制信号：开关。
- 电压值0～100V，电流值0～10A，测量精度（1%）。

3. 电源C

- 被检测信号：电压，电流，过流
- 控制信号：开关。
- 电压值0～100V，电流值0～10A，测量精度（1%）。

4. 电源D

- 被检测信号：电压。
- 控制信号：开关、发射（开机后可以发射，在发射状态必须先关闭发射才能关机）。
- 电压值0～100V，测量精度（1%）。

5. 功率设备

- 被检测信号：功率（0～20dbm）。另外需显示功率为多少瓦，数值是dmb的3.04倍。
- 功率控制信号：当设置功率为20dbm时输出00000，当设置功率为0dbm的时候输出10100（20）。

需要以图形的方式在480X272的屏幕上显示各电源电压电流值，需要以触摸的方式按键控制各电源及功率设备的开关，需要输入功率值并以5根数字信号控制功率设备。

8.2 分析

从需求可见，需要检测7路模拟电压，主机和从机之间需进行高压隔离。

主机应与功率设备共地，检测并控制功率设备功率，并将功率值显示在液晶屏上。主机通过串口隔离电路与从机进行通信，获取从机获得的各个电源的电压电流信息及控制各个电源的开关，及电源D的启动发射和关闭发射（通过继电器隔离）。

主机应具备带触摸液晶屏，需要的接口如下：

- 1路RS232接口，通过隔离电路与从机通过RS232相连，发送命令和接收数据。
- 1路模拟输入，检测功率信号。
- 10根GPIO输出，其中5根设置功率，4根设置4个电源的开关，1根用来设置电源D的发射。

从机不需要液晶屏，需要的接口如下：

- 1路RS232接口，通过隔离电路与主机通过RS232相连，接收命令和发送数据。
- 7路模拟输入，检测电压电流信号。
- 3路GPIO输入信号，分别是3个电源的过流信号。

主机需编程实现的主要功能如下：

- 液晶图形显示。
- 触摸屏识别。
- 串口采集和处理、显示。
- 控制命令处理。
- 功率模拟量采集、处理和显示。
- 功率控制信号输入和发送。

从机需编程实现的主要功能：

- 多路AD采集。
- GPIO信息采集。
- 采集信息打包发送到串口。

8.3 工程设计

8.3.1 整体设计

整个工程设计整体框图如图8.1所示。

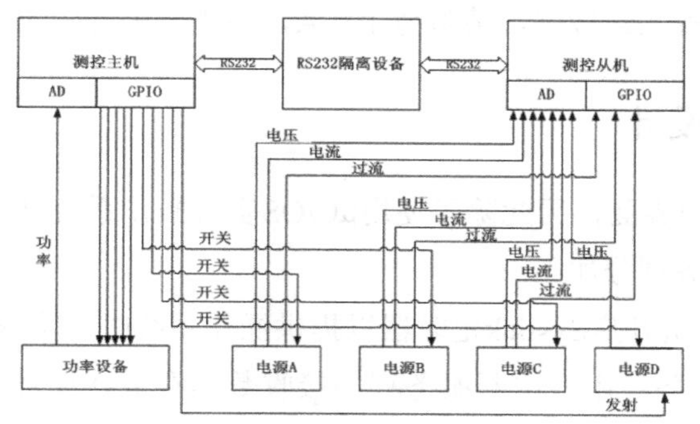

图8.1　工程整体框图

测控主机和从机都使用STM32系统设计，主机和从机之间通过串口通信。因为要高压隔离，采用RS232高压隔离设备做主从机之间的隔离。主机的离散输出是通过继电器控制电源的开关的，在电源内部实现，因此也是采用了隔离的控制方式。

从机的部分不采用μC/OS，在笔者的另一本专著《基于STM32的嵌入式系统原理与设计》中详细描述了实现的代码。本章实现和描述的是主机部分功能的实现中的μC/OS部分。

8.3.2　主机硬件接口设计

本人编著的《基于STM32的嵌入式系统原理与设计》第2章的硬件设计本分中描述了亮点STM32开发板的硬件设计，该开发板的功能完全满足了项目的需要，有独立的模拟和数字接口、一组GPIO接口和4.3英寸的液晶屏，因此使用该开发板就可以实现项目的需要。本书的附录A部分列出了该开发板的所有资源。因此，对应的问题转化为分配具体的管脚功能分配，如表8.1所示。

表8.1　测控主机管脚功能分配

管脚	名称	对应MUC管脚	功能	备注
1	AIN15	PC5	模拟输入	检测功率
2	PE6	PE6	离散输出	功率控制
	PE5	PE5	离散输出	
4	PE4	PE4	离散输出	
5	PE3	PE3	离散输出	
6	PE2	PE2	离散输出	
7	PC9	PC9	离散输出	电源A开关
8	PC8	PC8	离散输出	电源B开关
9	PC7	PC7	离散输出	电源C开关
10	PC6	PC6	离散输出	电源D开关
11	PA8	PA8	离散输出	电源D发射
12	PA11	PA11	离散输出	功率设备开关
13	串口4	PC10 PC11	串口4	

该接口全部在附录A.5 GPIO主接口中，因此一个接口即可完成。另外，图形液晶等接口

已经在亮点STM32开发板上连接好，请参考附录A，不需要另外引出。

8.3.3 多任务设计

因为采用了图形用户界面，因此除了使用μC/OS实时操作系统外，还采用μC/GUI作为图形用户接口。系统的任务划分如下：

（1）启动任务。负责开启Systick定时器以提供操作系统时钟滴答服务。

（2）缓冲区处理任务。串口中断服务程序接收数据存放在循环缓冲区，在接收到一组数据后发信号量（POST）给缓冲区处理任务，缓冲区处理任务获得信号量，就绪后获得CPU进行数据处理。缓冲区处理任务处理完毕将处理结果存储到数组，并向显示任务发信号量，接着请求信号量（PEND）而阻塞。

（3）显示任务。显示任务一直等待（PEND），当显示任务发信号量后，就绪。在获得CPU后根据全局数组中缓冲区处理任务处理好的结果数据跟新界面上控件的显示内容。

（4）AD采集和处理任务。采集AD数据获得当前功率值，并查表获得功率值，更新界面上功率显示控件（EDIT）的显示内容。

（5）创建μC/GUI显示更新任务，调用WM_Exec运行μC/GUI消息循环。

（6）创建触摸屏检测任务，获得触摸位置，调用GUI_TOUCH_Exec向μC/GUI发送触摸消息，有没有触摸都要发送，因为μC/GUI要判别是否有按键松开。

任务的划分首先以硬件接口为依据，且具有一定的独立性。串口数据处理任务处理的是串口发送来的数据，AD采集任务处理的是AD通道采集的数据。μC/GUI更新显示是调用μC/GUI函数更新界面显示，底层是通过FSMC驱动液晶控制器RA8875。触摸屏识别任务也是和液晶控制器RA8875打交道，但频率和μC/GUI界面更新显示不一样，因此需要独立的一个任务。

除此之外，在串口4的中断服务程序中接收数据，将接收的数据保存到循环缓冲区，接收到完整的一组数据后唤醒串口数据处理任务来处理。另外，还有按键中断服务程序，用于调节液晶屏背光亮度。

用户任务划分如表8.2所示。

表8.2 用户任务划分表

优先级	名称	任务函数	任务堆栈	备注
3	启动任务	App_TaskStart	App_TaskDispStk[512]	设置Systic中断，然后删除自己
6	数据处理任务	App_TaskProc	App_TaskProcStk[512]	在串口接收到1组数据后处理，不处理时等待信号量而阻塞
7	显示任务	App_TaskDisp	App_TaskDispStk[512]	根据处理任务处理后获得的数据，更新界面显示
8	触摸屏任务	App_TaskTouch	App_TaskTouchStk[512]	循环检测触摸屏，将触摸屏信息用GUI_TOUCH_Exec发送给μC/GUI，然后调用OSTimeDly延时阻塞
9	AD采集和处理任务	App_TaskAd	App_TaskAdStk[512]	循环中进行AD转换，计算转换结果，调用函数发送更新功率数据，然后调用OSTimeDly延时阻塞
10	μC/GUI消息处理任务	App_TaskGui	App_TaskTestStk[512]	显示用户界面，然后进入循环，调用WM_Exec更新界面，然后调用OSTimeDly延时阻塞

8.3.4 串口数据格式

串口数据格式在《基于STM32的嵌入式系统原理与设计》第4章有详细的描述。有9个半字（16位）组成，如表8.3所示。

表8.3 发送数据格式

0	1	2	3	4	5	6	7	8	9
FAFB	A电压	A电流	B电压	B电流	C电压	C电流	D电压	过流状态	FEFE

其中过流状态为1个字节，低三位本别表示三个电源的过流，位0为电源1过流位，位1为电源2过流位，位2为电源3过流位。

循环缓冲区采用数组设计，带有缓冲区头和尾两个指针。当串口4中断服务程序接收数据后，将尾指针向后移动，移动到最后再移动就回到数组头。当串口4中断服务程序判断连续接收到2个FE时，向数据处理任务发信号量，由数据处理任务处理缓冲区数据。

8.4 程序设计

8.4.1 主程序

主程序首先进行硬件的初始化，然后调用操作系统初始化函数OSInit进行操作系统的初始化，之后创建所有的用户任务，最后调用OSStart启动多任务。主程序代码如程序8.1所示。

程序8.1 主程序

```
int main(void)
{
    INT8U  os_err;
    sup_state=0;
    pput=USART1_BUF;
    pget=USART1_BUF;
    BUFEXCEED=USART1_BUF+RECEBUFSIZE;
    bpboard_init();//初始化硬件
    GUI_Init(); //初始化uCGUI
    OSInit(); //初始化uCOS
     /*以下创建用户任务*/
    os_err = OSTaskCreate((void (*)(void *)) App_TaskStart,  // 创建启动任务
               (void          * ) 0,
               (OS_STK        * )&App_TaskStartStk[APP_TASK_START_STK_SIZE - 1],
                       (INT8U           ) APP_TASK_START_PRIO);
    os_err = OSTaskCreate((void (*)(void *)) App_TaskTouch,  // 创建触摸屏检测任务
                (void          * ) 0,
                (OS_STK        * )&App_TaskTouchStk[APP_TASK_TOUCH_STK_SIZE - 1],
                       (INT8U           ) APP_TASK_TOUCH_PRIO);
    os_err = OSTaskCreate((void (*)(void *)) App_TaskDisp,  //创建显示任务
                        (void          * ) 0,
                (OS_STK        * )&App_TaskDispStk[APP_TASK_DISP_STK_SIZE - 1],
                        (INT8U           ) APP_TASK_DISP_PRIO);
    os_err = OSTaskCreate((void (*)(void *)) App_TaskProc,  //创建串口数据处理任务
```

```
                        (void          * ) 0,
            (OS_STK         * )&App_TaskProcStk[APP_TASK_PROC_STK_SIZE - 1],
                        (INT8U            ) APP_TASK_PROC_PRIO);
    os_err = OSTaskCreate((void (*)(void *)) App_TaskAd,  //创建AD采集和处理任务
                        (void          * ) 0,
                        (OS_STK      * )&App_TaskAdStk[APP_TASK_AD_STK_SIZE - 1],
                        (INT8U            ) APP_TASK_AD_PRIO);
    os_err = OSTaskCreate((void (*)(void *)) App_TaskGui,  //创建UCGUI任务
                    (void          * ) 0,
                   (OS_STK        * )&App_TaskGuiStk[APP_TASK_GUI_STK_SIZE - 1],
                        (INT8U            ) APP_TASK_GUI_PRIO);
    OSStart();//启动多任务
    return(0);
}
```

8.4.2 串口中断服务程序

在实时系统中要求中断服务程序很短，串口的中断服务程序中只简单地将接收到的数据添加到循环缓冲区，当接收到连续的两个FE的时候，发信号量，让数据处理任务来进行数据处理，如程序8.2所示。

程序8.2　串口中断服务程序

```
extern u8 USART1_BUF[RECEBUFSIZE]; //缓冲区
extern u8 * pput;//缓冲区写指针
extern u8 * BUFEXCEED;//缓冲区越界地址
u8 lastget=0;//上次串口读到的值
void UART4_IRQHandler(void)        //串口4中断服务程序
{

    u8 currentget;
     OSIntEnter();
    currentget=UART4->DR  ;
    *pput++ = currentget;//写循环缓冲区，然后指向缓冲区下一个单元
    if (pput==BUFEXCEED) pput=USART1_BUF;//数组地址越界，回到循环缓冲区首部
    if ((lastget==0xFE)&&(currentget==0xFE))
            { OSSemPost(event_proc); }//如果接收到连续的FE则表示接收到一组有效的数据
    lastget=currentget;
     OSIntExit();
}
```

代码中因为涉及任务切换，因此在进入中断服务程序后调用OSIntEnter()，在离开之前调用OSIntExit()。中断服务程序中简单的将接收到的数据添加到缓冲区，然后判断是否连续接收到FE，如果是就发信号量，叫醒睡眠中的处理任务，让处理任务来处理缓冲区。

8.4.3 缓冲区处理任务代码

当缓冲区中接收到完成的一组数据后，处理任务就要办公了。处理任务在处理了数据后，并不进行显示，因为显示需要花的时间较长，让显示任务来完成。因此处理任务处理了数据之后，先负责地把显示任务叫起来，然后再去等待信号量而阻塞，如程序8.3所示。

程序8.3 缓冲区处理任务

```
u16 CJDY[8];//用于存放缓冲区处理结果
static  void  App_TaskProc(void *p_arg)    //缓冲区处理任务
{
    INT8U err;
    u16 * p;
    event_proc=OSSemCreate(0);  //创建"缓冲区处理信号量"
    event_disp=OSSemCreate(0);  //创建"显示信号量"
    while(1)
    {
            if (ISEMPTY)
            {
                    OSSemPend(event_proc,0,&err);//缓冲区空
            }
            else
            {
while ((*pget!=0xFA)&&(pget!=pput)) //找到缓冲区中第一个FA，容错设计
                    {
                            pget++;
                            if (pget==BUFEXCEED)pget=USART1_BUF;//移动到最后面

                    }
                    if (ISEMPTY) //如果缓冲区空，给显示任务发信号量使其就绪，自己等待信号量
                    {
                            OSSemPost(event_disp); //向显示任务发信号量，将显示任务就绪
                            OSSemPend(event_proc,0,&err); //处理完成，因等待信号量而阻塞
                            continue;
                    }
                    pget++;
                    if(pget==BUFEXCEED)pget=USART1_BUF;
                    if (*pget==0xFB) //采集到一组电压，FA后应该是FB，容错设计
                    {    //以下为将缓冲区的数据取出
                            pget++;
                            if(pget==BUFEXCEED)pget=USART1_BUF;
                            p=CJDY;//指向目标数组首地址
                            while(*pget!=0xFE)
                            {
                                    *p=*pget++;
                                    if(pget==BUFEXCEED)pget=USART1_BUF;
                                    *p=(*p)<<8;//高8位
                                    *p++|=*pget++;//低8位
                                    if(pget==BUFEXCEED)pget=USART1_BUF;
                            }
                            pget++;
                            if(pget>=BUFEXCEED)pget=USART1_BUF;
                            pget++;
            if(pget>=BUFEXCEED)pget=USART1_BUF;
                            continue;
                    }
            }
    }
}
```

缓冲区处理任务是相对比较复杂的任务，从代码来看，它一开始就等待信号量event_proc，因为没有完成的串口数据接收到，会阻塞而让出CUP。让串口接收到FEFE而调用OSSemPost(event_proc)，缓冲区处理任务就会因为得到信号量而就绪，由于其优先级较高，会恢复运行。然后它会对缓冲区进行处理，直到缓冲区为空为止，然后又去等待信号量而阻塞，直到下一次串口终端服务程序接收到一组数据而将其唤醒。

另外，缓冲区处理任务在完成数据处理，将结果保存到全局数组之后，会发信号量event_disp，显示任务在等待这个信号量呢，因此会就绪。而显示任务的优先级是低于缓冲区处理任务的，因此不会马上抢占CPU，要等缓冲区处理任务阻塞后才会占有CPU。

下面就是显示任务的代码部分。

8.4.4 显示任务代码

在接收到缓冲区处理任务提交的信号量后，当缓冲区任务等待串口中断服务程序给它发信号量的时候，显示任务就可以上岗了。上岗后做的事情就是调用显示函数去显示当前获得的电压、电流值及过流状态，显示函数调用完毕，就继续去等待信号量而阻塞了，如程序8.4所示。

程序8.4　显示任务代码

```
static  void  App_TaskDisp(void *p_arg)  //显示任务
{
    INT8U ERR;
            while(1)
            {
                SetMainwindowDispValue(CJDY); //该函数调用uCGUI函数更新控件显示内容
                OSSemPend(event_disp,0,&ERR); //因等待信号量而阻塞
            }
}
void SetMainwindowDispValue(u16 * value)
{
                    char buf[8];
            /*设置第一个电源的显示电压，串口发送数据最大值是12位全1，对应电压100V*/
                    sprintf(buf, "%.2fV",*value*100/4095);
    //设置控件显示的内容，GUI_ID_DY1_DY是控件的ID
            EDIT_SetText(WM_GetDialogItem(_hDialogMain,GUI_ID_DY1_DY),buf);
                    value++;
                    /*设置第一个电源的显示电流，串口发送数据最大值是12位全1，对应电流10A
sprintf(buf, "%.2fA",*value*10/4095);
                    EDIT_SetText(WM_GetDialogItem(_hDialogMain,GUI_ID_DS_DL),buf);
              value++;
           /*这里忽略第2、3个电源的电压电流值计算和设置
           /*第4个电源只显示电压值
                    sprintf(buf, "%.2fV",*value*100/4095);
                    EDIT_SetText(WM_GetDialogItem(_hDialogMain,GUI_ID_KZ_DY),buf);
    value++;
     /*现在判断是否有过流发生，低三位*value低三位中，位0为1表示电源1过流
    if (*value&0x01) //电源1过流
```

```
                {
//设置检查框属性，使检查框被选上
            CHECKBOX_Check(WM_GetDialogItem(_hDialogMain,GUI_ID_CHECK1));
                  CHECKBOX_SetBkColor(WM_GetDialogItem(_hDialogMain,GUI_ID_CHECK1),
GUI_RED);//设置检查框背景色为红色表示过流
                              SetBeepOn(); //扬声器鸣叫
                }
                else
                {
                CHECKBOX_Uncheck(WM_GetDialogItem(_hDialogMain,GUI_ID_CHECK1));
                CHECKBOX_SetBkColor(WM_GetDialogItem(_hDialogMain,GUI_ID_CHECK1),
0xc0c0c0);//设置背景色为窗口颜色
            }
          /*以下省略另两个电源的过流指示代码
            alue++;
                if (*value==0)          SetBeepOff();//没有任何过流，扬声器关闭
                else //如果有任何过流，关闭所有电源
                {
                        CloseAllSupply(_hDialogMain);
                }
}
```

可见显示任务是个很简单的循环执行的任务，μC/OS的任务的常态就是如此。要么是循环运行的，要么需要删除自己（例如后面描述的启动任务）。SetMainwindowDispValue是自己编写的一个函数，根据数组CJDY的内容，设置屏幕上各个GUI控件的显示内容。关于μC/GUI的部分本人会写在另一本书中，请读者关注。因为不是本书的内容，这里不详细描述，但在代码上简单注释，读者可以看懂含义即可。随后，显示任务就完成了这次工作，继续等待信号量了。读者需要注意到，任务无事可做的时候都是放弃了CPU的，把宝贵的CPU空闲出来，系统的实时性才能更好。这时，系统的空闲任务就有机会运行了。

8.4.5 AD 采集任务代码

该示例工程中，还需要测量模拟量的值，将其转换为数字量，再确定为功率值显示在液晶屏上。因此，此硬件驱动部分比较独立，专门由AD采集任务完成处理和显示更新，如程序8.5所示。

程序8.5　AD采集任务代码

```
static  void  App_TaskAd(void *p_arg)
{
       U8 i;
       OSTimeDly(100);//延迟待系统稳定后在执行AD转换
    while (1)
    {
          ADC_SoftwareStartConvCmd(ADC1, ENABLE);  //启动转换
              OSTimeDly(2);//延时10毫秒以上，因为OSTimeDly(1)不准确。AD采集和DMA传送进行中
           ADC_SoftwareStartConvCmd(ADC1, DISABLE);     //停止转换
           AD_filter();      //求平均
                SetMainwindowPowerValue(After_filter); //更新界面
```

```
                OSTimeDly(20);//延时200ms再进行下次采集
    }
}
void SetMainwindowPowerValue(u16 * value1)        //显示功率
{
            static char buf[10],buf1[10];
            float fvaluedbm,fvaluew;
            fvaluedbm=*value1*20/4095; //计算dbm
            fvaluew=fvaluedbm*3.04;      //计算W
            sprintf(buf,"%4.2f",fvaluedbm); //转换成字符串
    sprintf(buf1,"%4.2f",fvaluew);
      //以下设置控件显示内容
            EDIT_SetText(WM_GetDialogItem(_hDialogMain,GUI_ID_EDIT_GL),buf);
            TEXT_SetText(WM_GetDialogItem(_hDialogPower,GUI_ID_TEXT_GL),buf);
            TEXT_SetText(WM_GetDialogItem(_hDialogPower,GUI_ID_TEXT_GLW),buf1);
}
```

该任务使用DMA方式采集AD数据，等待的时候调用OSTimeDly阻塞自己让出CPU控制权。该任务并不和中断等打交道，比较独立，包括了采集数据的获取、滤波及根据滤波后的值更新界面控件的显示内容，最后延时一段时间，每200ms执行一次即可。

注意，这里延时的前提是Systick中断发生时间设置为10ms，当Systick中断发生时间设置为1ms的时候，延时时间都要乘以10。

函数SetMainwindowPowerValue将AD采样值转换为功率，并调用μC/GUI函数设置控件显示的内容。

8.4.6 触摸屏任务代码

该示例工程的用户输入通过触摸屏完成，因此，必须设置一个触摸屏任务，每隔一段时间检测是否有触摸信息，然后把触摸信息发送给μC/GUI来处理如程序8.6所示。

程序8.6 触摸屏识别任务代码

```
static  void  App_TaskTouch(void *p_arg)
{
    while (1)
    {
            tft_gettouchpoint(&TouchX,&TouchY); //获取触摸信息到全局变量
        GUI_TOUCH_Exec();                   //UCGUI触摸屏消息处理
        OSTimeDly(10);
    }
```

可见，触摸屏任务也是10毫秒执行一次，如果用户的硬件不同，可以尝试不同的延时时间。

8.4.7 μC/GUI消息处理任务代码

μC/GUI要更新界面，必须调用WM_Exec来执行消息循环，因此独立创建一个任务来做此事，然后，可以调用GUI_X_WAIT_EVENT来延时，其实是等同于调用OSTimeDly来延时，如程序8.7所示。

程序8.7　µC/GUI消息处理代码

```
static  void  App_TaskGui(void *p_arg)
{
     BP_UCGUI_Task();        //画初始的界面
    while(1)
      {
                 WM_Exec(); //这里开始消息循环
                 GUI_X_WAIT_EVENT(); //这里相当于进行OSTimeDly(50)
      }
}
BP_UCGUI_Task()函数包含很多µC/GUI的内容，包括µC/GUI窗口界面的编程，以及回调函数的代码。
```

8.4.8　启动任务代码

启动任务是优先级最高的，也是唯一一个以删除自己的方式结束了自己的生命的任务，如程序8.8所示。启动任务必须做的事就是设置Systick中断，否则操作系统是不会跑起来的。然后就可以调用OSTaskDle删除自己，当然也可以想办法阻塞掉。或者，可以利用它执行一些其他的代码，例如当一个用户任务来用，这里为方便学习，删除了自己。

程序8.8　启动任务代码

```
static  void  App_TaskStart(void *p_arg)
{
          OS_CPU_SysTickInit();  //启动SysTick定时器，每次中断进入操作系统服务程序
          OSTaskDel(OS_PRIO_SELF);//删除自己
}
```

我们要感谢启动任务，没有启动任务其他的任务都不会得到运行的机会，但在用户的工程中，完全可以不删除自己，而代之以循环去做一些非常重要的事情，因为这样可以节省宝贵的内存空间（启动任务的堆栈占据了一定的空间）。

8.4.9　工程代码结构

图8.2给出了整个工程的代码分组结构。

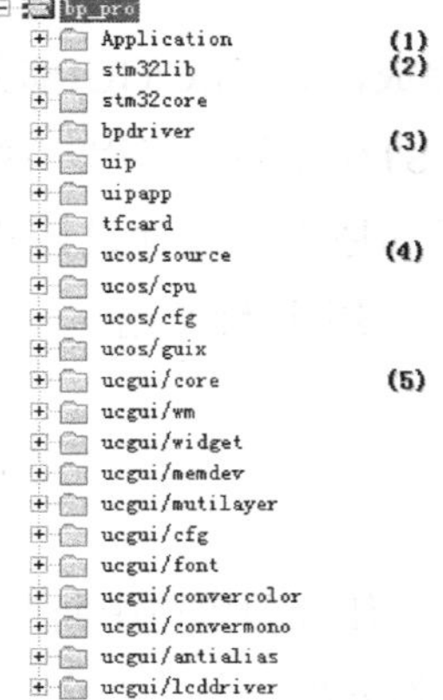

图8.2　工程分组结构

（1）Application分组下是主程序，包括所有任务代码、中断服务程序及启动文件。

（2）2个工程组，包括了STM32的内核和外设库函数。

（3）4个工程组，包括用户驱动程序及uip和fat32文件系统代码，用于驱动各种硬件。

（4）μC/OS2.91源代码(ucos/source)及配置代码(ucos/cfg）、移植代码(ucos/cpu)，以及应用μC/OS实现的μC/GUI公用函数部分(ucos/guix)。

（5）μC/GUI代码及移植、配置代码。

将整个工程进行编译后下载到亮点STM32开发板，之后就可以进入运行测试阶段。

8.5　运行测试

将工程编译后下载到亮点STM32开发板，通过串口向其发送数据为：

A组：FAFB 0100 0100 0200 0200 0300 0300 0400 0001 FEFE，将AIN15接VCC

B组：FAFB 0200 0200 0300 0300 0400 0400 0500 0003 FEFE，将AIN15接GND

得到的运行结如图8.3所示。

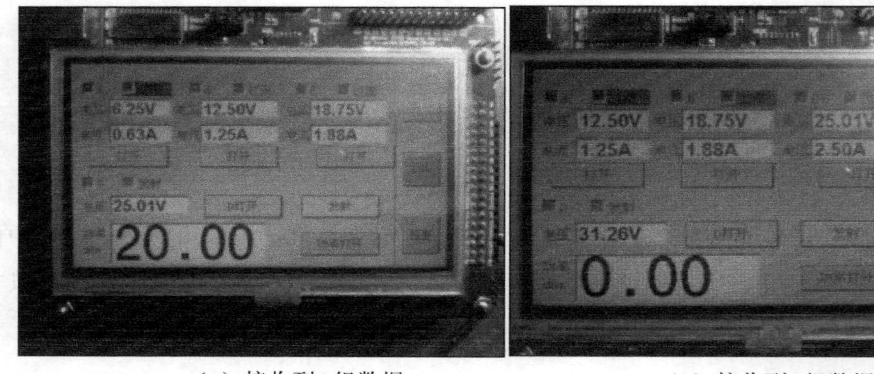

（a）接收到A组数据　　（b）接收到B组数据

图8.3　运行结果

经计算，0100为256，256×100/4095=6.25V。其他显示值也均为正确无误。经测试不停向串口发送不同数据，显示无误。

到这里，使用μC/OS实现多任务的部分均完成，关于μC/GUI部分还有一些处理，如功率设置等，留待正在著作的μC/GUI的书籍《基于STM32的图形用户接口μC/GUI应用实践》中完成，请读者关注。另外，亮点STM32开发板的原理、硬件设计和驱动编程部分在笔者所著的《基于STM32的嵌入式系统原理与设计》一书中详细给出。

习题

1．读代码，论述缓冲区数据处理任务、显示任务和串口中断服务程序的关系。

2．修改代码，使用启动任务完成缓冲区数据处理任务，怎么做？需要做哪些修改？

3．如果要对串口发送的数据进行校验，串口发送包含一个校验和，如何处理？

4．如果AD采集任务不对采集的结果进行显示，而都交给显示任务进行处理，如何处理？

5．不使用液晶屏及μC/GUI，只使用串口以字符串形式输出各个电源的电压值，如何设计任务？请编程实现。

6. 以消息邮箱和任务挂起和恢复的方式代替信号量管理，重新实现本章任务间的同步。

设计题

使用多任务方法设计一个8通道的数字电压表，要求采集到8个通道的电压后，将结果进行处理，将电压值以字符串的形式输出到IP地址为192.168.1.111的计算机上，在计算机上使用网络调试助手查看结果。要求每10ms采集1组数据，发消息给网络发送任务进行发送。

第9章 μC/OS-III分析、移植与应用实践

9.1 本章说明

不少读者已经知道μC/OS-III已经逐渐走向市场。μC/OS-II作为微内核的嵌入式实时操作系统，并不会因为μC/OS-III的出现而走出历史舞台，一般的应用μC/OS-II已经足够了，因此笔者并非建议读者抛弃μC/OS-II转投μC/OS-III的怀抱。读者需要了解的是μC/OS-III区别于μC/OS-II的最显著的特点。

- 任务数不限制，但是需要在配置文件中配置好任务数，也就是说可以配置256个以上的任务。除了任务数外，还支持任意多的信号量（Semaphore）、互斥型信号量（Mutex）、事件标志（Event flag）、消息队列（Queue）、定时器（Timer）和任意分配的存储块容量。当然，这些要由用户自己去配置，因为内存的资源是有限的。
- 支持相同优先级任务的时间片轮转。也就是相同优先级的任务可以平等的分享CPU。
- 支持资源的再分配。任务控制块、任务堆栈 、信号量相关数据结构、事件标志组、消息管理的数据结构、内存管理的数据结构等可以在程序运行中变更。
- 更优秀的中断处理 ，即更好地在中断中提交（POST）信号量等事件 ，使中断延迟时间缩短。这就对系统的实时性是很重要的改进。
- 支持更好的统计功能，例如可以统计等待信号量的时间等。

在熟悉μC/OS-II的基础上，使用μC/OS-III是水道渠成的事情。如果喜欢，读者可以将已经完成的μC/OS-II工程进行修改，升级为μC/OS-III的工程。限于篇幅，本章将目光放在μC/OS-III在 STM32下的移植，以及将第8章实现的示例工程升级到μC/OS-III上来。

需要注意，本书使用的源代码来自www.micrium.com官方网站的μC/OS-III评估版源码（μC/OS-III Evaluation Source Code），本书的代码和所有μC/OS的源码的使用需遵守官方的规定，读者在使用这些代码开发产品的时候，需要在www.micrium.com网站阅读并遵守相关规定。

9.2 μC/OS-III代码结构

代码结构上μC/OS-III相对于μC/OS-II做了改变。重要的操作系统文件如表9.1所示。

表9.1 μC/OS-III代码结构

分类	文件	说明
配置文件	os_cfg.h	全部是宏定义，配置整个操作系统，例如是否使能信号量管理、是否使能任务删除
	os_cfg_app.h	任务堆栈的大小，任务的优先级的定义
	os_cfg_app.c	定义了一些可配置的常量
操作系统头文件	os.h	操作系统头文件，包括宏定义、数据类型定义、结构体定义和函数声明
	os_type.h	数据类型的定义，如OS_CPU_USAGE
操作系统源文件	os_core.c	内核代码
	os_task.c	任务管理代码
	os_sem.c	信号量管理代码
	os_mutex.c	互斥信号量管理代码
	os_flag.c	事件标志组管理代码
	os_q.c	消息队列管理代码，不单独提供消息邮箱
	os_msg.c	
	os_time.c	时间管理代码
	os_mem.c	内存管理代码
	os_tmr.c	操作系统软件定时器代码
	os_var.c	变量定义文件
	os_stat.c	统计任务代码搬家到这里了
	os_pend_,multi.c	任务等待多事件代码
	os_prio.c	优先级管理代码
	Os_int.c	中断管理代码，为降低中断延迟时间使用新的在中断中服务程序中POST的方法
	Os_app_hooks.c	钩子函数的独立文件，用户可以加入代码
	Os_dbg.c	系统调试用到的代码
移植文件	os_cpu.h	移植代码头文件
	os_cpu_a.s	移植代码汇编文件
	os_cpu_c.c	移植代码C文件

除表9.1所示的文件，μC/OS-III还使用了μC/CPU和公用函数μC/LIB，初学者不需要对该部分代码进行仔细研究。μC/CPU中包含了进入临界区和离开临界区需要调用的代码CPU_SR_Save和CPU_SR_Restore，该代码和第7章os_cpu_a.s中的移植代码OS_CPU_SR_Save及恢复函数OS_CPU_SR_Restore是相同的。由表9.1可知，μC/OS-III除放弃使用了消息邮箱外，对μC/OS-II做了很多的扩充，增加了一些文件。为了配合多事件等待，也增加了一些数据结构，且对TCB等数据结构也做了一些修改。在读者读完本书的前8章的基础上，这些内容通过阅读代码，都可以掌握。

下一节进入μC/OS-III在STM32上的移植部分。

9.3　μC/OS-III在STM32上的移植

从表9.1可见，移植代码依旧是os_cpu.h、Os_cpu_a.s、Os_cpu_c.c，因此相比μC/OS-II在STM32上的移植，区别不大。

9.3.1　os_cpu.h代码

下面我们对移植代码进行解析，首先是os_cpu.h，如程序9.1所示。

程序9.1　os_cpu.h中的代码

```
//1 宏定义
#ifndef  NVIC_INT_CTRL
#define  NVIC_INT_CTRL      *((CPU_REG32 *)0xE000ED04) //NVIC中断控制寄存器
#endif

#ifndef  NVIC_PENDSVSET
#define  NVIC_PENDSVSET     0x10000000   //位28为1
#endif
//设置NVIC中断控制寄存器位28为1将产生PENDSV中断
#define  OS_TASK_SW()        NVIC_INT_CTRL = NVIC_PENDSVSET
#define  OSIntCtxSw()                NVIC_INT_CTRL = NVIC_PENDSVSET

/* 时间标签配置TIMESTAMP CONFIGURATION*/
#if       OS_CFG_TS_EN == 1u  //如果时间标签使能os_cfg.h中配置
#define  OS_TS_GET()     (CPU_TS)CPU_TS_TmrRd()    //调用驱动程序获取时间标签
#else
#define  OS_TS_GET()                (CPU_TS)0u
#endif

 #if (CPU_CFG_TS_32_EN     == DEF_ENABLED) && \
    (CPU_CFG_TS_TMR_SIZE   < CPU_WORD_SIZE_32) //CPU_CFG_TS_TMR_SIZE必须被配置为大于
#error  "cpu_cfg.h, CPU_CFG_TS_TMR_SIZE MUST be >= CPU_WORD_SIZE_32"   //报错
#endif

#define  OS_CPU_CFG_SYSTICK_PRIO            0u //配置Systick中断优先级

//2全局变量
OS_CPU_EXT  CPU_STK  *OS_CPU_ExceptStkBase;  //异常堆栈指针

//3函数声明
void  OSStartHighRdy         (void); //启动高优先级任务
void  OS_CPU_PendSVHandler (void);
void  OS_CPU_SysTickHandler(void);
void  OS_CPU_SysTickInit   (CPU_INT32U  cnts);
```

程序9.1中，将任务切换函数OS_TASK_SW（）和OSIntCtxSw()以宏定义的方式实现了，比较程序7.18、程序7.19，其实这里是用C语言实现了触发PENDSV中断，代码非常简洁，但是也可以用代码程序7.18和7.19的方法用汇编来实现。

μC/OS-III中可以使用时间标签，在配置文件中配置32位的时间标签使能的方法是设置宏CPU_CFG_TS_32_EN为真。如果设置了时间标签，需要用户编写CPU_TS_TmrRd() 函数来

获得时间标签，这个函数通过读STM32寄存器实现。

9.3.2 os_cpu_c.c移植代码

7.3.3节已经描述了os_cpu_c.c的函数。在μC/OS-III下该代码函数的内容是一致的，钩子函数中增加了一些内容，但是可以采用官方提供的代码中的钩子函数而不需要进行修改。Systick中断服务程序OS_CPU_SysTickHandler与Systick中断设置函数OS_CPU_SysTickInit与在7.3.3节中完全一致，就是说与μC/OS-II移植到STM32下并无区别。有区别的是OSTaskStkInit。这里说明OSTaskStkInit与在μC/OS-II下的OSTaskStkInit的区别。

在程序7.11中，已经实现了μC/OS-II的任务堆栈初始化代码，在μC/OS-III下，任务堆栈初始化的函数声明发生了变化，但带码本身的核心功能和内容是一致的，读者可以将此处代码和程序7.11进行比较。

该函数的参数如下。

- OS_TASK_PTR p_task：任务的代码地址。
- void *p_arg：任务的参数地址。
- CPU_STK * p_stk_base：堆栈的基地址，而不是栈顶了。定义任务堆栈为数组，这个地址就是数组的首地址。
- CPU_STK *p_stk_limit：堆栈检查时使用，堆栈溢出的地址。
- CPU_STK_SIZE stk_size：堆栈的大小也被传递进来了。
- OS_OPT opt：选项。

需要注意的是，μC/OS-III的变量类型的名称和μC/OS-II中发生了变化，从这些参数中就可以体会到这一点。OS_TASK_PTR代替了是os.h中定义的一个函数指针，CPU_STK其实就是μC/OS-II中的OS_STK。

程序9.2所示为μC/OS-III下os_cpu_c.c中函数OSTaskStkInit的移植代码。

程序9.2 OSTaskStkInit 移植代码

```
CPU_STK  *OSTaskStkInit (OS_TASK_PTR    p_task,
                         void          *p_arg,
                         CPU_STK       *p_stk_base,
                         CPU_STK       *p_stk_limit,
                         CPU_STK_SIZE   stk_size,
                         OS_OPT         opt)
{
    CPU_STK  *p_stk;

    (void)opt;       //防止编译器报错
          p_stk = &p_stk_base[stk_size];  //获取栈顶地址，STM32堆栈向低地址增长，满栈
         *--p_stk = (CPU_STK)0x01000000u;    //模拟xPSR入栈
    *--p_stk = (CPU_STK)p_task;           //任务入口地址
    *--p_stk = (CPU_STK)OS_TaskReturn;     // R14 (LR)
    *--p_stk = (CPU_STK)0x12121212u;       // R12
    *--p_stk = (CPU_STK)0x03030303u;       // R3
    *--p_stk = (CPU_STK)0x02020202u;       // R2
```

```
//   R1 模拟将参数 p_stk_limit压入，当任务切换的时候会弹出给R1
     *--p_stk = (CPU_STK)p_stk_limit;
     *--p_stk = (CPU_STK)p_arg;                  // R0对应任务参数
     //下面的寄存器是应由任务自己保存到堆栈
     *--p_stk = (CPU_STK)0x11111111u;                        // R11
     *--p_stk = (CPU_STK)0x10101010u;                        // R10
     *--p_stk = (CPU_STK)0x09090909u;                        // R9
     *--p_stk = (CPU_STK)0x08080808u;                        // R8
     *--p_stk = (CPU_STK)0x07070707u;                        // R7
     *--p_stk = (CPU_STK)0x06060606u;                        // R6
     *--p_stk = (CPU_STK)0x05050505u;                        // R5
     *--p_stk = (CPU_STK)0x04040404u;                        // R4
     return (p_stk);
}
```

因为并没有传递栈顶参数，但是既然堆栈的基地址传递进来了，可以获得栈顶地址。STM32的堆栈是向下增长的满栈，每次压入堆栈时，栈顶先向低地址移动4字节，然后压入数据。因此，栈顶在p_stk_base[stk_size]。另一个区别是p_stk_limit也被压入堆栈了，对应了弹出时R1的位置。其他内容不详细解释，请对照程序程序7.11和相关的解释。

下面介绍最后一个移植代码——os_cpu_a.asm。

9.3.3 os_cpu_a.asm移植代码

在os_cpu_a.asm中，同7.3.4节的描述，首先是公共函数引入和引出部分，然后是常量的定义，最后是各个函数的实现。

在引入和引出的部分有少许区别，因此本节列出引入和引出部分的代码。

常量定义部分，因为常量是为中断服务程序中设置PENDSV中断准备，无论是μC/OS-III还是μC/OS-II，在移植到ARM Cortex M3为处理机的STM32时，这一部分必然是相同的，可以参考程序7.14。

中断屏蔽寄存器的保存函数OS_CPU_SR_Save及恢复函数OS_CPU_SR_Restore在μC/OS-III中在μC/CPU部分的cpu_a.asm中实现，代码同程序7.16完全相同，不过被改名为CPU_SR_Save和CPU_SR_Restore，这里也不需要列出。

启动高优先级的任务函数OSStartHighRdy运行当前就绪的、优先级最高的任务，移植代码同与程序7.17完全相同。

OS_CPU_PendSVHandler这个中断服务程序真正实现了任务切换，在μC/OS-III下和在μC/OS-II下的处理完全相同的，如果说区别也只有全局变量当前的TCB的指针名称和最高优先级就绪任务的TCB指针名称发生了变化而已，这里也不列出，代码与程序7.18完全相同。

因此，这里唯一需要列出代码的就是引入和引出部分的代码。引入和引出部分代码可以和程序7.14比较，需要注意的是变量名称的变化和实现内容的变化，如程序9.3所示。

程序9.3 引入和引出

```
    IMPORT  OSRunning                               ; External references
    IMPORT  OSPrioCur
```

```
    IMPORT  OSPrioHighRdy
    IMPORT  OSTCBCurPtr              //在uCOS2中为OSTCBCur
    IMPORT  OSTCBHighRdyPtr          //在uCOS2中为OSTCBHighRdy
    // EXTERN  OSIntNesting          //在uCOS3中无此项
    IMPORT  OSIntExit
    IMPORT  OSTaskSwHook
    IMPORT  OS_CPU_ExceptStkBase
    //EXPORT  OS_CPU_SR_Save             在uCOS3中无此项在。uC/CPU的cpu_a.asm中实现，并被更
    //名为CPU_SR_Save，代码与在 uCOS2中一致
    //EXPORT  OS_CPU_SR_Restore          在uCOS3中无此项在。uC/CPU的cpu_a.asm中实现，并被更
    名//为CPU_SR_ Restore，代码与在 uCOS2中一致
    //EXPORT  OSCtxSw                       已在os_cpu.h实现
    //EXPORT  OSIntCtxSw                    已在os_cpu.h实现
    EXPORT  OSStartHighRdy
    EXPORT  OS_CPU_PendSVHandler
```

读者注意到了，移植的代码量变小了一些，有些是因为换了方法实现，如任务切换函数的宏定义方法实现，有些是因为跑到其他的文件里去了。确实，μC/CPU包含了一部分的代码，尤其是熟悉的OS_CPU_SR_Save和OS_CPU_SR_Restore都在那里。另外，os_cpu.h中在μC/OS-II的移植部分还定义了一些类型如OS_INT8U等，这些类型的定义也在μC/CPU的cpu.h中定义了，并改了名字，如OS_INT8U被改名为CPU_INT08U。

从这一节的移植代码来看，与在 μC/OS-II下稍有区别，在掌握了μC/OS-II的移植的基础上，根据本节的内容实现μC/OS-III在STM32下的移植就很简单了。而要在其他系统上移植，可以先去官网下载相关系统的μC/CPU及μC/OS-III的移植部分代码，如果没有，就需要对照硬件原理和这里的移植代码，完成移植。

9.4 μC/OS-III函数

μC/OS-III函数和μC/OS-II的函数有一些区别，尤其是从原型上看更加复杂，增加了一些参数。限于篇幅，本书这一部分的宗旨在于让读者快速上手，因此不对μC/OS-III函数的实现详细讲解，也不全部列举所有的函数，但对经常使用的函数进行功能描述。读者可以使用本书的函数说明使用μC/OS-III，如果需要更详细的信息可以阅读源码或在官网下载相关资料。

9.4.1 任务管理函数

任务管理函数在代码os_task.c中。

1. 创建任务的函数OSTaskCreate

任务创建函数原型及说明如程序9.4所示。

程序9.4 任务创建函数原型及说明

```
void  OSTaskCreate (OS_TCB         *p_tcb,        //任务控制块地址
                    CPU_CHAR       *p_name,        //任务名称
                    OS_TASK_PTR     p_task,        //任务地址
```

```
                void          *p_arg,          //任务参数
                OS_PRIO       prio,            //任务优先级
                CPU_STK       *p_stk_base,     //任务堆栈基地址
                CPU_STK_SIZE  stk_limit,
//任务堆栈限制，如果其值是stk_size的10%，那么当堆栈达到90%满的时候，系统就知道达到了堆栈的限制
                CPU_STK_SIZE  stk_size,        //堆栈大小
                OS_MSG_QTY    q_size,          //任务能接收的最大消息数量
    //时间片轮转调度的时候分配的时间片数量，设置为0采用默认值
                OS_TICK       time_quanta,
                void          *p_ext,          //扩展块指针
                OS_OPT        opt,             //选项
                OS_ERR        *p_err)          //用于返回错误信息
```

为支持时间片的轮转调度和多事件等待处理，以及为堆栈使用更安全，μC/OS-III的创建任务函数增加了一些参数，当不使用这些参数的时候可以设置为0。

2. 任务删除函数OSTaskDel

任务删除函数原型及说明如程序9.5所示。

程序9.5 任务删除函数原型及说明

```
void  OSTaskDel (OS_TCB  *p_tcb,      //任务控制块地址
                 OS_ERR  *p_err)      //用于返回错误信息
```

任务删除函数只有两个参数，一个是要删除的任务的控制块TCB地址；另一个是指向OS_ERR类型的指针，用于调用者了解删除是否成功及出错的原因。使用TCB地址来定位任务是μC/OS-III中特有的，因为任务优先级已经不唯一了，这和在μC/OS-II中使用任务优先级来找到任务是不同的。

3. 任务挂起函数OSTaskSuspend

任务挂起函数原型及说明如程序9.6所示。

程序9.6 任务挂起函数原型及说明

```
void   OSTaskSuspend (OS_TCB  *p_tcb,          //任务控制块地址
                      OS_ERR  *p_err)          //用于返回错误信息
```

任务挂起函数只有两个参数，一个就是要挂起的任务的控制块地址；另一个是指向OS_ERR类型的指，针用于调用者了解挂起是否成功及出错的原因。

4. 恢复被挂起任务函数OSTaskDel

恢复被挂起任务函数原型及说明如出程序9.7所示。

程序9.7 恢复被挂起任务函数原型及说明

```
void  OSTaskResume (OS_TCB  *p_tcb,            //任务控制块地址
                    OS_ERR  *p_err)            //用于返回错误信息
```

恢复被挂起的任务的函数也是只有两个参数，一个就是要恢复的任务的控制块地址；另一个是指向OS_ERR类型的指针，用于调用者了解恢复是否成功及出错的原因。

9.4.2　时间管理函数

时间管理函数在代码os_time.c中。

1. 操作系统时钟滴答服务OSTimeTick

操作系统时钟滴答服务函数如程序9.8所示。

程序9.8 操作系统时钟滴答服务函数

void OSTimeTick (void);

该函数不应由用户程序调用，在产生操作系统时钟滴答中断的服务程序中必须调用该函数。

2. 时间延时函数OSTimeDly

任务延时函数如程序9.9所示。

程序9.9　任务延时函数

```
void  OSTimeDly (OS_TICK   dly,    //延时时钟滴答数
                 OS_OPT    opt,       //选项
                 OS_ERR   *p_err)     //用于返回错误信息
```

任务延时程序只能由任务对自己执行，和在μC/OS-II下使用方法一致。

3. 任务按分秒延时函数OSTimeDlyHMSM

任务按分秒延时函数如程序9.10所示。

程序9.10　任务按分秒延时函数

```
void  OSTimeDlyHMSM (CPU_INT16U   hours,          //小时
                     CPU_INT16U   minutes,        //分钟
                     CPU_INT16U   seconds,        //秒
                     CPU_INT32U   milli,          //毫秒
                     OS_OPT       opt,            //选项
                     OS_ERR      *p_err)          //用于返回错误信息
```

任务按分秒延时程序只能由任务对自己执行，和在μC/OS-II下使用方法一致。

4.　任务延时取消函数OSTimeDlyResume

任务延时取消函数如程序9.11所示

程序9.11　任务延时取消函数

```
void  OSTimeDlyResume (OS_TCB  *p_tcb,  //任务控制块地址
                       OS_ERR  *p_err)        //用于返回错误信息
```

将指定的任务取消延时，恢复就绪状态。

9.4.3　信号量管理函数

信号量管理函数在代码os_sem.c中。

1. 信号量创建函数OSSemCreate

信号量创建函数如程序9.12所示。

程序9.12　信号量创建函数

```
void  OSSemCreate (OS_SEM       *p_sem,            //指向OS_SEM结构体（信号量结构体）的指针
                   CPU_CHAR     *p_name,           //信号量名字
                   OS_SEM_CTR    cnt,              //信号量值
                   OS_ERR       *p_err)
```

给信号量起一个名字，可以是“，”但不能是空指针，否则p_err会被赋值为OS_ERR_NAME（宏）。

提示： 关于选项，建议读者查看源代码，在注释中有关于各种选项的说明，一般情况下程序运行正常，无须特别关注，但是在调试的时候可以返回重要信息。

2. 信号量删除函数OSSemDel

信号量删除函数如程序9.13所示

程序9.13　信号量删除函数

```
OS_OBJ_QTY  OSSemDel (OS_SEM   *p_sem,  //指向信号量控制块的指针
                      OS_OPT   opt,          //选线
                      OS_ERR  *p_err)
```

删除信号量将解放所有等待该信号量的任务。返回值OS_OBJ_QTY是一个16位的整型，其值为被解放的任务数量。

3. 等待信号量OSSemPend

等待信号量函数如程序9.14所示

程序9.14　等待信号量函数

```
OS_SEM_CTR  OSSemPend (OS_SEM    *p_sem,
                       OS_TICK    timeout,    //超时时间
                       OS_OPT     opt,
                       CPU_TS    *p_ts,     //时间标签指针
                       OS_ERR    *p_err)
```

参数p_ts这里需要特别强调一下。它是指向CPU_TS类型的指针，而CPU_TS是1个32位的整型。通过这个值，可以得到任务等待信号量一共等待了多少时间。如果不需要统计这个时间，用户可以传递空地址。时间标签是μC/OS-III的一个新特性。

4. 提交信号量OSSemPos

提交信号量函数如程序9.15所示。

程序9.15　提交信号量函数

```
OS_SEM_CTR  OSSemPost (OS_SEM   *p_sem,
                       OS_OPT   opt,
                       OS_ERR  *p_err)
```

提交信号量的参数和μC/OS-II中一致，其返回值为函数执行完成后的信号量值，如果为0表示出错。

9.4.4 互斥信号量管理函数

互斥信号量管理函数在代码os_mutex.c中。

1. 互斥信号量创建函数OSMutexCreate

互斥信号量创建函数如程序9.16所示。

程序9.16 互斥信号量创建函数

```
void  OSMutexCreate (OS_MUTEX   *p_mutex, //指向OS_MUTEX结构体（互斥信号量结构体）的指针
                     CPU_CHAR   *p_name,
                     OS_ERR     *p_err)
```

该函数创建互斥信号量。代码与信号量创建函数类似，但是无须信号量值。因为互斥信号量值不是0就是1，创建后其值为0。

提示： 关于结构体OS_SEM、OS_MUTEX等，建议读者查看源代码，在注释中有结构体各个域的说明。

2. 互斥信号量删除函数OSMutexDel

互斥信号量删除函数如程序9.17所示。

程序9.17 互斥信号量删除函数

```
OS_OBJ_QTY  OSMutexDel (OS_MUTEX   *p_mutex,
                        OS_OPT      opt,
                        OS_ERR     *p_err)
```

删除互斥信号量将解放所有等待该信号量的任务。返回值OS_OBJ_QTY是一个16位的整型，其值为被解放的任务数量。

3. 等待互斥信号量OSMutexPend

等待互斥信号量OSMutexPend如程序9.18所示。

程序9.18 等待互斥信号量函数

```
void  OSMutexPend (OS_MUTEX   *p_mutex,
                   OS_TICK     timeout,   //超时时间
                   OS_OPT      opt,
                   CPU_TS     *p_ts,      //时间标签指针
                   OS_ERR     *p_err)
```

当等待时间超过了超时时间timeout就不再等待。如果传递的timeout值为0则表示永远等待。时间标签也用来获取等待时间。

4. 提交互斥信号量OSMutexPost

提交互斥信号量函数如程序9.19所示。

程序9.19 提交互斥信号量函数

```
void  OSMutexPost (OS_MUTEX   *p_mutex,
                   OS_OPT      opt,
                   OS_ERR     *p_err)
```

9.4.5　消息队列管理函数

消息队列管理函数在代码os_q.c中。

1. 消息队列创建函数OSQCreate

消息队列创建函数如程序9.20所示。

程序9.20　消息队列创建函数

```
void  OSQCreate (OS_Q          *p_q,       ////指向OS_Q结构体（消息队列结构体）的指针
                 CPU_CHAR      *p_name,
                 OS_MSG_QTY     max_qty,    //消息队列的最大长度
                 OS_ERR        *p_err)
```

该函数根据消息队列的最大长度创建消息队列。

提示： 在μC/OS-III中不再存在消息邮箱，如果要使用消息邮箱，那就是长队为1的消息队列。

2. 消息队列删除函数OSQDel

消息队列删除函数如程序9.21所示。

程序9.21　消息队列删除函数

```
OS_OBJ_QTY  OSQDel (OS_Q     *p_q,
                    OS_OPT    opt,
                    OS_ERR   *p_err)
```

删除互斥信号量将解放所有等待该队列的任务。返回值OS_OBJ_QTY是一个16位的整型，其值为被解放的任务数量。

3. 等待消息队列OSQPend

等待消息队列函数如程序9.22所示。

程序9.22　等待消息队列函数

```
void  *OSQPend (OS_Q          *p_q,
                OS_TICK        timeout,    //超时时间
                OS_OPT         opt,
                OS_MSG_SIZE   *p_msg_size,   //用于接收消息大小的指针
                CPU_TS        *p_ts,       //时间标签指针
                OS_ERR        *p_err)
```

p_msg_size是一个用于接收消息大小的指针，OS_MSG_SIZE是一个os_type.h中定义的无符号16位整型。

4. 提交消息队列OSQPost

提交消息队列函数如程序9.23所示。

程序9.23　提交消息队列函数

```
void  OSQPost (OS_Q          *p_q,
               void          *p_void,       //消息地址
               OS_MSG_SIZE    msg_size,  //提交的消息的长度
               OS_OPT         opt,
               OS_ERR        *p_err)
```

即发消息给消息队列，当有任务等待该消息的时候等待列表中优先级最高的任务将被唤醒到就绪态。这里的msg_size变为提交的消息的长度。P_void指示的是消息的地址，目标任务必须知道消息的类型。

9.4.6 中断管理函数

中断管理函数是μC/OS-III的新机制，代码os_int.c中。在中断服务程序中，可以使用信号量、消息管理函数提交信号量和消息，以恢复任务的运行，但在μC/OS-III只要使能了中断管理，在这些提交类代码中都通过调用中断管理函数来做这些事情，中断延迟时间会更短。这里我们只简单探讨中断中提交函数OS_IntQPost

该函数将提交内容放置到一个立即队列里，以实现更优化的中断处理过程，如程序9.24所示。

程序9.24 中断中提交函数

```
void  OS_IntQPost  (OS_OBJ_TYPE   type, //提交的目标类型，取值可以为OS_OBJ_TYPE_SEM（信号量）、OS_OBJ_TYPE_Q（消息对列）等，详见评估版源代码。
                    Void        *p_obj,  //提交的对象，如信号量结构体地址、消息队列结构体地址等
                    void          *p_void, //消息内容，用于消息队列或直接提交给任务
                    OS_MSG_SIZE   msg_size, //消息的大小
                    OS_FLAGS      flags,       //当对象是事件标志组时用的事件标志
                    OS_OPT        opt,
                    CPU_TS        ts,
                    OS_ERR        *p_err)
```

可见，该函数虽然带个Q，但绝不是只针对消息队列的，可以是信号量、互斥信号量等其他数据结构，还包括直接发消息给任务的新机制。在中断服务程序中，可以使用它代替其他的提交过程，将提交信息存储到立即队列中，这时采用更优的中断处理机制。

9.4.7 内核函数

内核函数代码在os_core.c中。

1. 操作系统初始化函数OS_Init

该函数对操作系统进行初始化，使用μC/OS-III必须首先调用。

操作系统初始化函数如程序9.25所示。

程序9.25 操作系统初始化函数

```
void  OSInit (OS_ERR  *p_err);
```

为支持新的特性，该函数增加了不少内容，但在μC/OS-II的基础上，应该有能力掌握这方面的内容。在应用中，做好移植，修改好配置文件，直接调用该函数即可完成初始化工作。

2. 中断进入函数OSIntEnter

中断进入函数如程序9.26所示。

程序9.26　中断进入函数

```
void  OSIntEnter (void)
```

当在中断中有可能引发任务切换，需在中断服务程序一开始处调用该函数或将其中的代码加入。其核心更能为执行OSIntNestingCtr++将中断进入层数加1。

3. 中断离开函数OSIntExit

中断离开函数如程序9.27所示。

程序9.27 中断离开函数

```
void  OSIntExit (void)
```

OSIntExit 和OSIntEnter必须成对使用，当在中断中有可能引发任务切换时，必须在中断服务程序结束处调用该函数。其核心功能是找到就绪的最高优先级的任务，如果该任务不是当前任务则调用OSIntCtxSw()进行一次任务调度。

其他的一些函数如OSSched是操作系统内部使用的任务调度函数，不希望用户函数调用，这里就不再列出。下一节，在代码结构的研究、移植和对基本函数功能有所掌握的基础上，实现将第8章的代码移植到μC/OS-III上来。

9.5　μC/OS-III工程示例

第8章在以Cortex M3 内核为基础的亮点STM32开发板上，实现了一个示例工程，该工程采用了μC/OS-II 2.91作为操作系统，第8章详细论述了该工程的需求及设计和代码。这一节，将使用从官网下载的μC/OS-III评估版本V3.03.01实现该工程，目标是实现升级。

9.5.1　工程分组

首先将原来工程中的μC/OS-II代码部分删除掉，将μC/OS-III的代码加入。ARM MKD的工程分组中和μC/OS-III相关的部分如图9.1所示。

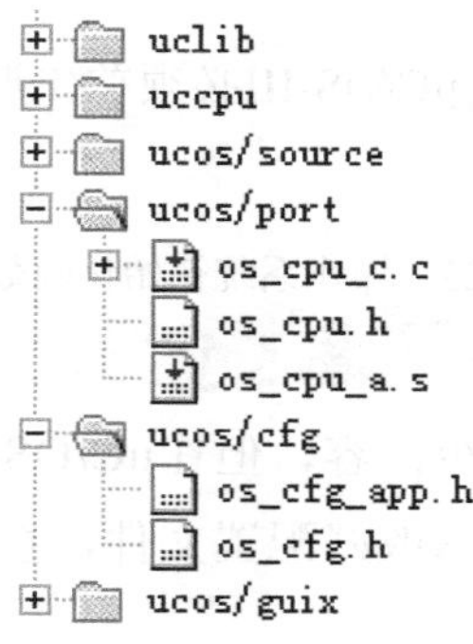

图9.1　MDK工程中的μC/OS-III相关部分

分组ucos/source中为μC/OS-III的源文件，ucos/port下是μC/OS-III针对Cortex M3处理器的

移植文件，uocs/cfg下是两个配置文件。ucos/guix目录下是μC/GUI使用μC/OS实现的延时及信号量处理功能一些，因此和μC/OS相关。工程分组中其他部分与图8.2中完全相同，图9.1中是新工程中与μC/OS-III相关的分组部分。

注意，这里的移植代码被分组在ucos/port分组下，移植代码文件按9.3节的内容实现。

以下进入程序的编写部分，由于在μC/OS-III下，函数名称及重要数据结构都发生了变化，全局变量的命名也发生了很大的变化，因此原来在μC/OS-II下的代码必须经过改写才能编译通过并成功完成工程任务，首先看主程序的代码，然后是中断服务程序的代码，注意与8.4节内容进行比较，这里不重复同样的代码，仅列出区别部分。

9.5.2　主程序

主程序首先进行硬件的初始化，然后调用操作系统初始化函数OSInit进行操作系统的初始化，之后创建所有的用户任务，最后调用OSStart启动多任务。

主程序代码如程序9.28所示，对照的μC/OS-II下的如程序8.1所示。

程序9.28　主程序

```
int main(void)
{
   OS_ERR  err;
   sup_state=0;
   pput=USART1_BUF;
   pget=USART1_BUF;
   BUFEXCEED=USART1_BUF+RECEBUFSIZE;
   bpboard_init();//初始化硬件
   GUI_Init();
   OSInit(&err); //初始化UCOS
   OSTaskCreate((OS_TCB     *)&App_TaskStartTCB,                    //启动任务TCB地址
                (CPU_CHAR   *)"App Task Start",                     //名字
                (OS_TASK_PTR ) App_TaskStart,                       //代码地址
                (void       *) 0,                                   //无参数
                (OS_PRIO     ) APP_TASK_START_PRIO,                 //优先级
                (CPU_STK    *) &App_TaskStartStk[0],                //堆栈首地址
                (CPU_STK_SIZE) APP_TASK_START_STK_SIZE / 10,        //堆栈水位标志为90%
                (CPU_STK_SIZE) APP_TASK_START_STK_SIZE,             //堆栈大小
                (OS_MSG_QTY  ) 5u, //任务能接收的来自内部消息队列的最大消息数
(OS_TICK     ) 0u, //任务分配的时间片流转调度的时间份额，为0表示使用默认设置，为节拍率的10%
(void       *) 0,  //不使用TCB扩展块
 (OS_OPT      )(OS_OPT_TASK_STK_CHK | OS_OPT_TASK_STK_CLR),//堆栈检查和堆栈清除使能
                (OS_ERR     *)&err);                        //用于返回任务创建执行结果
   OSTaskCreate((OS_TCB     *)&App_TaskProcTCB,        //创建缓冲区处理任务
                (CPU_CHAR   *)"App Task Proc",
                (OS_TASK_PTR ) App_TaskProc,
                (void       *) 0,
                (OS_PRIO     ) APP_TASK_PROC_PRIO,
                (CPU_STK    *) &App_TaskProcStk[0],
                (CPU_STK_SIZE) APP_TASK_PROC_STK_SIZE / 10,
                (CPU_STK_SIZE) APP_TASK_PROC_STK_SIZE,
```

```
                (OS_MSG_QTY  ) 5u,
                (OS_TICK     ) 0u,
                (void       *) 0,
                (OS_OPT      )(OS_OPT_TASK_STK_CHK | OS_OPT_TASK_STK_CLR),
                (OS_ERR     *)&err);
OSTaskCreate((OS_TCB      *)&App_TaskAdTCB,      //创建AD采集处理任务
                (CPU_CHAR   *)"App Task Ad",
                (OS_TASK_PTR ) App_TaskAd,
                (void       *) 0,
                (OS_PRIO     ) APP_TASK_AD_PRIO,
                (CPU_STK    *) &App_TaskAdStk[0],
                (CPU_STK_SIZE) APP_TASK_AD_STK_SIZE / 10,
                (CPU_STK_SIZE) APP_TASK_AD_STK_SIZE,
                (OS_MSG_QTY  ) 5u,
                (OS_TICK     ) 0u,
                (void       *) 0,
                (OS_OPT      )(OS_OPT_TASK_STK_CHK | OS_OPT_TASK_STK_CLR),
                (OS_ERR     *)&err);
OSTaskCreate((OS_TCB      *)&App_TaskDispTCB,      //创建显示任务
                (CPU_CHAR   *)"App Task Disp",
                (OS_TASK_PTR ) App_TaskDisp,
                (void       *) 0,
                (OS_PRIO     ) APP_TASK_DISP_PRIO,
                (CPU_STK    *) &App_TaskDispStk[0],
                (CPU_STK_SIZE) APP_TASK_DISP_STK_SIZE / 10,
                (CPU_STK_SIZE) APP_TASK_DISP_STK_SIZE,
                (OS_MSG_QTY  ) 5u,
                (OS_TICK     ) 0u,
                (void       *) 0,
                (OS_OPT      )(OS_OPT_TASK_STK_CHK | OS_OPT_TASK_STK_CLR),
                (OS_ERR     *)&err);
OSTaskCreate((OS_TCB      *)&App_TaskTouchTCB,                 //创建触摸屏检测任务
                (CPU_CHAR   *)"App Task Touch",
                (OS_TASK_PTR ) App_TaskTouch,
                (void       *) 0,
                (OS_PRIO     ) APP_TASK_TOUCH_PRIO,
                (CPU_STK    *) &App_TaskTouchStk[0],
                (CPU_STK_SIZE) APP_TASK_TOUCH_STK_SIZE / 10,
                (CPU_STK_SIZE) APP_TASK_TOUCH_STK_SIZE,
                (OS_MSG_QTY  ) 5u,
                (OS_TICK     ) 0u,
                (void       *) 0,
                (OS_OPT      )(OS_OPT_TASK_STK_CHK | OS_OPT_TASK_STK_CLR),
                (OS_ERR     *)&err);
     OSTaskCreate((OS_TCB      *)&App_TaskGuiTCB,           //创建触摸屏检测任务
                (CPU_CHAR   *)"App Task Gui",
                (OS_TASK_PTR ) App_TaskGui,
                (void       *) 0,
                (OS_PRIO     ) APP_TASK_GUI_PRIO,
                (CPU_STK    *) &App_TaskGuiStk[0],
                (CPU_STK_SIZE) APP_TASK_GUI_STK_SIZE / 10,
                (CPU_STK_SIZE) APP_TASK_GUI_STK_SIZE,
                (OS_MSG_QTY  ) 5u,
```

```
                    (OS_TICK      ) 0u,
                    (void        *) 0,
                    (OS_OPT       )(OS_OPT_TASK_STK_CHK | OS_OPT_TASK_STK_CLR),
                    (OS_ERR      *)&err);
    OSStart(&err);
    return(0);
}
```

通过与程序8.1进行充分的比较之后可以断定，主程序的内容是一致的。区别在于任务创建函数发生的一些变化，在第一个任务创建函数代码中，有较为详细的参数解释。总之，代码的长度变化了，但结构仍然保持了一致性。

9.5.3 串口中断服务程序

串口的中断服务程序中只简单地将接收到的数据添加到循环缓冲区，当接收到连续的两个FE的时候，发信号量，让数据处理任务来进行数据处理。在μC/OS-III下，信号量提交的函数发生了变化，如程序9.29所示，可以与程序8.2进行比较，此处改用串口1，且略去全局变量的声明。

程序9.29 串口中断服务程序

```
void USART1_IRQHandler(void)        //串口1中断服务程序
{
    u8 currentget;
    OS_ERR  err;

    if(USART_GetITStatus(USART1, USART_IT_RXNE) != RESET)
    {
     if (OSRunning != OS_STATE_OS_RUNNING) return; //如果操作系统没有运行则退出中断服务程序，因为任务没有准备好，此处是为处理主机启动中接收到串口数据的情况。
if (OSIntNestingCtr >= (OS_NESTING_CTR)250u)return;//不允许中断嵌套层数操作249
     OSIntNestingCtr++; //中断嵌套层数加1
    currentget=USART1->DR ; //获得串口数据
    *pput++ = currentget;    //将该数据送缓冲区，写指针后移
    if (pput==BUFEXCEED)      //判断循环缓冲区地址是否越界
    pput=USART1_BUF;      //如果越界指向缓冲区首地址
    if ((lastget==0xFE)&&(currentget==0xFE))  //如果获得连续两个0xFE，获得有效的一组数据
            {
                        // 调用OSSemPost提交信号量，请缓冲区处理任务就绪来处理接收到的数据
OSSemPost(   (OS_SEM        *)&sem_proc,              //缓冲区处理信号量
                            (OS_OPT         )OS_OPT_POST_FIFO,       //先入先出FIFO方式
                            (OS_ERR         *)&err);                   //保存函数执行信息
            }
            lastget=currentget;
OSIntExit();      //调用OSIntExit()离开本中断服务程序，开启PENDSV中断进行任务切换，随后将继续缓冲区处理任务。
    }
}
```

这里将OSIntEnter的代码打散放入中断服务程序中，因为如果在OSIntEnter判断操作系统没有运行而返回，仍是返回到中断服务程序中，因此做了个特殊处理。需要注意的是在

μC/OS-III下新的信号量提交函数OSSemPost是具有三个参数的。而在代码上，如果参数OS_CFG_ISR_POST_DEFERRED_EN被配置为1，OSSemPost将调用os_int.c中的OS_IntQPost来提交信号量，否则调用os_sem.c中的OS_SemPost提交信号量。

9.5.4 缓冲区处理任务代码

此处代码和8.4.3节中的当缓冲区处理过程完全一致，接收到一组数据后，缓冲区处理任务因为获得信号量而就绪，处理任务在进行了数据处理后，向显示任务发信号量，然后再去等待信号量而阻塞。在程序8.3的基础上，一方面将信号量等待和提交函数改为μC/OS-III下的格式，另一方面加入了一些容错设计，以对付串口传输数据有错误的情况，如程序9.30所示。

程序9.30　缓冲区处理任务

```
static  void  App_TaskProc(void *p_arg)    //缓冲区处理任务
{
    OS_ERR err;
    CPU_TS ts;
    u16 * p;
    OSTimeDly(1000,OS_OPT_TIME_DLY,&err); //延时一段时间等待系统稳定
    OSSemCreate((OS_SEM   *)&sem_proc,        //创建处理信号量
                (CPU_CHAR *)"Sem Proc",
                            0,
                            &err);
    OSSemCreate((OS_SEM   *)&sem_disp,        //创建显示信号量
                (CPU_CHAR *)"Sem Disp",
                            0,
                            &err);
    while(1)
    {
            if (ISEMPTY)        //如果缓冲区为空，则应PEND处理信号量，并POST显示信号量
            {
                  OSSemPost(   (OS_SEM     *)&sem_disp,    //提交显示信号量，第一次显示全0
                            (OS_OPT        )OS_OPT_POST_FIFO,       //FIFO方式
                            (OS_ERR        *)&err);
                  OSSemPend(   (OS_SEM     *)&sem_proc,  //等待串口数据准备好
                (OS_TICK  )0,
                (OS_OPT             )OS_OPT_PEND_BLOCKING, //阻塞方式的等待
                (CPU_TS    *)&ts,
                (OS_ERR    *)&err);
            }
            Else                                             //如果缓冲区不为空
            {
errproce: while ((*pget!=0xFA)&&NOTEMPTY)   //如果获得的不是起始字节FA，则全部忽略
                   {
                            pget++;
            if (pget==BUFEXCEED)pget=USART1_BUF;//移动到最后面
                  if(ISDEBUG) printf("not FA,data ignored!\r\n");//增加的调试信息
                  }
                  if (ISEMPTY)//忽略后阻塞等待串口准备好数据
```

```
{
        OSSemPend(  (OS_SEM    *)&sem_proc,  //继续等待
 (OS_TICK      )0,
 (OS_OPT              )OS_OPT_PEND_BLOCKING,
 (CPU_TS       *)&ts,
 (OS_ERR       *)&err);
        continue;    //等待结束已有数据，回到循环开始处
}
pget++;  //读指针后移
if(pget==BUFEXCEED)pget=USART1_BUF;

if (*pget!=0xFB)  //按照协议，FA后应为FB
{
          if(ISDEBUG) printf("nFB not followed\r\n");
        goto errproce;  //错误的数据，到标号errproce进行处理
}else//采集到一组电压
{
        pget++;
        if(pget==BUFEXCEED)pget=USART1_BUF;
        p=CJDY;
        i=0;
        while((NOTEMPTY&&(i<8)))
        {
                i++;
                *p=*pget++;
                if(pget==BUFEXCEED)pget=USART1_BUF;
                *p=(*p)<<8;//高8位,因为AD是12位的，高4位应为0
                if (*p>0x0f00)  //数据是无效数据
                {
                        if (ISDEBUG) printf("DATA ERROR!\r\n");
                goto errproce;  //错误的数据，到标号errproce进行处理
                }
                *p++|=*pget++;//低8位
                if(pget==BUFEXCEED)pget=USART1_BUF;

        }
        if (ISEMPTY)  //接下来应该是FE，而不能是缓冲区空
                goto  errproce;
        if (*pget!=0xFE) //如果不是FE要进入错误处理
        {
                if (ISDEBUG) printf("FE not followed\r\n");
                goto errproce;
        }
        pget++;
        if(pget>=BUFEXCEED)pget=USART1_BUF;
        if (*pget!=0xFE) //连续的两个FE才对
        {
                if (ISDEBUG) printf("FE not followed\r\n");
                goto errproce;
        }
        pget++;
if(pget>=BUFEXCEED)pget=USART1_BUF;
        continue;        //处理完毕，继续
```

```
                        }
                    }
                }
}
```

这里对串口数据的处理加入了一些容错数据，当错误数据出现的时候选择了放弃这组数据，并加入了一些调试信息，通过在PC上使用串口调试助手等观察串口的输出可以获得这些信息。而实质上整个处理流程和代码8.3是一致的，注意信号量提交和等待的函数的变化，最主要的变化就是在参数上。

提示： 工程项目的设计和实验不同，必须要容错，否则虽然功能实现了，但还是等于零。

9.5.5 显示任务代码

显示任务显示各个电源的电压和电流值，以及处理报警信息，在程序8.4中包含了该任务调用的子程序SetMainwindowDispValue的代码，这里未对该部分进行修改，因此不再给出如程序9.31所示。

程序9.31 显示任务代码

```
static  void  App_TaskDisp(void *p_arg)  //显示任务
{

    OS_ERR err;
    CPU_TS ts;
    OSTimeDly(1000,OS_OPT_TIME_DLY,&err);
    while(1)
    {
                    SetMainwindowDispValue(CJDY); //显示获得的数据，及报警
                    OSSemPend(  (OS_SEM    *)&sem_disp,  //因等待信号量而阻塞
                     (OS_TICK       )0,
                     (OS_OPT                )OS_OPT_PEND_BLOCKING,
                     (CPU_TS        *)&ts,
                     (OS_ERR        *)&err);
                }
}
```

9.5.6 启动任务代码

启动任务做的事情就是设置Systick中断，然后删除自己。在μC/OS-III下位置时钟滴答服务频率的宏变为OSCfg_TickRate_Hz。而删除任务函数的参数变为任务控制块的地址，因此代码如程序9.32所示。

程序9.32 启动任务代码

```
static  void  App_TaskStart(void *p_arg)
{
    OS_ERR  err;
    OS_CPU_SysTickInit(SystemCoreClock/OSCfg_TickRate_Hz);
    OSTaskDel(&App_TaskStartTCB,&err);//删除自己
}
```

9.5.7 其他代码

AD采集任务中未使用信号量和消息队列管理，只包含了任务延时，只需要将任务延时程序的部分代码修改就可以，读者可以参考程序8.5，这里略掉。触摸屏任务代码和μC/GUI消息处理任务代码未做任何改变，参考程序8.6和8.7即可。

9.5.8 运行测试

将工程下载后，执行与8.5节完全相同的测试过程，得到如8.3所示的结果。现在代码中加入了一些数据校验，通过串口发送一些错误的数据，可以查看屏幕的反应以及通过串口调试助手获得报错信息。

到这里，成功地将系统升级到了μC/O-SIII。

习题

1．相比μC/OS-II，μC/OS-III有哪些新的特性？

2．μC/OS-III为什么不使用任务的优先级作为任务管理及信号量管理函数的参数？

3．在μC/OS官网下载μC/OS-III源代码和官方STM32开发板例程，分析代码结构。

4．在亮点STM32开发板或类似的开发板，构建一个基于μC/OS-II最简单的多任务调度代码，每个任务负责点亮和熄灭一个LED灯，要求做到流水灯的效果。

5．分析9.5.4节缓冲区处理任务，说明其任务与中断及其他任务的关系，说明代码中的容错设计。

设计题

使用多任务的方法，做一个基于STM32及μC/OS-III的多路电压表，实时显示8个AD端口采集到电压值。

附录A　亮点STM32开发板资源

本书的工程实例是在亮点STM32开发板的基础上完成的，要真正从事基于μC/OS的开发就需要选择这样的开发板来学习，这个开发板弥补了以往没有一个学习μC/OS没有一个硬件平台的弊端。以下是对该开发板的资源描述。

A.1　硬件资源概述

开发板CPU的选型为STM32F103VET6,，具有512K字节的FLASH和64K字节的SRAM，足够满足跑操作系统μC/OS和图形用户接口μC/GUI的需要，具备了网络、TF卡、SPI FLASH、I2C、USB、串口、4.3英寸带触摸液晶屏等多种外设。以下为所有硬件资源：

- 1. STM32板尺寸 13.25*9.5。芯片F103VET6，512K FLASH 64K SRAM。晶振8MHz主频72MHz。
- 2.液晶屏控制模块带触摸屏，驱动芯片为适合工业级应用的RA8875，具备DMA、BTE等功能及SPI接口，字库可选。标配液晶屏是4.3英寸带触摸液晶屏(分辨率480X272,颜色16位，尺寸11.53 X 7.42)，可选7寸液晶屏（分辨率800X480，颜色16位，尺寸15.17*8.59）。
- 3网络接口（ENC28J60芯片）。
- 4USB接口，支持全速USB。
- 5 TF卡接口。可直接使用手机用的TF卡。
- 6 SPI FLASH 接口，芯片采用W25Q64，64MB。
- 7 I2C接口，芯片采用AT24C02。
- 8路AD 2路DA，预留TL431参考工业用, 用户可配置为任何低于3.3V的电压。默认3.3V参考电压。
- 9 字符液晶LCD1602A接口，插上即用。
- 10路RS232引出，RS232接口芯片是MAX3232。
- 11 6个LED，2个用户按键，1个唤醒按键和一个复位按键。
- 12 1个串口转USB，串口转USB芯片为CP2102。
- 13　1个专用工业测控接口，1个专用数字多路控制接口，1多组电源接口，2个辅助接口，1一个字符液晶接口，1个JLINK接口。将F103VET6的全部接口通过这些接口引出。

A.2 硬件资源按引脚分配

硬件资源按引脚分配如表A.1所示。

表A. 1 资源分配

引脚	使用的功能	复用功能	说明	引出接口	拟分配
PA0	唤醒				未引出
PA1	未用		未用	连模拟	
PA2	USART2 TX			连模拟	
PA3	USART2 RX			连模拟	
PA4	SPI1_NSS	DAC_OUT1	SPI1用于TF卡接口 使用SPI1用于TF卡的时候，输出到DA会无效	连模拟	
PA5	SPI1_SCK	DAC_OUT2		连模拟	
PA6	SPI1_MISO			连P02	
PA7	SPI1_MOSI			连P02	
PA8	GPIO			连GPIO	
PA9	USART1_TX				转USB
PA10	USART1_RX				转USB
PA11			GPIO	连GPIO	
PA12			GPIO	连GPIO	
PA13	GPIO	JTMS_SWDAT	JATAG/SW接口	在JTAG接口	
PA14	GPIO	JTCK_SWCLK		在JTAG接口	
PA15	GPIO	JTDI		在JTAG接口	
PB0	ADC_IN8	GPIO		模拟接口	
PB1	ADC_IN9	GPIO		模拟接口	
PB2	BOOT1				
PB3	SPI3_CLK	JTDO	JATAG/SW接口	在JTAG接口	
PB4	SPI3_MISO	NJTRST		在JTAG接口	
PB5	SPI3_MOSI			连P01	
PB6	I2C1_SCL		24c02	连P01	
PB7	I2C1_SDA		24c02	连P01	
PB8	GPIO KEY1		按键	连P01	
PB9	GPIO KEY2		按键	连P01	
PB10	未用			连模拟	
PB11	SPI3_CS			连P01	
PB12	SPI2_NSS		SPI2 连SPI FLASH W25Q64	连P02	
PB13	SPI2_SCK			连P02	
PB14	SPI2_MISO			连P02	
PB15	SPI2_MOSI			连P02	

续 表

引脚	使用的功能	复用功能	说明	引出接口	拟分配
PC0	ADC_IN10	GPIO	ADC	连模拟	
PC1	ADC_IN11	GPIO		连模拟	
PC2	ADC_IN12	GPIO		连模拟	
PC3	ADC_IN13	GPIO		连模拟	
PC4	ADC_IN14	GPIO		连模拟	
PC5	ADC_IN15	GPIO		连模拟	
PC6	LED1	GPIO		连GPIO	
PC7	LED2	GPIO		连GPIO	
PC8	LED3	GPIO		连GPIO	
PC9	LED4	GPIO		连GPIO	
PC10	UART4_TX	拟改作GPIO		连P01	
PC11	UART4_RX	拟改作GPIO		连P01	
PC12	SPI FLASH 切换	拟改作GPIO		连P01	
PC13	未用	拟引出	TAMPER-RTC	输出电流只3mA	不引出
PC14	OSC32_IN				
PC15	OSC32_OUT				
PD0	LCD1602	FSMC_D2			
PD1	LCD1602	FSMC_D3			
PD2	GPIO	GPIO		连P01	
PD3	GPIO	FSMC_CLK		连P01	
PD4	GPIO	FSMC_NOE		FSMC读	
PD5	GPIO	FSMC_NWE		FSMC写	
PD6	未用	FSMC_NWAIT	未用		
PD7	GPIO	FSMC_NE1		片选	
PD8	GPIO	FSMC_D13			
PD9	GPIO	FSMC_D14			
PD10	GPIO	FSMC_D15			
PD11	GPIO	FSMC_A16	用作(LCD_RS)		
PD12	GPIO	FSMC_A17	用作（MPU_INT）无用		
PD13	GPIO	FSMC_A18	用作（MPU_WAIT）无用		
PD14		FSMC_D0			
PD15		FSMC_D1			
PE0	GPIO	喇叭		连P01	
PE1	GPIO			连GPIO	
PE2	GPIO			连GPIO	
PE3	GPIO			连GPIO	
PE4	GPIO			连GPIO	

续　表

引脚	使用的功能	复用功能	说明	引出接口	拟分配
PE5	GPIO			连GPIO	
PE6	GPIO			连GPIO	
PE7		FSMC_D4			
PE8		FSMC_D5			
PE9		FSMC_D6			
PE10		FSMC_D7			
PE11		FSMC_D8			
PE12		FSMC_D9			
PE13		FSMC_D10			
PE14		FSMC_D11			
PE15		FSMC_D12			

A.3　接口描述

以下对所有接口给出表格形式的描述。

（1）图形液晶接口PLCD1（接RA8875液晶板，36脚双排母座）如表A.2所示。

表A. 2　图形液晶接口

序号	名称	对应MUC管脚	功能	备注
1	VCC		电源3. 3V	
2	GND		数字地	
3	PD7	PD7	FSMC_NE1	用作（LCD_CS）
4	PD11	PD11	FSMC_A16	用作(LCD_RS)
5	PD5	PD5	FSMC_NWE	LCD_WR
6	PD4	PD4	FSMC_NOE	LCD_RD
7	NRST		LCD复位	
8	PD14	PD14	FSMC_D0	
9	PD15	PD15	FSMC_D1	
10	PD0	PD0	FSMC_D2	
11	PD1	PD1	FSMC_D3	
12	PE7	PE7	FSMC_D4	
13	PE8	PE8	FSMC_D5	
14	PE9	PE9	FSMC_D6	
15	PE10	PE10	FSMC_D7	
16	PE11	PE11	FSMC_D8	
17	PE12	PE12	FSMC_D9	
18	PE13	PE13	FSMC_D10	
19	PE14	PE14	FSMC_D11	

续　表

序号	名称	对应MUC管脚	功能	备注
20	PE15	PE15	FSMC_D12	
21	PD8	PD8	FSMC_D13	
22	PD9	PD9	FSMC_D14	
23	PD10	PD10	FSMC_D15	
24	GND			
25	PD12	PD12	未用	可做（MPU_INT）
26	VCC			
27	VCC			
28	GND			
29	GND			
30	+5V			
31	PD13	PD13	未用	可做（MPU_WAIT）
32	rSFCL		连RA8875 SFCL	SPI时钟
33	PB14	PB14	连RA8875 SFDO	SPI DO
34	rSFCS1		连RA8875 SFCS	SPI CS
35	rSFDI		连RA8875 SFDI	SPI DI
36	NC			

（2）字符液晶接口PLCD2（接LCD1602,16脚单排母座）如表A.3所示。

表A.3 字符液晶接口

序号	名称	对应MUC管脚	功能	备注
1	VSS		数字地	
2	+5V		LCD1602电源	
3	VL		接电阻到地	
4	PD5	PD5	LCD1602 RS	
5	PD6	PD6	LCD1602 R/W	
6	PD7	PD7	LCD1602 E	
7	PD8	PD8	LCD1602 D0	
8	PD9	PD9	LCD1602 D1	
9	PD10	PD10	LCD1602 D2	
10	PD11	PD11	LCD1602 D3	
11	PD12	PD12	LCD1602 D4	
12	PD13	PD13	LCD1602 D5	
13	PD14	PD14	LCD1602 D6	
14	PD15	PD15	LCD1602 D7	
15	BLA		1602背光	
16	GND	PE11	FSMC_D8	

（3）模拟输入输出接口PANALOG（20脚双排弯针简易牛角座）如表A.4所示。

表A. 4 模拟输入输出接口

序号	名称	对应MUC管脚	功能	备注
1	AIN15	PC5	模拟输入	
2	AIN14	PC4	模拟输入	
3	PB0	PB0	GPIO	
4	AGND		模拟地	
5	AIN13	PC3	模拟输入	
6	AIN12	PC2	模拟输入	
7	PA3	PA3	GPIO	
8	AGND		模拟地	
9	AIN11	PC1	模拟输入	
10	AIN10	PC0	模拟输入	
11	PA2	PA2	GPIO	
12	AGND		模拟地	
13	AIN9	PB1	模拟输入	
14	AIN8	PB0	模拟输入	
15	PA1	PA1	GPIO	
16	AGND		模拟地	
17	AOUT2	PA5	模拟输出	
18	+5V		5V	
19	AOUT1	PA4	模拟输出	
20	VCC		3.3V	

（4）主数字输入输出PIO接口（26脚双排排针）如表A.5所示。

表A. 5 主数字输入输出接口

序号	名称	对应MUC管脚	功能	备注
1	AIN15	PC5	模拟输入	
2	GND		数字地	
3	PE6	PE6	GPIO	
4	PE5	PE5	GPIO	
5	PE4	PE4	GPIO	
6	PE3	PE3	GPIO	
7	PE2	PE2	GPIO	
8	GND		数字地	
9	PC9	PC9	GPIO	
10	GND		数字地	
11	PC8	PC8	GPIO	
12	GND		数字地	
13	PC7	PC7	GPIO	

续　表

14	GND		数字地	
15	PC6	PC6	GPIO	
16	GND		数字地	
17	PA8	PA8	GPIO	
18	GND		数字地	
19	PA11	PA11	GPIO	
20	GND		数字地	
21	PA12	PA12	GPIO	
22	GND		数字地	
23	PE1	PE1	GPIO	
24	GND		数字地	
25	VCC		3.3V	
26	GND		数字地	

（5）辅助接口P01（20脚双排排针）如表A.6所示。

表A.6 辅助接口1

序号	名称	对应MUC管脚	功能	备注
1	RS232 TX2		232发送	
2	+5V		+5V	
3	GND		数字地	
4	GND		数字地	
5	RS232 RX2		232接收	
6	PE0	PE0	GPIO	
7	PB5	PB5	GPIO	
8	PB6	PB6	GPIO	
9	PB7	PB7	GPIO	
10	PB8	PB8	GPIO	
11	PB9	PB9	GPIO	
12	PB11	PB11	GPIO	
13	VCC		3.3V	
14	GND		数字地	
15	GND		数字地	
16	PC10	PC10	GPIO	
17	PC11	PC11	GPIO	
18	PC12	PC12	GPIO	
19	PD2	PD2	GPIO	
20	PD3	PD3	GPIO	

（6）辅助接口P02接口（6脚双排排针）如表A.7所示。

表A.7　辅助接口2

序号	名称	对应MUC管脚	功能	备注
1	PA6	PA6	GPIO	
2	PA7	PA7	GPIO	
3	PB12	PB12	GPIO	
4	PB13	PB13	GPIO	
5	PB14	PB14	GPIO	
6	PB16	PB16	GPIO	

（7）辅助接口P03（10脚双排排针）如表A.8所示。

表A.8　辅助接口3

序号	名称	对应MUC管脚	功能	备注
1	+5V		+5V	
2	GND		数字地	
3	+5V		+5V	
4	GND		数字地	
5	+5V		+5V	
6	GND		数字地	
7	VCC		3.3V	
8	GND		数字地	
9	VCC		3.3V	
10	GND		数字地	

（8）RS232专用接口（XP2.54 3P插座）如表A.9所示。

表A.9　RS232专用接口

序号	名称	对应MUC管脚	功能	备注
1	RS232-TX4		串口4输出	
2	GND		数字地	
3	RS232-RX4		串口4输入	

（9）串口转USB接口USB1（MiniUSB接口）如表A.10所示。

表A.10　串口转USB接口

序号	名称	对应MUC管脚	功能	备注
1	+5V		+5V	
2	D-		D-	
3	D+		D+	
4	NC			
5	GND		数字地	

（10）USB全速接口USB1（MiniUSB接口）如表A.11所示。

表A. 11 USB接口

管脚	名称	对应MUC管脚	功能	备注
1	+5V		+5V	
2	D-		D-	
3	D+		D+	
4	NC			
5	GND		数字地	

（11）标准JLINK接口JLINK（20脚简易牛角坐）如表A.12所示。

表A. 12 标准JLINK接口

管脚	名称	对应MUC管脚	功能	备注
1	VCC		3. 3V	
2	VCC		3. 3V	
3	PB4	PB4	JTRST	
4	GND		数字地	
5	PA15	PA15	JTDI	
6	GND		数字地	
7	PA13	PA13	JTMS/SWDAT	
8	GND		数字地	
9	PA14	PA14	JTCK/SWCLK	
10	GND		数字地	
11	RTCK		GPIO	
12	GND		数字地	
13	PB3	PB3	JTDO	
14	GND		数字地	
15	#RESET		复位	
16	GND		数字地	
17	DBGRQ		JTAG DBGRQ	
18	GND		数字地	
19	DBGACK		JTAG DBGACK	
20	GND		数字地	

A.4　软件资源

软件资源包括了带全套驱动开发例程及与本书章节相配套的μC/OS例程（2.9和3.0版本），例如本书的任务管理、时间和中断、管理信号量、互斥信号量、事件标志组管理、消息管理、消息队列、内存管理及工程实践等相关例程都已提供。另外，还提供有μC/GUI例程（3.98版本）。软件资源不断扩充，欢迎读者将自己的创作投稿到亮点嵌入式论坛。

A.5　网络资源

淘宝：http://brightpoint.taobao.com（亮点嵌入式开发板唯一地址）

博客：http://blog.sina.com.cn/u/2630123921

亮点嵌入式交流论坛：http://www.eeboard.com/bp

参考文献

［1］卢有亮 .基于STM32的嵌入式系统原理与设计［M］.机械工业出版社. 2013.11.

［2］μC/OS-III User's Manual www.micrium.com 2013.

［3］（英）姚文详，宋岩译. ARM Cortex-M3权威指南［M］北京航空航天大学出版社. 2009.

［4］STM32F10xxx参考手册. 意法半导体(中国)投资有限公司. 2010.

［5］|32位基于ARM微控制器STM32F101xx与STM32F103xx 固件函数库. 意法半导体(中国)投资有限公司，2010.

［6］Joseph Yiu .The Defi nitive Guide to the ARM Cortex-M3. 2009.

［7］UM0427 Oct. 2007 Rev 2，STMicroelectronics.